● 李连任 主编

猪病 中西医结合 诊疗处方手册

中国农业科学技术出版社

图书在版编目（CIP）数据

猪病中西医结合诊疗处方手册 / 李连任主编 . — 北京：中国农业科学技术出版社，2018.4
ISBN 978-7-5116-3533-4

Ⅰ . ①猪… Ⅱ . ①李… Ⅲ . ①猪病－中西医结合疗法—手册 Ⅳ . ① S858.28-62

中国版本图书馆 CIP 数据核字（2018）第 039605 号

责任编辑　张国锋
责任校对　马广洋

出 版 者　中国农业科学技术出版社
　　　　　北京市中关村南大街 12 号　邮编：100081
电　　话　（010）82106636（编辑室）（010）82109702（发行部）
　　　　　（010）82109709（读者服务部）
传　　真　（010）82106631
网　　址　http：//www.castp.cn
经 销 者　各地新华书店
印 刷 者　北京富泰印刷有限责任公司
开　　本　710mm × 1 000mm　1/16
印　　张　16
字　　数　320 千字
版　　次　2018 年 4 月第 1 版　2018 年 4 月第 1 次印刷
定　　价　48.00 元

编写人员名单

主　　　编	李连任
副　主　编	杨　利　李迎红　花传玲
其他参编人员	郝常宝　王立春　欧秀群　董安福
	许贵宝　牛士强　吴崇义　李明耀
	曹　婷　闫益波　李义书　施力光
	路佩瑶　尹绪贵　刘　鹏　刘　东
	季大平　李长强　李　童　侯和菊
	赵宝元　刘唤成　晋妍娜　朱　刚

前　言

近年来，随着养猪生产规模化、集约化程度的不断提高以及动物、动物产品的频繁流通，猪病的发生发展变得越来越复杂，一些疫病屡控不止，此起彼伏，部分老疫病呈非典型化且临诊症状日渐复杂，新的病毒、细菌感染性疾病，特别是混合感染、细菌耐药性及环境污染等问题日渐突出，个别传染病的免疫失败经常发生，猪病的流行使养猪生产遭受严重的经济损失。在这一新形势下，我们组织编写了《猪病中西医结合诊疗处方手册》一书，目的是为工作在养猪生产一线的兽医临床工作者、养猪专业户，兽药生产、营销、服务人员提供一本工具书，成为他们的知心帮手。

中兽医是在中国传统兽医理论指导下，运用传统或传统与现代相结合的方法，防治动物疾病，提高动物生产性能的一门动物医学。本书根据传统兽医“治病求本、标本兼治、扶正祛邪、未病先防、已病防变”的治疗原则进行立法、组方，在以发挥中草药治疗猪病优势的同时，结合生物、化学药物的西兽医方药和使用方法，使治疗猪病的措施更加全面而有效。在病证各论中，多数以西兽医疾病名称为经，以中兽医辨证论治和西兽医对因对症治疗为纬，中西诊断方法交错，中西治疗处方结合。

本书编者长期从事中兽医及中西兽医结合的临床教学、科研与生产、兽医技术服务工作，书中既有古今医猪方剂的荟萃，也有编者自己的临床经验体会。虽然书中差错之处在所难免，但仍望该书能成为兽医临床工作者治疗猪病的参考书籍，并可作为系统学习中兽医学的实践教材。恳请各位读者在阅读、使用过程中提出宝贵意见。

在本书的编写过程中，参阅了有关文献资料，选用了其中许多验证有效的处方，值此成书之际，谨向本书原始材料提供者致以衷心的感谢。

编者

2018 年 1 月

目　录

第一章　猪病的诊法与辨证

第一节　猪病的诊法

基本临床检查方法包括下述 4 种：望诊、闻诊、问诊、切诊。

一、望诊

用医生的视觉直接或间接（借助光学器械）观察患病畜禽（群）的状况与病变。望诊方法简便、应用广泛，获得的信息又比较客观，是临床检查的主要方法，也是临床诊断的第一步骤。主要内容如下。

① 观察患病畜禽的体格、发育、营养、精神状态，体位、姿势、运动及行为等。

② 观察体表、被毛、黏膜、眼结膜（图 1–1）等，有无创伤、溃疡、疮疹、肿物以及它们的部位、大小、特点等。

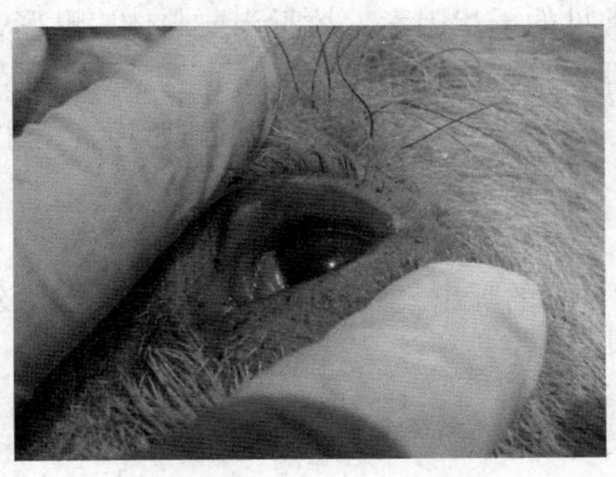

图1–1　眼结膜检查

③ 观察与外界直通的体腔，如口腔、鼻、阴道、肛门等，注意分泌物、排泄物的量与性质。

④ 注意某些生理活动的改变，如采食、咀嚼、吞咽、排尿、排便动作变化等。

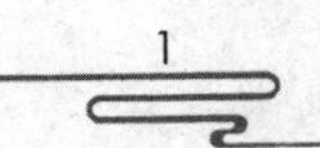

除了门诊时对患病动物的望诊外，从目前集约化养殖的生产实践出发，从预防为主出发，兽医人员应定期深入畜禽厩舍进行整体观察，对整批动物的上述指标进行客观了解，以及时发现异常现象，及时做出判断，进而采取行之有效的措施，保证畜禽群体的健康，以减少损失。

二、闻诊

闻诊包括听声音、闻气味，即听诊和嗅诊。

（一）听诊

听诊是利用听觉直接或间接（听诊器）听取机体器官在生理或病理过程中产生的音响。

1. 听诊方法

临床上可分为直接听诊与间接听诊。直接听诊主要用于听取患病畜禽的呻吟、喘息、咳嗽、嗳气、咀嚼以及特殊情况下的肠鸣音等。是直接将耳朵贴于动物体表某一部位的听诊方法，目前已被间接听诊取代。间接听诊主要是借助听诊器对器官活动产生的音响进行听诊的一种方法。间接听诊主要用于听取心音、呼吸道的呼吸音、消化道的胃肠蠕动音。

2. 听诊注意事项

① 要在安静环境下进行，如室外杂音太大时，应在室内进行。

② 被毛摩擦是常见的干扰因素，故听头要与体表贴紧，此外也要避免听诊器的胶管与手臂、衣服、被毛的摩擦。

③ 听诊要反复实践，只有掌握有关器官的正常声音，才能辨别病理声音。

（二）嗅诊

即用鼻嗅闻患病畜禽的呼出气体、口腔气味、分泌物及排泄物的特殊气味。如呼出气体恶臭提示肺坏疽。

三、问诊

问诊就是听取畜主或饲养人员对患病畜禽（群）的发病情况及发病经过的介绍。问诊的内容包括以下 3 个方面。

（一）发病情况

即本次发病的基本情况。包括发病时间、地点、发病后的临床表现、疾病的变化过程、可能的致病因素等。如怀疑是传染病时，要了解动物来源、免疫接种

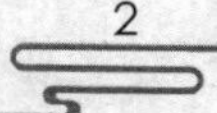

效果等。

（二）既往史

即患病畜禽（群）过去的发病情况。是否过去患过病，如果患过，与本次的情况是否一致或相似，是否进行过有关传染病的检疫或监测。既往史的了解对传染性疾病、地方性疾病有重要意义。

（三）饲养管理情况

了解畜禽饲养管理、生产性能，对营养代谢性疾病、中毒性疾病以及一些季节性疾病的诊断有重要价值。如对于集约化养殖来说，饲料是否全价、营养是否平衡直接影响其生产性能的发挥，营养不均衡易发生营养代谢病。饲料品质不良，贮存条件不好，又可导致饲料霉变，引起中毒。卫生环境条件不好，夏天通风不良，室内温度过高，易引起中暑。冬季保温条件差，轻则耗费饲料，生产能力不能充分发挥，重则易引起关节疾病、运动障碍。

在问诊（流行病学调查）的基础上，结合对发病猪主要症状的分析判断，做出初步诊断。

1. 发病动物

临床上引起猪关节肿胀和跛行的传染病在各种年龄都发生，并且多为细菌病。如链球菌病、布鲁氏菌病、猪肺疫、猪丹毒、衣原体病、副猪嗜血杆菌病等。

2. 年龄特征

猪腹泻时粪便的颜色有黄、白、红、黑等，但根据猪年龄的不同，可以得出初步诊断。如仔猪黄痢多发生于 7 日龄内，特别是 1~3 日龄，3 日龄内排红色粪便则为仔猪红痢，乳猪腹泻为仔猪白痢，断乳后腹泻并伴有热症等多为仔猪副伤寒，猪痢疾多发于 7~12 周龄猪，而乳猪一般不发病。

3. 季节特征

通过影响传播媒介和病原体的活力从而使某些疾病表现明显的季节性，如夏秋季节蚊虫多，是传播乙型脑炎病毒的媒介，所以，夏秋季是乙型脑炎多发季节；冬季和初春气温低，冠状病毒在低温下生存能力强，因此，冬季易发生流行。

4. 胎次特征

母猪繁殖障碍诊断时，发病的胎次有一定的参考价值，如猪细小病毒感染多发生于初产母猪，而经产母猪不发病；饲料霉菌中毒引起的繁殖障碍以经产母猪发生更严重。

5. 流行过程

许多猪病的流行过程有其特征性。如猪传染性胃肠炎、猪流行性腹泻通常发病后 1 周左右即可康复。典型的猪流感传播很快，但恢复也快，常在 5~7 天康复。

四、切诊

切诊包括触诊和叩诊。

（一）触诊

用检查者的手或工具（包括手指、手背、拳头及胃管）进行检查的一种方法，主要用于如下检查。

1. 检查体表状态

如皮肤的温度、湿度（不同部位的比较）、皮肤及皮下组织（脂肪、肌肉）的弹性以及浅在淋巴结的位置、大小、敏感性等。体表局部病变（如气肿、水肿、肿物、疝等）的大小、位置、性质等。

给猪测体温（图 1–2）是兽医临床上最常用的操作方法之一。通常测量猪的直肠温度，具体操作时通常在兽用体温计的远端系一条长 10~15 厘米的细绳，在细绳的另一端系一个小铁夹以便固定。测体温时，先将体温计的水银柱稍用力甩至 35℃的刻度线以下，在体温计上涂少许润滑油，然后一手抓住猪尾，另一手持体温计稍微偏向背侧方向插入肛门内，用小铁夹夹住尾根上方的毛固定。2~3 分钟后取出体温计，用酒精棉球将其擦净，右手持体温计的远端呈水平方向与眼睛齐平，使有刻度的一侧正对眼睛，稍微转动体温计，读出体温计的水银柱所达到的刻度即为所测得的体温。

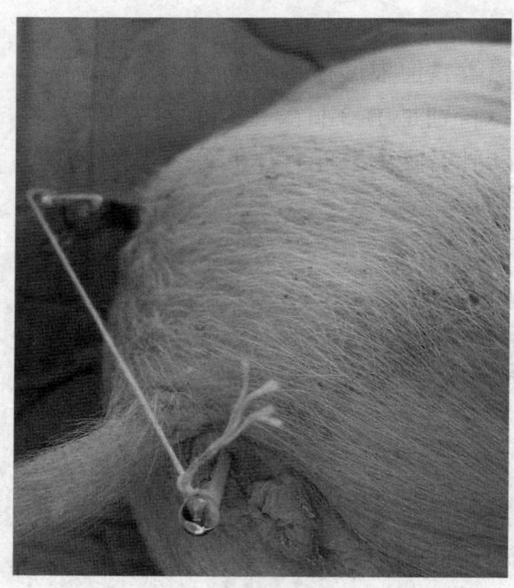

图1–2　猪的体温测量

2. 通过体表检查内脏器官

在动物胸部可触诊胸腔的状态，如有无胸水、胸膜炎。在心区可触诊心搏动变化。在腹部不同动物可触诊到不同情况：小动物可在两侧腹部用两手感觉腹腔内容物、胃肠等的性状；反刍动物可触诊瘤胃内容物的状态（如臌气、积液、积食等），也可触及网胃的敏感性（网胃炎）等，以及腹腔内是否有腹水，腹膜是否有炎症等。

3. 直肠触诊

通过直肠触诊可更为直接地了解腹腔有关内脏器官的性质。除胃肠外，还可了解脾、肝、肾、膀胱、卵巢、子宫等的状态。不但有重要的诊断价值，而且有重要的治疗意义。

触诊作为一种刺激，可刺激判断被触部位及深层的敏感性，也可作为神经系统的感觉，反射功能的检查。以检查目的确定触诊方法，检查体温、湿度时，以手背检查为佳，并应与不同部位比较。检查体表、皮下肿物，则应以手指进行，感知其是否有波动（提示液体存在，如脓肿、血肿、液体外渗等）、弹性及捻发感（提示有气体）或面团感，有无指压痕（提示有水肿）。

（二）叩诊

叩诊是用手指或叩诊锤对体表某一部位进行叩击，借以产生振动并发出音响，然后根据音响特征判断被检器官、组织物理状态的一种方法。

1. 叩诊方法

叩诊方法一般分为两种：一种为直接叩诊法，即用手指或叩诊锤直接叩击体表某一部位；另一种为间接叩诊法，即在被叩体表部位上，先放一振动能力强的附加物（叩诊板），然后再对叩诊板进行叩诊。间接叩诊的目的在于利用叩诊板的作用，使叩击产生的声音响亮，清晰，易于听取，同时，使振动向深部传导，这样有利于深部组织状态的判断。

临床上常用的间接叩诊有两种：其一是指指叩诊法，即以一手的中指（或食指）代替叩诊板放在被叩部位（其他手指不能与体表接触），以另一手的中指（或食指）在第一关节处呈 90° 屈曲，对着作为叩诊板的指头的第二指节上，垂直轻轻叩击。这种方法因振动幅度小，距离近，适合中小动物如犬、猫、猪、羊等，其二是锤板叩击法，即叩诊锤为一金属制品，在锤的顶端嵌一硬度适中弹性适合的橡胶头，叩诊板为金属、骨质、角质或塑料制片。叩击时，将叩诊板紧密放在被检部位，用手固定，另一手持叩诊锤，用腕关节作轴做上下摆动、垂直叩击。一般每一部位连叩 2~3 次，以分辨声音。

2. 叩诊音

根据被扣组织的弹性与含气量以及距体表的距离，叩诊音有以下几种。清音：叩诊健康动物肺中部产生的音响。浊音：音调低、短浊，如叩击臂部肌肉时的音响，胸部出现胸水、肺实变时，可出现浊音。鼓音：腔体器官大量充气时，叩击产生的音响，如瘤胃臌气、马属动物盲肠臌气以及肺气肿时。在两种音响之间，可出现过渡性音响，如清音与浊音之间可产生半浊音，清音与鼓音之间可产

生过清音等。

3. 叩诊适应范围

主要用于浅在体腔（如头窦、胸、腹腔），含气器官（如肺、胃肠）的物理状态，同时也可检查含气组织与实体组织的相邻关系，判断有气器官的位置变化。

第二节 猪病的病理学检查技术

病理剖检是诊断猪病的一个重要环节，具有方便快速、直接客观等特点，有的猪病通过病理剖检便可确诊。

一、了解病史与尸体的外部检查

在进行实体检查前，先要仔细了解死猪的生前情况，主要包括临床症状、流行病学、防治经过等。通过对这些情况的了解缩小对所患疾病的怀疑范围，以确定剖检的侧重点。

尸体外部检查的基本顺序是从头部开始，依次检查颈、胸、腹、四肢、背、尾、肛门和外生殖器等。尸体外部检查是病理解剖学诊断的重要组成部分，检查的主要内容与相关疾病见表 1–1。

表1–1 病猪尸体外部病理变化可能涉及的疾病

器官	病理变化	可能涉及的疾病
眼	眼角有泪痕或眼屎	流感、猪瘟
	眼结膜充血、苍白、黄染	热性传染病、贫血、黄疸
	眼睑水肿	猪水肿病
口鼻	鼻孔有炎性渗出物流出	流感、气喘病、萎缩性鼻炎
	鼻歪斜、颜面部变形	萎缩性鼻炎
	上唇吻突及鼻孔有水疱、糜烂	口蹄疫、水疱病
	齿龈、口角有点状出血	猪瘟
	唇、齿龈、颊部黏膜溃疡	猪瘟
	齿龈水肿	猪水肿病
皮肤	胸、腹和四肢内侧皮肤有大小不一的出血斑点	猪瘟、湿疹
	皮肤出现方形、菱形红色疹块	猪丹毒
	耳尖、鼻端、四蹄呈紫色	沙门氏菌病
	腹下和四肢内侧有痘疹	猪痘
	蹄部皮肤出现水疱、溃疡	口蹄疫、水疱病等
	咽喉部明显肿大	链球菌病、猪肺疫等
肛门	肛门周围和尾部有粪便污染	腹泻性疾病

二、猪尸体剖检技术

病猪尸体剖检作为经典的诊断技术在兽医临床中仍起着很重要的作用，且便于现场操作。经剖检对猪尸体病变诊查、识别与判断，对猪病进行确定，为猪病防治提供有利依据。病猪的剖检方法包括剖检前的准备工作、外部检查和剖检方法。

（一）剖检前的准备工作

了解猪（死猪）的一般状况：先了解猪群的发病、死亡、饲养管理、免疫注射，以及病死猪的症状、治疗概况等一切有利于诊断的情况。

1. 剖检场地

剖检最好选择在实验室内进行。若因条件所限需在室外剖检时，应选择距离猪舍、道路和水源较远，地势较高的地方。剖检前后做好消毒和尸体无害化处理工作，防止病原体扩散。

2. 剖检的器械及药品

常用的器械有剥皮刀、解剖刀、大小手术剪、镊子、骨锯、凿子、斧子等。常用的消毒药有3%来苏尔、0.1%新洁尔灭及含氯消毒剂等。固定液有10%福尔马林溶液、95%酒精。

（二）外部检查

检查病猪被毛是否光滑、有无脱落；颌下是否水肿；胸、腹和四肢内侧皮肤有无出血点、斑块等病变；耳部、背部皮肤有无坏死、脱落；腿部关节是否肿大；蹄叉、蹄冠、上唇吻突及鼻孔周围有无水疱、糜烂；鼻孔有无分泌物；咽部是否肿大；颜面部有无变形；眼角有无分泌物，颜色及数量如何；眼结膜有无黄染、充血、贫血；齿龈有无出血、溃疡；尾部和肛门周围有无粪污等异常。

（三）剖检方法

尸体保持背位，切断四肢内侧的所有肌肉和髋关节的圆韧带，平摊在手术台上，再从颈、胸、腹的腹侧切开皮肤。

剥开皮肤检查，皮下有无瘀血、出血、水肿；体表淋巴结的大小、颜色，有无充血、出血、水肿、坏死、化脓等病变。仔猪还要检查肋骨和肋软骨交界处，有无串珠样肿大。

剖检胸腹腔，从胸骨柄至耻骨前缘，沿腹中线切开腹壁。检查腹腔中有无渗出液，渗出液的颜色、数量和性状；腹膜及腹腔器官浆膜是否光滑，有无纤维素；肠壁有无粘连。再沿肋骨弓将腹壁两侧切开，则腹腔器官全部暴露。沿两侧肋骨与肋软骨交界处，切断软骨，再切断胸骨与膈和心包的联系，去除胸骨，暴露腹腔。检查胸腔、心囊腔有无积液及其性状；胸膜是否光滑；有无粘连等。胸腹腔脏器一同摘出，分开检查。

检查消化系统，舌有无出血点、溃疡、水肿；扁桃体有无坏死、化脓；食道黏膜性状；胃浆膜有无出血点；沿大弯剪开胃壁，检查胃壁是否变厚、水肿；检查胃底部黏膜有无炎症，有无寄生虫结节；贲门部、无腺区、幽门部有无炎症、溃疡。检查肠道，边分离边检查肠浆膜有无出血；肠系膜有无出血、水肿，淋巴结有无肿胀、出血、坏死；剪开肠腔，检查内容物颜色、性状、有无寄生虫；黏膜有无充血、出血、炎症、溃疡，大肠溃疡的形状以及盲肠、结肠黏膜情况；检查回盲口有无病变；检查胆管开口处有无寄生虫。检查肝脏，检查肝脏的大小、颜色、质度，切面的血液量和颜色；小叶结构，有无坏死、寄生虫；肝门淋巴结的大小、颜色、切面状况；胆囊的大小，壁的薄厚，胆汁的量，黏膜有无出血、坏死。

检查呼吸道，检查喉头黏膜、会厌软骨有无出血斑点，声门有无出血、水肿。从背侧剪开气管，检查黏膜、黏液性状，有无泡沫。检查肺脏的大小、颜色，有无气肿、水肿、脓肿、实变；肺黏膜是否光滑，有无出血和纤维附着；肺门淋巴结的大小、颜色、切面状况；沿一纵面切开肺，检查肺组织的颜色、质度、血液含量，有无带泡沫的液体；检查主支气管、小支气管中有无渗出液及性质，黏膜有无出血。

检查心脏，心囊腔有无积液及性状，有无纤维素；心外膜有无出血；心脏大小、颜色，横纵轴的比例，心室扩张或收缩情况；沿左右纵沟剪开左右心室、心房，观察心肌有无变性、质脆、条纹；心内膜乳头肌有无出血；心瓣膜有无增厚或菜花样增生；主动脉剪开内膜是否光滑。

检查脾脏，从网膜上撕下，观察大小、颜色、质度，边缘有无梗死。切面脾髓是否容易刮脱，白髓是否清晰。

检查泌尿系统，剥离肾脏，观察大小、颜色、有无出血点，有无梗死区或储留囊；肾门处的肾上腺有无出血；剥除被膜，纵向切开，检查皮质和髓质的颜色、厚薄比例；皮质的放射状条纹是否清晰，有无出血点；肾乳头、肾盂有无出血。检查膀胱黏膜有无出血，内有无结石，尿液的颜色、黏稠度。

检查生殖系统，母猪检查子宫大小，从背部剪开子宫，检查有无死胎、胎衣滞留或蓄脓等情况。公猪检查睾丸的大小，纵向切开有无化脓灶。

检查脑部，从环枕关节处，将头割下，剥开额顶部皮肤。在两眼眶之间横劈额骨，再将两侧颞骨及枕骨髁劈开，即可掀掉颅顶骨，暴露颅腔。检查脑膜有无充血、出血，脑组织是否软化、液化和坏死等。

在剖检过程中要仔细检查内脏器官的病理变化，主要病理变化与相关疾病见表 1-2。

表1-2　各器官病理变化及可能发生的疾病

器官	病理变化	可能发生的疾病
淋巴结	颌下淋巴结肿大，出血性坏死	猪炭疽、链球菌病
	全身淋巴结有大理石样出血变化	猪瘟
	咽、颈及肠系膜淋巴结	猪结核
	黄白色干酪样坏死灶、淋巴结充血、水肿、小点状出血	急性猪肺疫、猪丹毒、链球菌病
	支气管淋巴结肠系膜淋巴结髓样肿胀	猪气喘病、猪肺疫、传染性胸膜肺炎、副伤寒
肝	坏死小灶	沙门氏菌病、弓形体病、李氏杆菌病、伪狂犬病
	胆囊出血	猪瘟、胆囊炎
脾	脾边缘有出血性梗死灶	猪瘟、链球菌病
	稍肿大，呈樱桃红色	猪丹毒
	瘀血肿大，灶状坏死	弓形体病
	脾边缘有小点状出血	仔猪红痢
胃	胃黏膜斑点状出血，溃疡	猪瘟、胃溃疡
	胃黏膜充血、卡他性炎症，呈大红布样	猪丹毒、食物中毒
	胃壁肠系膜水肿	水肿病
小肠	黏膜小点状出血	猪瘟
	节段状出血性坏死，浆膜下存在小气泡	仔猪红痢
	以十二指肠为主的出血性、卡他性炎症	仔猪黄痢、猪丹毒、食物中毒
大肠	盲肠、结肠黏膜灶状或弥漫性坏死	慢性副伤寒
	盲肠、结肠黏膜扣状溃疡	猪瘟
	卡他性、出血性炎症	猪痢疾、胃肠炎、食物中毒
	黏膜下高度水肿	水肿病
肺	出血斑点	猪瘟
	纤维素性肺炎	猪肺疫、传染性胸膜肺炎
	心叶、尖叶、中间叶肝样变	气喘病
	水肿，小点状坏死	弓形体病
	粟粒性、干酪样结节	结核病
心脏	心外膜斑点状出血	猪瘟、猪肺疫、链球菌病
	纤维素性心外膜炎	猪肺疫
	心瓣膜菜花样增生物	慢性猪丹毒
	心肌内有米粒大灰白色包囊泡	猪囊尾蚴病

续表

器官	病理变化	可能发生的疾病
肾	苍白，小点状出血	猪瘟
膀胱	黏膜层有出血斑点	猪瘟
	浆膜及浆膜腔出血	猪瘟、链球菌病
	纤维素性胸膜炎及黏连	猪肺疫、气喘病
	积液	传染性胸膜肺炎、弓形体病
睾丸	1 个或 2 个睾丸肿大、发炎、坏死或萎缩	乙型脑炎、布氏杆菌病
肌肉	臀肌、肩胛肌、咬肌等外有米粒大囊泡	猪囊尾蚴病
	肌肉组织出血、坏死，含气泡	恶性水肿
	腹斜肌、大腿肌、肋间肌等处见有与肌纤维平行的毛根状小体	住肉孢子虫病
血液	血液凝固不良	链球菌病、中毒性疾病

主要猪病的剖检诊断见表 1–3。

表1–3　主要猪病的剖检诊断

病名	主要病理变化
猪瘟	急性：全身各器官、组织广泛性小点状出血，有的脾脏边缘有出血性梗死，淋巴结周边出血，呈大理石样花纹。慢性：结肠、盲肠、回盲瓣等处黏膜有轮层状坏死（扣状肿）
猪口蹄疫	口腔黏膜、鼻镜、蹄部有水疱或糜烂，严重时脱蹄。心肌松软，切面有灰白色或淡黄色斑点或条纹，称“虎斑心”
仔猪红痢	空肠、回肠有节段状坏死，呈暗红色，肠腔充满带血液体，肠系膜淋巴结呈深红色，病程长时肠黏膜坏死，形成灰黄色假膜
仔猪黄痢	机体消瘦、脱水，小肠黏膜充血、出血，以十二指肠明显，肠壁变薄，肠系膜淋巴结肿胀、充血、出血
轮状病毒性肠炎	胃有乳凝块，肠黏膜弥漫性出血，肠管变薄
传染性胃肠炎	胃底充血，胃内有凝乳块，小肠充血，肠壁变薄、半透明状，肠内充满黄绿色或白色泡沫液体，肠系膜淋巴结肿胀
流行性腹泻	病变主要在小肠，肠壁变薄，肠腔内充满黄色液体，肠系膜淋巴结水肿，胃内空虚
仔猪白痢	胃肠卡他性炎，肠壁变薄，呈半透明状，含有稀薄的食糜气体，肠系膜淋巴结轻度水肿
猪痢疾	病变局限于大肠，大肠黏膜充血、出血、肿胀，病程长时肠黏膜表面有坏死灶或黄白色假膜，呈豆腐渣样

续表

病名	主要病理变化
沙门菌病	急性：呈败血症变化，全身黏膜、浆膜呈不同程度的出血。慢性：盲肠、结肠、回肠等处黏膜有坏死区，上覆有糠麸状假膜，肝、脾瘀血并有黄白色小坏死灶，肠系膜淋巴结呈干酪样坏死
猪丹毒	体表有疹块，淋巴结肿大，切面多汁，胃底部、十二指肠黏膜充血、出血，脾脏肿大，肾肿大、出血。慢性经过时，心内膜有菜花状增生物，增生性关节炎
猪水肿病	胃壁、肠系膜和下颌淋巴结水肿，下眼睑、颜面及颈部皮下有水肿变化
气喘病	肺的心叶、尖叶、中间叶及部分膈叶的边缘出现肉变或肝变，肺门及纵隔淋巴结肿大
猪肺疫	最急性：败血症变化，咽喉部水肿，周围组织胶冻状浸润。急性：纤维素性胸膜肺炎，肺有不同程度的肝变区，切面呈大理石样，全身黏膜、浆膜、实质器官、淋巴结有出血性病变。慢性：肺有坏死灶，胸腔、心包腔积液，肺与胸膜相连
猪传染性胸膜肺炎	肺充血、出血，病变区呈紫红色，质地坚实如肝，肺炎区表面有纤维素附着，常与心包、胸膜发生黏连
猪链球菌病	全身黏膜、浆膜充血、出血，脾脏肿大、瘀血，全身淋巴结肿 大、出血、坏死或化脓，脑膜和脑实质充血、出血
猪布氏杆菌病	睾丸、附睾和子宫等处有化脓性病灶或坏死，子宫深层黏膜有灰色小结节
猪萎缩性鼻炎	鼻流清亮黏液或脓性渗出物或流鼻血，鼻部肿胀，鼻脸部变形，下颌伸长
猪弓形虫病	耳、腹下及四肢等处有瘀血斑，胃和大肠黏膜充血、出血，肺间质水肿，肝、脾、肾有出血点和坏死灶，淋巴结肿大、出血、坏死
猪伪狂犬病	无特征性病变，典型病例脑膜明显充血，脑脊髓液增多，肝、脾有坏死灶，肺充血、水肿，胃肠黏膜有卡他性炎症
猪细小病毒病	流产、死胎，胎儿可在子宫内被溶解、吸收或有充血、出血、水肿变化
猪流行性乙型脑炎	流产、死胎、弱胎及睾丸炎，子宫黏膜充血、出血，有大量黏稠的分泌物
猪繁殖与呼吸综合征	无特征性肉眼变化，病死仔猪仅见头部水肿，胸腔、腹腔积液，肺发生间质性炎
猪附红细胞体病	皮肤苍白，黏膜黄染，血液稀薄呈水样，皮下、腹腔的脂肪发黄，肝肿大，呈棕黄色，心外膜、心冠脂肪出血、黄染，淋巴结肿大、水肿
猪流行性感冒	鼻、喉、气管和支气管黏膜充血，表面有大量泡沫黏液，有时混有血液，病变肺组织呈暗红色，与正常组织界线清楚，颈和纵膈淋巴结肿大
猪水疱病	蹄部、鼻端、口唇皮肤、口腔和舌面黏膜、乳房上出现水疱和烂斑，其他器官无特征性病变
钩端螺旋体	皮下脂肪及多处内脏器官有黄染并有出血变化

另外，猪病实验室检查是应用微生物学、血清学、寄生虫学、病理组织学等

实验手段进行疫病检验，为猪病诊断提供科学依据。本书不作重点介绍。

第三节　猪病的辨证

辨证，就是辨别症状，根据四诊所得的资料进行分析、综合、归纳，以判断疾病的原因、部位、性质，从而作出正确的诊断，为治疗疾病提供依据。

"证"与"症"应该严格区分，"症"是一个一个的症状，而"证"是证候，是辨证所得到的结果。

"证"与"病"的概念是不同的。清代医家徐灵胎说："病之总者为之病，而一病总有数证"。也就是说，病可以概括证。辨病名，必先辨证。诊断先从辨证再进一步辨病，辨病之后又再进一步辨证。因此，辨证论治并不是说中医不讲究辨病，强调辨证已包括辨病于其中了。

猪病的辨证方法主要有八纲辨证、脏腑辨证、气血津液辨证、六经辨证和卫气营血辨证等。

一、八纲辨证

八纲，即阴、阳、表、里、寒、热、虚、实，是辨证论治的理论基础之一。八纲辨证是将四诊得来的资料，根据家畜正气的盛衰，病邪的性质，疾病所在的部位深浅等情况，进行综合、分析归纳为阴、阳、表、里、寒、热、虚、实八类证候。

在八纲辨证中，阴阳、寒热、表里、虚实八类证候之间的关系，并非是彼此平行的，一般而言，表证、热证、实证隶属于阳证范畴。里证、寒证、虚证统属于阴证范畴。所以，八纲辨证中，阴阳两证又是概括其他六证的总纲。此外，八类证候也不是相互独立，而是彼此错杂，互为交叉，体现出复杂的临床表现。

在一定的条件下，疾病的表里病位和虚实寒热性质往往可以发生不同程度的转化，如表邪入里、里邪出表、寒证化热、热证转寒、由实转虚、因虚致实等。当疾病发展到一定阶段时，还可以出现一些与病变性质相反的假象。如真寒假热、真热假寒、真虚假实、真实假虚等。所以，进行八纲辨证时不仅要熟悉八纲证候的各自特点，同时还应注意它们之间的相互联系。

（一）阴阳

阴阳，既能概括整个病情，又能用于一个症状的分析。在《素问·阴阳应象大论》中提出："察色按脉，先别阴阳"，还说"阳病治阴，阴病治阳"。张仲景将伤寒病分为阴证、阳证，以三阴、三阳为总纲。明代医家张景岳也强调，“凡诊脉施治，必先审阴阳，乃为医道之纲领”。这阴阳是八纲辨证的总纲，它能统领表里、寒热、虚实三对纲领，故有人称八纲为“二纲六要”。由此可见，阴阳辨证在疾病辨证中的重要地位。

1. 阴证和阳证

阴证的形成，由于老畜体衰，或内伤久病，或外邪内传五脏，以致阳虚阴盛，机体衰减，脏腑功能降低，每多见于里证的虚寒证。其症状为毛焦体瘦，倦怠喜卧，体寒肉颤，怕冷喜暖，口流清涎，粪便稀薄，尿液清长，唇舌色淡，苔白滑润，脉象沉迟无力等。在外科疮黄方面，凡不红、不热、不痛，脓液稀薄而少臭味等，系阴证表现。

阳证的形成，多由于邪气盛而正气未衰，正邪斗争处于亢奋阶段，所以常见于里证的实热证。其症状为精神兴奋，或狂躁不安，发热贪饮，气促喘粗，耳鼻肢热，口舌生疮，粪便秘结，尿液短赤，口色红燥，舌苔黄干，脉象红数有力等。在外科疮黄方面，凡红、肿、热、痛明显，脓液黏稠发臭者，系阳证表现。

一般说来，阳证必见热象，以身热、恶热、贪饮、脉数为准；阴证必见寒象，以耳鼻四肢俱冷，无热恶寒，精神不振，脉沉微无力为凭。但临床也有阳极似阴，阴极似阳的问题。

阴证和阳证是就证候的类型而言，这与指机体表现为不足的阴虚和阳虚的概念有所不同。阴虚是指体液消耗而不足的一些证候；阳虚是指机能活动减退的一些证候。

2. 阴虚与阳虚

阴虚与阳虚是畜体脏腑阴阳亏损病变产生的证候。在正常生理状态下，畜体阴阳要维持相对的平衡即“阴平阳秘，精神乃治”。一旦阴阳失去这种相对平衡，就会发生阴阳盛衰的变化，从而产生疾病。

阴虚证的症状为潮热盗汗、消瘦、口干咽燥、小便短赤、舌红少苔、脉细数无力。其病因病机为久病，种猪或因配种过度等而致精血、津液亏虚，阴不制阳。

阳虚证的症状为精神不振、可视黏膜苍白、畏寒肢冷、自汗、大便溏薄、小便清长、舌淡苔白而润、脉虚弱等。其病因病机为久病或大汗、大吐、大泻等而致阳气大衰、阳不制阴。

3. 亡阴和亡阳

亡阴和亡阳多是疾病发展过程中的危重证候。

亡阴多在高热大汗、剧烈吐泻、失血过多等阴液迅速丧失的情况下出现，常见汗出而黏、呼吸短促、四肢温、躁动不安、渴喜冷饮、舌红而干、脉数无力，治宜益气救阴；亡阳常因邪毒炽盛，或内脏病变严重耗损体内阳气所致，亦能因大汗、大吐、大泻、大出血等所致，常见冷汗如珠、呼吸气微、畏寒肢冷、精神萎靡、舌淡苔润、脉细微欲绝，治宜回阳救逆。

（二）表里

表里，是辨别病变部位深浅和病情轻重的两纲。表里原是体组织结构方面的概念，在《内经》中，称外部为表，包括皮毛肌腠；称内部为里，指体内脏器。《素问·至真要大论》中又提出了“其在皮者，汗而发之”的治则。这是表证辨证治疗的发源。除了表证以外，其他病证概属里证范围。

一般来说，病在皮毛、肌腠、经络的属表证，病情较轻；病在五脏六腑、血脉、骨髓的属里证，病情较重。

1. 表证

表证，指六淫之邪从皮毛、口鼻侵入机体所致的、病在肌肤、经络部位的一种证候，具起病急、病程短、病位浅的特点。

证候：以发热、恶风寒（被毛逆立、寒颤）、苔薄白、脉浮为主，兼可出现咳嗽、鼻流清涕等症状。治疗表证，宜用汗法。

表证可分为以下几个类型。

（1）表寒　多由风寒之邪侵袭肌表所致，常见于外感病初起。证见恶寒重、发热轻，无汗，不渴，口色青白，舌苔薄白而润、脉浮紧。治宜辛温发汗。

（2）表热　风热之邪侵犯肺卫，多见于风热感冒或温病初起。证见恶寒轻、发热重、耳鼻俱温，或微汗，舌苔薄白或薄黄、口渴、舌质偏红、脉浮数。治宜辛凉解表。

（3）表虚　风邪侵犯肌表，卫外功能不固。证见恶风甚、汗出、脉浮缓。治宜益气固表。

（4）表实　风寒外袭，正邪交争，卫阳紧固腠理。证见恶寒重、无汗、脉浮紧。治宜发汗解表。

2. 里证

里证，指外邪由表入里，或直中于里，侵犯脏腑、气血、骨髓等的一类证候。或因饥饱所伤，直接影响了脏腑气血，使脏腑功能失调，病一开始便是里证。临床表现多样，有病程较长和病位较深的特点。

证候：以不恶风寒、脉不浮，多有舌质、舌苔的变化为主。一般受三方面因素影响，是表证发展而来：一是表证发展而来，即表邪入里而成里证；二是表邪直中脏腑而成的；三是情志内伤、饮食、劳倦等所致脏腑功能失调而成的。

（1）里寒　外寒传里，或阳气不足。证见形寒肢冷，畏寒喜暖，四肢不温、口不渴、腹痛泄泻、小便清长、苔白滑、脉沉迟。治宜温里散寒。

（2）里热　外邪入里化热，或热邪直中脏腑。证见不恶寒、反恶热、高热、口渴、汗出、大便秘结或腐腻腥臭、小便短赤、苔黄燥、脉洪数或沉数。治宜清热泻火解毒。

（3）里虚　多因饮喂不足；或老弱体虚，大病、久病之后；或病中失治、误治；或先天不足所致。证见毛焦体瘦，头低耳耷，精神倦怠，多卧少立，食少纳呆，舌质淡、苔白、脉沉弱。治宜补虚。

（4）里实　外邪入里，结于胃肠，或由脏腑功能失调引起。病畜证见肚腹胀满、腹痛起卧、呼吸气粗、大便秘结、小便黄赤、舌苔厚燥焦黑、脉沉实。治宜攻下。

（三）寒热

寒热，是辨别疾病性质的两纲。一般来说，寒证表示机体阳气不足或感受寒邪所致的证候，热证表示机体阳气偏盛或感受热邪所致的证候。

寒热在《内经》中论述颇多，比较明确，如《素问·阴阳应象大论》明确指出“阳盛则热，阴盛则寒”，在《素问·至真要大论》中又提出了“寒者热之，热者寒之”的治则。

1. 寒证

寒证是畜体感受寒邪，或阳虚阴盛，机体的机能活动衰减所表现的证候。由阴盛所致的寒证称为寒实证，由阳衰形成的寒证称为虚寒证。

（1）寒实证　形成的原因，一是外感风寒，二是内伤阴冷。寒为阴邪，寒邪侵入畜体抑制和消耗阳气，致使阳气不能正常输布到全身，“阴盛则寒”，而临床反映出耳鼻寒凉，四肢厥冷，肠鸣腹痛起卧，脉沉迟，口色青白滑利等一系列寒象。由外感风寒引起的表寒证，由内伤阴冷引起的里寒证，已在表里证内阐述过，此处不再重复。

（2）虚寒证　多见于慢性或消耗性疾病，由于久病消耗了畜体阳气，“阳虚生外寒”，临床反映为形寒怕冷，耳鼻四肢俱凉，多卧少立，少吃，肠鸣泄泻，完谷不化或见浮肿，尿清，口色淡白或青白，舌苔薄白或无苔，脉象沉涩等一系列虚寒象证候。治宜温补。

2. 热证

机体感受热邪，或阳盛，或阴衰。由阳盛所致的热证称为实热证，由阴虚所致的热证称为虚热证。

（1）实热证　形成的原因，一是外感风热、暑热、燥热、疫疠，或风寒、风湿等入里化热，二是内伤火毒。热为阳邪，热邪侵入畜体致使机体机能亢盛，

“阳盛则热”，临床反映出发热，耳鼻温热，呼吸迫促，粪便干燥，尿液赤黄，口干贪饮，口色红燥，舌苔干黄，脉象红数等一派阳盛的证候。由外感风热引起的表热证，有热邪入里化热，或内伤火毒引起的里热证，二者已在表里证内阐述，此处不再重复。

再者，实热证由疫疠所致者，重者火邪充斥上下表里，故除一般里热证候外，尚可出现高烧肌热，或闭眼低头，站立如呆，或狂躁不安，舌苔厚黄等，又必须结合卫气营血辨证去认识。

（2）虚热证　多见于瘦弱家畜长期患病或疫病和虫病的后期，消耗了畜体的阴液，“阴虚则内热”，故临床上反映出精神倦怠，头低耳耷，低热不退，或午后发热，粪干尿少色赤，口舌淡红、少苔，脉象细说等一派阴虚的证候。治宜养阴清热。

（四）虚实

虚实辨证，是分辨邪正盛衰的两纲。凡机体功能衰退、低下和不足，或维持生理活动的物质缺损所引起的一类证候，均称为虚证；凡邪气较盛而正虚不明显的病证，均可称为实证。

《素问·通评虚实论》“邪气盛则实，精气夺则虚”，即是虚实定义的本源。

1. 虚证

多见于久病、重病之后，或素体虚弱，后天失调，如饲喂失节，或久病或慢性消耗性疾病，或失血等正气为邪气所伤，或见于患病过程中失治、误治等因素，从而导致正气不足，阴精、阳气受损而致虚。

证候：毛焦体瘦、头低耳耷、精神倦怠、行走无力、卧多立少、舌淡少苔、脉细弱等。

（1）气虚证　一些慢性病长期耗伤正气，而使脏腑功能衰退所出现的一系列证候叫气虚证。因为气的蒸化靠肾，生化靠脾，输布靠肺，所以气虚主要与肺、脾、肾三脏有关。其证候是：精神不振，毛焦体瘦，四肢无力，头低耳耷，多汗自汗，口色淡白，舌无苔，脉象虚大无力，或兼见呼吸气短，动则气喘，久咳；或兼见草料迟细，粪稀或完谷不化；或兼见子宫、阴道、直肠脱出；或兼见小便淋漓失禁，滑精早泄等。治宜补气为主，着重补脾肺。

（2）血虚证　五脏功能减弱使血的生化不足，或因失血等均可使血的量和质降低，由此，出现的一些列证候叫血虚证。因为心主血，肝藏血，脾统血，肾精为造血之本，所以血虚证主要与心、肝、脾、肾四脏有关。其证候是：毛焦体瘦，精神沉郁，多卧少立，口色苍白，脉象细而无力，或见眼光痴呆，或兼见易惊不安等。治宜补血养血，配合健脾补气。

2. 实证

多是邪气亢盛所表现的证候，实证虽然邪气盛，但正气犹能抗邪，未至亏损的程度，故往往是邪正相争的激烈阶段，多为外邪侵入机体，或内脏功能失调，代谢障碍，以致痰饮、水湿、瘀血等病理产物停留于体内所致。

证候：突出表现在两个方面。其一，有实邪存在，如痰饮、水湿、瘀血、食积、虫积等；其二，功能亢奋，如精神兴奋，气喘气粗，高热舌红，腹胀疼痛，便秘尿浓，苔厚，脉沉或洪而有力等。治宜泻法。

（1）实热　即热邪炽盛。证见壮热烦渴、狂躁不安、腹胀满痛拒按、尿赤、大便干燥、苔黄厚而干、脉洪数滑实。

（2）实寒　即寒邪过盛、阳气被遏。证见恶寒肢冷、腹痛拒按、大便秘结、痰多喘咳、苔白厚腻、脉沉伏或弦紧有力。

二、脏腑辨证

中兽医脏腑辨证，指的是以脏腑理论为基础，对四诊所收集的脏腑病变，从病因、病位、病性和邪正盛衰等方面，进行分析归纳，作出具体诊断，指导临床治疗的一种辨证方法。脏腑辨证是以脏腑理论为基础，故先要熟悉脏腑的生理功能和病变特征，注意脏腑之间的相互联系和相互影响，紧密结合八纲、病因、气血津液等辨证方法，才能确切把握病变全局，作出脏腑证候的判断，为治疗提供可靠依据。

中兽医辨证方法有很多，且各有其不同特点，但最后都要落实在脏腑的病变上。八纲辨证是辨证的纲领，在临床上起执简驭繁的作用，但一切证候的具体表现，都得落实到脏腑上来，要用脏腑辨证的方法才能解决。如八纲辨证确认为阴虚证，具体到脏腑，就有心、肺、肝、肾、胃等阴虚，只有辨明哪一脏腑的阴虚，才能使治疗具有针对性，从而取得满意的疗效。

（一）心与小肠病辨证

心的病变主要表现为血液运行障碍和神志变异两个方面。就病因来说，除外感热病的热入心包（热扰心神或痰迷心窍）外，多见于内伤，其中又分为本脏病及它脏累及两部分：本脏病多为先天禀赋不足，或老畜体衰、脏气虚衰；它脏累及见于病后失于调养，或汗、吐、下及失血太过，损伤气血，或由于情志抑郁，化火生痰。由本脏病所引起的病证，虚证为多，表现阴阳气血虚弱，治当补益。由它脏病所累及，以实证或实中夹虚为多，表现出痰饮、邪火、气滞、血瘀等实邪为害，治当攻伐。

小肠的病变主要表现在消化功能障碍和清浊不分等方面。一般可分为虚寒和气痛等证候。

心与小肠病辨证施治要点如下。

1. 心血虚和心气虚

都有心悸动的症状，但心血虚者心悸动而伴有躁动易惊的症状；心气虚者心悸动伴有自汗，精神倦怠的症状。心阴虚和心阳虚均为虚证，但阴虚则热，出现午后发热或低热不退，夜间多汗，口红舌燥等症状；阳虚则外寒，有形寒怕冷，耳鼻四肢不温等症状。心气虚者宜补心气，心阳虚者宜温心阳，心血虚者宜补心血，心阴虚者宜养心阴，若阴虚有火者，再加滋阴清火药。因四者均能影响心神，故均需应用安神的药物。心阴与心阳，二者相互依存又相互制约，其中某一方面发生变化都会影响到另一方面，即所谓“阴损及阳，阳损及阴。”如临床上遇有阴阳两虚，气血俱亏者，应两者兼治，如炙甘草汤之阴阳并调，十全大补汤之气血双补。

2. 心热内盛

以高热、大汗、躁动不安为其主要症状，而心火上炎则以舌体病变为主，二者易于鉴别。前者治宜清热宣窍，后者治宜清热泻火。

3. 痰火扰心

在临床上出现狂躁不安症状，而痰迷心窍则出现昏迷症状，为二者之鉴别要点。热痰宜清，寒痰宜温，同属于痰证，寒热不同，治法则异。

4. 心与小肠相表里

故小肠热证多与心火共存，证见躁动不安，口舌生疮，尿液短赤或血尿，治宜清火，通利二便。如因寒邪入侵小肠，可见肠鸣泄泻，尿少，治宜散寒行气。

（二）肝与胆病辨证

肝的病变主要表现为藏血与疏泄功能失常，临床上将其分为虚实两大类型，以实证多见。实证大多情志所伤、肝气郁结、郁久化火，或因寒邪侵袭，滞留肝脉所致；虚证皆因肾阴不足，肝失濡养，或肝血不足，阴不潜阳而致虚阳上扰所致。肝病多以风证出现，所谓“诸风掉眩，皆属于肝”，故临床上见到有关“风证”，就要联系肝病，然后进一步辨别虚实寒热，施以正确治疗。

肝与胆病辨证论治要点如下。

1. 肝性刚强

体阴用阳，故肝病初期，多见实证、热证。肝之寒证，仅见于厥阴经脉所属的部位，如睾丸硬肿如石如冰。

2. 肝火上炎和热动肝风

肝病实证中，肝火上炎和热动肝风，二者同出一源，多由肝气有余，导致肝火上升，甚则火盛动风痉厥。临床应掌握不同情况，分别主次，确定清肝泻火，清热熄风等法。实证不愈，伤及肝肾之阴，以致本虚标实，肝阳上亢，最后导致阴亏风动的虚证。必须掌握不同情况，分别轻重，确定滋阴平肝，救阴熄风等法。

3. 热入心包

心神受扰，与热极生风、肝风内动的证候密切相关，并经常合并出现。但心与心包的证候以神识障碍为主，而热动肝风的证候则以四肢拘挛抽搐为主。

4. 肝火上炎

肝火上炎引起的目疾，与肝阴血虚之肝不养目所导致的目疾，病机不同，病证不同，治法也不同。前者为肝经实证，宜清泻肝火，明目退翳；后者为肝经虚证，且多与肾精不足有关。治宜滋肾养肝，明目去翳。

5. 肝胆相表里

在发病上肝胆多同病，在治疗上也肝胆同治，而以治肝为主。如肝胆湿热，而以肝病为主，治疗上多从肝论治。

（三）脾与胃病辨证

脾的病变主要表现运化功能失常。“脾为后天之本”，家畜的生命活动，脏腑功能的发挥，都要依赖脾运化水谷精微作为物质基础，脾功能失常，家畜的生命活动及脏腑功能，都会受到影响，其他脏腑有病，也会累及脾胃；脾病有寒热虚实的不同，但以虚证多见，治疗时需注意调理脾胃，恢复其受纳运化功能，使其气血生化之源不竭，其他脏腑的疾病就能趋于好转；胃病也有寒热虚实之分，但以拒纳、逆呕为主证，所以凡是临床上先有拒纳、逆呕而后见运化失健的病证，其病变在胃，反之则在脾。

脾与胃病辨证施治要点如下。

1. 脾胃气虚

病后失养，或劳伤过度，以致脾胃气虚。证见倦怠肯卧，草料迟细，粪便稀薄，治宜益气健脾；若致中气不足，或兼脱肛，子宫脱，阴道脱，治宜补中益气。如病久不复，脾阳衰弱，证见形寒怕冷，耳鼻四肢不温，肠鸣腹痛，粪便稀薄，治宜温中健脾。

2. 脾病多挟湿

无论虚实寒热，均可出现湿之兼证，或因淋雨受寒，湿从外来；或暴饮冷水，中阳被困，湿从内生。如寒证的寒湿困脾，热证的湿热困脾。前者治宜散寒燥湿，后者治宜清热利湿，湿去则脾运自复。

3. 胃喜润恶燥

胃气宜降，故胃病以食滞和热证为多见。食滞宜消，热证宜清。胃之热证又分实热和虚热两种，前者为胃热炽盛，后者为胃阴不足，在治疗上，实者宜清泻，虚者宜滋补。胃之寒证，又宜温胃散寒。

4. 脾与胃互为表里

是水谷消化的主要脏器，因此在临床上，提到脾，往往包含胃，提到胃，往往包含脾。相对而言，脾病多虚证，胃病多实证，故有“实则阳明，虚则太阴”之说。脾与胃的病证又可以相互转化。胃实因用攻下太过，脾阳受损，可以转为脾虚寒；如脾虚渐复而由于暴食，又能转为胃实。虚实之间，必须详察。

5. 脾胃为气血生化之源

如脾病日久不愈，势必影响其他脏腑；而它脏有病，亦多传于脾胃。因此，在治疗内伤疾病的过程中，必须时时照顾脾胃，扶持正气，使病体逐渐复原。

（四）肺与大肠病辨证

肺的病变主要表现为气机升降出入失常。其病因有外感与内伤两类：外感风、寒、热、燥，都由皮毛、口鼻侵肺；内伤有本脏自病，也可由他脏累及，且以脾、肾、肝三脏最明显。肺为娇脏，既畏寒又畏热，既易患实证，又易患虚证，气虚、气滞、气逆皆与肺气相关，临床上能辨别肺气的寒热虚实，就抓住了要领；治疗时本脏自病当治肺，他脏累及则分别缓急而兼顾，由外邪侵袭致病者，可针对外邪性质直接祛除。大肠的病变主要表现为粪便异常，外邪侵袭、饮食不节、饲料霉变均可致病，他脏功能失调也可累及，治疗时应按寒热虚实分别辨证施治。

肺与大肠病辨证施治要点如下。

1. 虚实

肺的病证，从病因上讲可分外感与内伤两种，临床辨证上不外虚实两类。肺气虚者多有阳虚卫外不固之症状，肺阴虚者有阴虚内热的症状，痰饮阻肺的特点是鼻流大量白黏鼻涕，舌胖，苔白腻，三者可资鉴别。风寒束肺，风热犯肺，燥热伤肺，肺热咳嗽，均为外感新病，属实证，咳喘为其共有症状，可兼或不兼有表证。风寒束肺咳喘而鼻涕稀薄，风热犯肺咳喘而鼻涕黄稠，燥邪伤肺咳喘而干咳无涕，肺热咳喘鼻流腥臭浓涕，四者易于区别。

2. 肺主肃降

治肺病以清肃肺气为主，虽有宣肺、肃肺、温肺、清肺、润肺之别，但务使肺气肃降，邪不干犯，其病乃愈。若肺气不足，或肺气大虚时，又当升提补气。肺主气，味宜辛，用药苦温可以开泄肺气，辛酸可以敛肺益气，除非必要，一般不用血分药。肺清肃而处高位，选方多宜轻清，不宜重浊，正所谓“治上焦如羽，非轻不举”。肺不耐寒热，辛甘平润最为适宜。如治肺不效，可以通过它脏关系，进行间接治疗，如健脾、益肾等法。

3. 大肠主传导糟粕，其病变主要反映在粪便方面

大肠有热则津少肠枯而成燥粪，大肠有湿则湿盛作泻。治疗津亏便秘，需滋养阴液配合攻下法，才不至于下后复又燥结；治疗湿热泄泻，需利湿配合清热之法，方不致泻止而热毒内蕴。

4. 肺与大肠互为表里

故肺经实证、热证可泻大肠，使肺热从大肠下泄而气得肃降。因肺气虚导致大肠津液不布而便秘者，可用滋养肺气之法，以通润大肠。

（五）肾与膀胱病辨证

肾病主要表现藏精与主水功能失常。“肾为先天之本”，藏精以主骨生髓，为生殖发育之根源，宜藏而不宜泻，如果不加以固护，则易成虚损，故临床多见虚证，很少有实证。肾主宰水液代谢，病则表现二便异常、水肿等病变。肾病可影响心、肺、肝、脾等功能的正常发挥，反之其他脏器功能失常，也会对肾产生有害影响，此外外感病尤其急性热病，也能对肾造成损害。因肾病多虚，治疗时以补肾益精为主，兼顾他脏，使肾气恢复。膀胱病变主要表现为尿液贮存与排泄异常，既可本脏自病，也可由他脏累及，因为肾与膀胱互为表里，肾病对膀胱的影响更直接，其虚寒证的治疗可参考肾，湿热证则应治本脏。

肾与膀胱病辨证施治要点如下。

1. 一般而言，肾无表证与实证

肾之热，属于阴虚之变，肾之寒，属阳虚之变。

2. 肾阳虚与肾阴虚

均可出现腰脊板硬疼痛，腰胯软弱等证。但肾阳虚兼见外寒，阳痿滑精等症；肾阴虚则兼见内热，举阳遗精等症。临床中必须注意鉴别。

3. 补虚之治，总的治疗原则是“培其不足，不可伐其有余”

阴虚者火旺，治宜甘润养阴，使阴液渐复而虚火自降。阳虚者寒胜，治宜辛温助阳，使阳气渐复而阴寒易散。至于阴阳两虚，宜用阴阳并补之法。病情复杂，方药必须审慎用之。

4. 肾与其他脏腑有密切关系

如肾阴不足，不能养肝，引起肝阳上亢，治宜滋阴以潜阳；肾阴不能上承，心火偏旺，治宜滋阴以降火；久咳不愈，上损及下，肺肾阴亏，治宜滋肾以养肺；脾肾阳衰，治宜益火而健脾。病久正虚，通过治肾而兼理他脏，对治疗久病不愈具有一定的作用。

5. 肾与膀胱相表里

膀胱的病证与肾密切相关，如肾不化气，可直接影响到膀胱气化而导致尿的

异常。一般来说，虚证多属于肾，实证多属于膀胱。所谓膀胱虚寒者，实际上是肾阳虚衰或肾气不固的病理表现，在治疗上亦从肾论治，而膀胱湿热可直接清利膀胱。

（六）脏腑兼病辨证

动物体是一个有机的整体，在生理情况下，脏腑通过经络的联系和气血的贯注，彼此之间相互依存，相互制约，分工合作，相辅相成，保持相对协调和统一，从而保证了动物体正常的生命活动。在病理情况下，脏腑病变相互影响，一脏有病，常常波及他脏。两个或两个以上脏腑同时出现病理变化的，称为脏腑兼病。现将临床上常见的脏腑兼病证介绍如下。

1. 心脾两虚

多由于饮喂失调，内伤脾气，脾气虚弱，血的生化之源不足，而致心血虚。

主证：病畜既有心悸动，易惊恐，频换前肢等心虚的症状，同时又有吃料迟细，肚腹虚胀，大便稀薄，倦怠肯卧等脾虚的症状。口色淡黄，舌质淡嫩，脉细弱。

辨证：心血不足，心神失养，神不守舍，故心悸动，心神不宁，易惊；脾与胃相表里，脾胃虚弱，胃失受纳，脾失运化，故草料迟细，肚腹虚胀，大便稀薄；脾气血生化之源，脾气不足，气血生化乏源，肌肉四肢失其所养，故倦怠肯卧，口色淡，脉细弱；口色黄，舌质胖嫩是脾虚湿生的表现。

治则：补益心脾（益火补土）。

方例：归脾汤加减。

2. 肺脾气虚

因肺虚及脾，如久咳而使肺气不足，宣发肃降无能，痰湿留积，困扰脾气，而致脾气虚；或脾虚而及肺，如饮喂失调，劳倦及脾，中虚胃弱，运化无力，气血生化无源，不能输精于肺，而致肺虚。临床上以先为脾气虚后又见肺气虚者为多。

主证：病畜既有久咳不止，咳喘无力，鼻液清稀等肺虚的症状，同时又有倦怠肯卧，草料迟细，肚腹虚胀，粪便稀薄等脾虚的症状，口色淡白，脉弱。

辨证：肺虚则失其宣降之功，故咳喘不止，又因气虚而咳喘无力；肺气虚则水津不布，脾虚则水湿内停，二者皆可导致湿浊内生，湿浊随肺气上逆从肺窍流出，故而鼻流清涕；脾气不足，运化无力，清阳不升，故见草料迟细，肚腹虚胀，粪便稀薄；脾肺气虚，宗气不足，故倦怠肯卧；口色淡白，脉弱皆为气虚之征。

治则：补脾益肺（培土生金）。

方例：参苓白术散或六君子汤加减。

3. 心肾不交

多因久病伤阴，或劳损过度致使肾水亏虚于下，不能上济于心，心火亢于上，不能下交于肾；或因外感热病，致使心阴耗损，心阳亢盛，心火不能下交于肾，造成心肾水火不相既济而形成病变。临床上以肾水不足，不能上滋心阴者最为常见。

主证：心悸，躁动，易惊，腰胯无力，难起难卧，低热不退，午后潮热，盗汗，公畜举阳滑精，精少不育，母畜不孕，口腔干燥，粪球干小，舌红，少苔，脉细数。

辨证：心阴不足，心阳上亢，神不内守，故心悸，躁动，易惊；腰为肾府，肾精亏虚，故腰胯无力，难起难卧；阴虚不能制阳则虚热内生，故低热不退或午后潮热；阴虚阳弱，肌表不固而见盗汗；阴虚阳亢，相火妄动，扰动精室，故举阳滑精；滑精日久，必精少不育；肾精亏乏，冲任二脉不足，故母畜不孕；口腔干燥，粪球干小，舌红，少苔，脉细数均为水亏火亢之征。

治则：滋补肾精，清心安神。

方例：六味地黄丸合朱砂安神丸（朱砂、黄连、炙甘草、生地、当归）加减。

4. 肺肾阴虚

因久咳耗伤肺阴，进而累及肾阴，或由于肾阴亏损，不能滋养肺阴，加之虚火上炎，灼伤肺阴所致。

主证：咳喘无力，干咳连声，昼轻夜重，腰拖胯靸，低热不退，午后潮热，盗汗，公畜举阳滑精，精少不育，母畜不孕，口色红，少苔，脉细数。

辨证：肺为气之主，肾为气之根，肺阴不足，失于清肃，肾阴亏损，失于摄纳，故咳喘无力，干咳连声；腰为肾府，肾精亏乏，腰府失养，故腰拖胯靸；阴虚阳亢，则公畜举阳滑精，精少不育；阴亏血少，则母畜不孕；口色红，少苔，脉细数均是阴虚内热之象。

治则：滋补肺肾。

方例：六味地黄汤加减。

5. 肝脾不调

有肝木乘土和土壅侮木两种类型。

（1）肝木乘土　每因捕捉，失群，离仔，惊恐等使肝气郁结，疏泄失常，影响到脾的功能，致脾不健运，而成为肝脾不调证。

主证：躁动不安，草料迟细，粪便稀薄，肠鸣矢气，腹痛泄泻，泻必痛，泻后疼痛不减，苔白，脉弦。

辨证：肝主怒，肝失疏泄，经气郁滞，情志异常，故躁动不安；肝郁气滞，不能疏泄脾土，脾失健运，故草料迟细，粪便稀薄；脾失健运，水湿内生，水肠互击，故见肠鸣；内生水湿郁阻气机，故见腹痛；气滞于胃肠，故频频矢气；气机郁滞则痛，脾失健运则泻，痛泻并作，故腹痛泄泻，泻必痛，泻后疼痛不减；苔白，脉弦是肝脾不调的表现。

治则：泻肝补脾。

方例：痛泻要方（土炒白术、炒白芍、防风、陈皮）加减。

（2）土壅侮木　脾失健运，气滞于中，湿阻于内，影响肝气的疏泄，致使肝脾不调。

主证：情志抑郁，草料迟细，便溏不爽，肠鸣矢气，腹痛欲泻，泻后痛减，口色稍红而干，苔腻，脉弦数。

辨证：脾主思，脾失健运，气机郁结不畅，故情志抑郁；脾失健运，气机阻滞，水浊内生，致使肝失疏泄，故草料迟细，便溏不爽，肠鸣矢气，腹痛欲泻；排粪后气滞得畅，故泻后疼痛得以缓解；肝脾气郁，郁而化热，故见口色稍红而干；脾失健运，湿邪内盛较重，故苔腻；脉弦数是肝阳虚亢的表现。

治则：健脾疏肝。

方例：逍遥散加减。

6. 脾肾阳虚

多由肾阳虚衰，不能温煦脾阳，导致脾阳亦虚；亦可由脾阳久虚，不能运化水谷之精气以充养肾，遂致肾阳亦虚。

主证：形寒肢冷，耳鼻不温，倦怠肯卧，食欲减退，大便溏稀，或黎明泄泻，或四肢腹下浮肿，重者宿水停脐或阴囊水肿，舌质淡，苔白滑，脉沉弱。

辨证：肾阳虚衰，不能温煦形体被毛，故见形寒肢冷，耳鼻不温；脾阳不足，运化失常，故见食欲减退，大便溏稀。黎明时分，阴气最盛，阳气最虚，脾肾阳虚最为明显，故五更即泄；脾失健运，气血化生乏源，加之泄泻，津液气血大耗，故倦怠肯卧；肾主水，脾主运化水液，脾肾阳虚则水湿内停，故见四肢、腹下浮肿，甚则水停于腹腔内或阴囊部；舌质淡，苔白滑，脉沉弱是阳虚内寒之象。

治则：温补脾肾。

方例：理中汤合四神丸加减。

7. 肝肾阴虚

肝藏血，肾藏精，精血互生，肝肾相互滋养。肝血充足，则可下藏于肾；肾精旺盛，则可上滋于肝。因此在病理情况下，肝血不足可致肾阴虚，肾精亏损也可致肝血不足。

主证：眩晕，站立不稳，时欲倒地，两眼干涩，夜盲内障，视力减退，腰胯软弱，后躯无力，重者难起难卧或卧地不起，公畜可见举阳滑精，母畜发情周期不正常，低热不退，午后潮热，盗汗，口色红，舌无苔，脉细数。

辨证：肾阴亏虚，水不涵木，则肝阳上亢，虚火上扰，故心神不安，头晕目眩，站立不稳，时欲倒地；肝肾阴虚，眼目失其所养，故两眼干涩，夜盲内障，视力减退；腰为肾府，肾主骨生髓，肝主筋，肝肾阴虚，骨、髓、筋失其濡养，故腰胯软弱，后躯无力，严重者骨衰弱，故见难起难卧或卧地不起；阴虚阳亢，虚火内生，扰动精室，故公畜举阳滑精；肝肾阴虚，冲任失养，故母畜发情周期失常；低热不退，午后潮热，盗汗，口色红，舌无苔，脉细数均为阴虚内热的表现。

治则：滋补肝肾。

方例：以眩晕，夜盲为主者，可用杞菊地黄丸加减；以腰胯无力或卧地不起为主者，可用虎潜丸（黄柏、知母、龟板、熟地、陈皮、白芍、锁阳、虎骨、干姜、当归、牛膝，《医方集解》）加减。

以上所举为脏与脏的兼病，还有脏与腑、腑与腑的兼病，在临床上三个或三个以上的脏腑同时兼病的情况，也是屡见不鲜的，尤其见于疾病的危重阶段或慢性病的经过中。此时，应当根据脏腑间生理、病理的相互关系，注意病变的轻重和先后，抓住主要矛盾，细心辨识。

三、气血津液辨证

气血津液辨证，是运用脏腑学说中气血津液的理论，分析气、血、津液所反映的各科病证的一种辨证诊病方法。

由于气血津液都是脏腑功能活动的物质基础，而它们的生成及运行又有赖于脏腑的功能活动。因此，在病理上，脏腑发生病变，可以影响到气血津液的变化；而气血津液的病变，也必然要影响到脏腑的功能。所以，气血津液的病变，是与脏腑密切相关的。气血津液辨证应与脏腑辨证互相参照。

（一）气病辨证

气的病证很多，《素问·举痛论篇》说："百病生于气也"，指出了气病的广泛性。但气病临床常见的证候，可概括为气虚、气陷、气滞、气逆四种。

1. 气虚证

气虚证，是指脏腑组织机能减退所表现的证候。常由久病体虚，劳累过度，年老体弱等因素引起。

主证：少气懒动，神疲乏力，自汗，活动时诸证加剧，舌淡苔白，脉虚无力。

证候分析：本证以全身机能活动低下的表现为辨证要点。机体脏腑组织功能活动的强弱与气的盛衰有密切关系，气盛则机能旺盛，气衰则机能活动减退。由

于元气亏虚，脏腑组织机能减退，所以气少懒动，神疲乏力；气虚毛窍疏松，外卫不固则自汗；劳则耗气，故活动时诸证加剧；气虚无力鼓动血脉，血不上营于舌，而见舌淡苔白；运血无力，故脉象按之无力。

2. 气陷证

气陷证，是指气虚无力升举而反下陷的证候。多见于气虚证的进一步发展，或劳累用力过度，损伤某一脏器所致。

主证：少气倦怠，久痢久泄，脱肛或子宫脱垂等。舌淡苔白，脉弱。

证候分析：本证以内脏下垂为主要诊断依据。气虚机能衰退，故少气倦怠。脾气不健，清阳下隐，则久痢久泄。气陷于下，以致诸脏器失其升举之力，故见脱肛、子宫等内脏下垂等证候。气虚血不足，则舌淡苔白，脉弱。

3. 气滞证

气滞证，是指机体某一脏腑，某一部位气机阻滞，运行不畅所表现的证候。多由情志不舒，或邪气内阻，或阳气虚弱，温运无力等因素导致气机阻滞而成。

主证：胀闷，疼痛，攻窜阵发。

证候分析：本证以胀闷，疼痛为辨证要点。气机以畅顺为贵，一有郁滞，轻则胀闷，重则疼痛，而常攻窜发作，无论郁于脏腑经络肌肉关节，都能反映这一特点。同时由于引起气滞的原因不同，因而胀、痛出现的部位状态也各有不同。如食积滞阻则脘腹胀闷疼痛；若肝气郁滞则胁肋窜痛；当然气滞于经络、肌肉，又必然与经络、肌肉部位有关。所以，辨气滞证候尚须与辨因辨位相结合。

4. 气逆证

气逆证，是指气机升降失常，逆而向上所引起的证候。临床以肺胃之气上逆和肝气升发太过的病变为多见。

主证：肺气上逆，则见咳嗽喘息；胃气上逆，则见呃逆，嗳气、恶心、呕吐；肝气上逆，则见昏厥、呕血等。

证候分析：本证以症状表现是气机逆而向上辨证要点。肺气上逆，多因感受外邪或痰浊壅滞，使肺气不得直发肃降，上逆而发喘咳。胃气上逆，可由寒饮、痰浊、食积等停留于胃，阻滞气机，或外邪犯胃，使胃失和降，上逆而为呃逆。嗳气、恶心、呕吐。肝气上逆，多因肝气升发太过，气火上逆而见昏厥；血随气逆而上涌，可致呕血。

（二）血病辨证

血的病证表现很多，因病因不同而有寒热虚实之别，其临床表现可概括为血虚、血瘀、血热、血寒四种证候。

1. 血虚证

血虚证，是指血液亏虚，脏腑百脉失养，表现全身虚弱的证候。血虚证的形成，有禀赋不足；或脾胃虚弱，生化乏源；或各种急慢性出血；或久病不愈；或瘀血阻络新血不生；或因患肠寄生虫病而致。

主证：皮肤、口腔黏膜无华或萎黄，口唇色淡，爪甲苍白，舌淡苔白，脉细无力。

证候分析：本证以皮肤、口腔黏膜、口唇、爪甲失其血色及全身虚弱为辨证要点。机体脏腑组织，赖血液之濡养，血盛则肌肤红润，体壮身强，血虚则肌肤失养，面唇爪甲舌体皆呈谈白色。

心主血脉而藏神，血虚，筋脉失养而不荣，皮肤黏膜、口唇、爪甲失其血色而淡白，脉道失充则脉细无力。

2. 血瘀证

血瘀证，是指因瘀血内阻所引起的一些证候。形成血瘀证原因有：寒邪凝滞，以致血液瘀阻，或由气滞而引起血瘀；或因气虚推动无力，血液瘀滞；或因外伤及其他原因造成血液流溢脉外，不能及时排出和消散所形成。

主证：痛有定处，拒按，常在夜间加剧。肿块在体表者，色呈青紫；在腹内者，紧硬按之不移，称为症积。出血反复不止。色泽紫暗，中夹血块，或大便色黑如柏油。可视黏膜黧黑，肌肤甲错，口唇爪甲紫暗，或皮下紫斑，或肤表丝状如缕，或腹部青筋外露。舌质紫暗，或见瘀斑瘀点，脉象细涩。

证候分析：本证以痛有定处，拒按，肿块，唇舌爪甲紫暗，脉涩等为辨证要点。由于瘀血阻塞经脉，不通则痛，故疼痛是瘀血证候中最突出的一个症状。瘀血为有形之邪，阻碍气机运行，故疼痛剧烈，部位固定不移。由于夜间血行较缓，瘀阻加重，故夜间痛甚。积瘀不散而凝结，则可形成肿块，故外见肿块色青紫内部肿块触之坚硬不消。

出血是由于瘀血阻塞络脉，阻碍气血运行，致血涌络破，不循经而外溢，由于所出之血停聚不得，故色呈紫暗，或已凝结而为血块。瘀血内阻，气血运行不利，肌肤失养，则见可视黏膜黧黑，口唇、舌体、指（趾）甲青紫色暗等体征。丝状红缕、青筋显露、脉细涩等，皆为瘀阻脉络，血行受阻之象。舌体紫暗，脉象细涩，则为瘀血之症。

3. 血热证

血热证，是指脏腑火热炽盛，热迫血分所表现的证候。本证多因外感温热之邪，或其他邪气化热所致。

主证：咳血、吐血、尿血、衄血、便血、口渴、舌红绛，脉滑数。

证候分析：本证以出血和全身热象为辨证要点。温热之邪不解化热，致血热迫血妄行，血络受伤，故表现为各种出血之症。火热炽盛，灼伤津液，故身热、口渴。

4. 血寒证

血寒证，是指局部脉络寒凝气滞，血行不畅所表现的证候。常由感受寒邪引起。

主证：腹部冷痛，肤色紫暗发凉，喜暖恶寒，得温痛减。

证候分析：寒为阴邪，其性凝敛，寒邪客于血脉，则使气机凝滞。血行不畅，故见腹部冷痛。

（三）气血同病辨证

气血同病辨证，是用于既有气的病证，同时又兼见血的病证的一种辨证方法。

气和血具有相互依存，相互滋生，相互为用的密切关系，因而在发生病变时，气血常可相互影响，既见气病，又见血病，即为气血同病。气血同病常见的证候，有气滞血瘀、气虚血瘀、气血两虚、气不摄血、气随血脱等。

1. 气滞血瘀证

气滞血瘀证，是指由于气滞不行以致血运障碍，而出现既有气滞又有血瘀的证候。多由饲养管理不当，圈舍潮湿，饮食不洁、跌打损伤以及产后失仔等原因，导致肝气郁结、气滞血瘀、经络不畅而发病。

主证：胸胁胀满走窜疼痛，躁动不安，并兼见痞块刺痛拒按等症，舌质紫暗或有紫斑，脉弦涩。

证候分析：本证以病程较长和肝脏经脉部位的疼痛痞块为辨证要点。肝主疏泄而藏血，具有条达气机，调节情志的功能。饲养管理不当，圈舍潮湿，饮食不洁、跌打损伤以及产后失仔等原因，情志不遂，则肝气郁滞，疏泄失职，故见躁动不安。气为血帅，气滞则血凝，故见痞块疼痛拒按等症。脉弦涩，为气滞血瘀之征。

2. 气虚血瘀证

气虚血瘀证，是指既有气虚之象，同时又兼有血瘀的证候。多因久病气虚，运血无力而逐渐形成瘀血内停所致。

主证：可视黏膜处色淡白或晦滞，身倦乏力，少气懒动，疼痛如刺，常见于胸胁，痛处不移，拒按，舌淡暗或有紫斑，脉沉涩。

证候分析：本证虚中夹实，以气虚和血瘀的证候表现为辨证要点。可视黏膜色白，少气懒动，为气虚之症。气虚运血无力，血行缓慢，终致瘀阻络脉，故可视黏膜色晦滞。血行瘀阻，不通则痛，故疼痛如刺，拒按不移。临床以心肝病变为多见，故疼痛出现在胸胁部位。

气虚舌淡，血瘀紫暗，沉脉主里，涩脉主瘀，是为气虚血瘀证的常见舌脉。

3. 气血两虚证

气血两虚证，是指气虚与血虚同时存在的证候。多由久病不愈，气虚不能生血，或血虚无以化气所致。

主证：少气懒动，乏力自汗，可视黏膜、舌色淡白或萎黄，脉细弱等。”

证候分析：本证以气虚与血虚的证候共见为辨证要点。少气懒动，乏力自汗，为脾肺气虚之象；血虚不能充盈脉络，见唇甲淡白，脉细弱。气血两虚不得上荣于面、舌，则见可视黏膜色淡白或萎黄，舌淡嫩。

4. 气不摄血证

气不摄血证，又称气虚失血证，是指因气虚而不能统血，气虚与失血并见的证候。多因久病气虚，失其摄血之功所致。

主证：吐血，便血，皮下瘀斑，气短，倦怠乏力，可视黏膜白而无华，舌淡，脉细弱等。

证候分析：本证以出血和气虚证共见为辨证要点。气虚则统摄无权，以致血液离经外溢，溢于胃肠，便为吐血、便血；溢于肌肤，则见皮下瘀斑。气虚则气短，倦怠乏力，血虚则可视黏膜苍白。舌淡，脉细弱，皆为气血不足之证。

5. 气随血脱证

气随血脱证，是指大出血时所引起阳气虚脱的证候。多由肝、胃、肺等脏器本有宿疾而脉道突然破裂，或外伤、分娩等引起。

主证：大出血时突然可视黏膜苍白、四肢厥冷、大汗淋漓、甚至晕厥。舌淡，脉微细欲绝，或浮大而散。

证候分析：本证以大量出血时，随即出现气脱之症为辨证要点。气脱阳亡，不能上荣于面，则可视黏膜苍白；不能温煦四肢，则四肢厥冷；不能温固肌表，则大汗淋漓；神随气散，神无所主，则为晕厥。血失气脱，正气大伤，舌体失养，则色淡，脉道先充而微细欲绝，阳气浮越外亡，脉见浮大而散，证情更为险恶。

（四）津液病辨证

津液病辨证，是分析津液病证的辨证方法。津液病证，一般可概括为津液不足和水液停聚两个方面。

1. 津液不足证

津液不足证，是指由于津液亏少，失去其濡润滋养作用所出现的以燥化为特征的证候。多由燥热灼伤津液，或因汗、吐、下及失血等所致。

主证：口渴咽干，唇燥而裂，皮肤干枯无泽，小便短少，大便干结，舌红少津，脉细数。

证候分析：本证以皮肤口唇舌咽干燥及尿少便干为辨证要点。由于津亏则使皮肤口唇咽干失去濡润滋养，故呈干燥不荣之象。津伤则尿液化源不足，故小便短少；大肠失其濡润，故见大便秘结。舌红少津，脉细数皆为津亏内热之象。

2. 水液停聚证

水液停聚证，是指水液输布，排泄失常所引起的痰饮水肿等病证。凡外感六淫，内伤脏腑皆可导致本证发生。

（1）水肿　是指体内水液停聚，泛滥肌肤所引起的面目、四肢、胸腹甚至全身浮肿的病证。临床将水肿分为阳水、阴水两大类。

① 阳水。发病较急，水肿性质属实者，称为阳水。多为外感风邪，或水湿浸淫等因素引起。

主证：眼睑先肿，继而头面，甚至遍及全身，小便短少，来势迅速。皮肤薄而光亮。并兼有恶寒发热，无汗，舌苔薄台，脉象浮紧。或兼见舌红，脉象浮数。或全身水肿，来势较缓，按之没指，肢体沉重而困倦，小便短少，脘闷纳呆，呕恶欲汪，舌苔白腻，脉沉。

证候分析：本证以发病急，来势猛，先见眼睑头面，头面部肿甚者为辨证要点。风邪侵袭，肺卫受病，宣降失常，通调失职，以致风遏水阻，风水相搏，泛溢于肌肤而成水肿。

风为阳邪，上先受之，风水相搏，故水肿起于眼睑头面，继而遍及肢体。若伴见恶寒，发热，鼻镜无汗，苔薄白，脉浮紧，为风水偏寒之征；如兼有舌红，脉浮数，是风水偏热之象。若由水湿浸渍，脾阳受困，运化失常，水泛肌肤，塞阻不行，则渐致全身水肿。水湿内停，三焦决渎失常，膀胱气化失同，故见小便短少。水湿日甚而无出路，泛溢肌肤，所以肿势日增，按之没指，诸如身重困倦，脘闷纳呆，泛恶欲呕，舌苔白腻，脉象沉缓等，皆为湿盛困脾之象。

② 阴水。发病较缓，水肿性质属虚者，称为阴水。多因劳倦内伤、脾肾阳衰，正气虚弱等因素引起。

主证：身肿，肢下、腹下为甚，按之凹陷不易恢复，脘闷腹胀，纳呆食少，大便溏稀，可视黏膜晃白，神疲肢倦，小便短少，舌淡，苔白滑，脉沉缓。或水肿日益加剧，小便不利，腰膝冷痛，四肢不温，畏寒神疲，可视黏膜苍白，舌淡胖，苔白滑，脉沉迟无力。

证候分析：本证以发病较缓，肢蹄部先肿，四肢下部以下、下腹部肿甚，按之凹陷不起为辨证要点。由于脾主运化水湿，肾主水，所以脾虚或肾虚，均能导致水液代谢障碍，下焦水湿泛滥而为阴水。阴盛于下，故水肿起于肢蹄，并以四肢下部、腹下部为甚，按之凹陷不起，脾虚及胃，中焦运化无力，故见脘闷纳呆，腹胀便溏，脾主四肢，脾虚水湿内渍，则神疲肢困。肾阳不足，命门火衰，不能温养肢体，故四肢厥冷，畏寒神疲。阳虚不能温煦于上，故见可视黏膜苍白。舌淡胖，苔白滑，脉沉迟无力。为脾肾阳虚，寒水内盛之象。

（2）痰饮　痰和饮是由于脏腑功能失调以致水液停滞所产生的病证。

① 痰证。痰证是指水液凝结，质地稠厚，停聚于脏腑、经络、组织之间而引起的病证。常由外感六淫，内伤七情，导致脏腑功能失调而产生。

主证：咳嗽咯痰，痰质黏稠，胸脘满闷，纳呆呕恶，精神沉郁或神昏癫狂，喉中痰鸣，或肢体麻木，见瘰疬、瘿瘤、乳癖、痰核等，舌苔白腻，脉滑。

证候分析：本证临床表现多端，所以古人有“诸般怪证皆属于痰”之说。在辨证上除掌握不同病变部位反应的特有症状外，一般可结合下列表现作为判断依据：痰多或呕吐痰涎，时有痰鸣，或见痰核，苔腻，脉滑等。

痰阻于肺，宣降失常，肺气上逆，则咳嗽咯痰。痰湿中阻，气机不畅，则见脘闷，纳呆呕恶等。痰浊蒙蔽清窍，清阳不升，则精神沉郁。痰迷心神，则见神昏，甚或发为癫狂，痰停经络，气血运行不利，可见肢体麻木。停聚于局部，则可见瘰疬、瘿瘤、乳癖、痰核等。苔白腻，脉滑皆痰湿之证。

② 饮证。饮证是指水饮质地清稀，停滞于脏腑组织之间所表现的病证。多由脏腑机能衰退等障碍等原因引起。

主证：咳嗽气喘，痰多而稀，甚或倚息不能半卧，或脘腹痞胀，水声漉漉，泛吐清水，或精神倦怠，小便不利，肢体浮肿，沉重不动，苔白滑，脉弦。

证候分析：本证主要以饮停心肺、胃肠、胸胁、四肢的病变为主。饮停于肺，肺气上逆则见咳嗽气喘，不能半卧。水饮凌心，心阳受阻则见精神倦怠。饮停胃肠，气机不畅，则脘腹痞胀，水声漉漉。胃气上逆，则泛吐清水。水饮留滞于四肢肌肤，则肢体浮肿，沉重酸困，疲于动弹。饮为阴邪，故见苔白滑，饮阻气机，则脉弦。

四、六经辨证

六经辨证，始见于《伤寒论》，是东汉医学家张仲景在《素问·热论》等篇的基础上，结合伤寒病证的传变特点所创立的一种论治外感病的辨证方法。它以六经（太阳经、阳明经、少阳经、太阴经、少阴经、厥阴经）为纲，将外感病演变过程中所表现的各种证候，总结归纳为三阳病（太阳病、阳明病、少阳病），三阴病（太阴病、少阴病、厥阴病）六类，分别从邪正盛衰，病变部位，病势进退及其相互传变等方面阐述外感病各阶段的病变特点。凡是抗病能力强、病势亢盛的，为三阳病证；抗病力衰减，病势虚弱的，为三阴病证。

六经病证，是经络、脏腑病理变化的反映。其中三阳病证以六腑的病变为基础；三阴病证以五脏的病变为基础。所以说六经病证基本上概括了脏腑和十二经的病变。运用六经辨证，不仅仅局限于外感病的诊治，对内伤杂病的论治，也同样具有指导意义。

（一）六经病证的分类

六经病证是外邪侵犯机体，作用于六经，致六经所系的脏腑经络及其气化功能失常，从而产生病理变化，出现一系列证候。经络脏腑是机体不可分割的有机整体，故某一经的病变，很可能影响到另一经，六经之间可以相互传变。六经病证传变的一般规律是由表入里，由经络而脏腑，由阳经入阴经。病邪的轻重、体质强弱，以及治疗恰当与否，都是决定传变的主要因素。如病机体质衰弱，或医治不当，虽阳证亦可转入三阴；反之，如病护理较好，医治适宜，正气得复，虽阴证亦可转出三阳。因而针对临床上出现的各种证候，运用六经辨证的方法，来确定何经为病，进而明确该病证的病因病机，确立相应的治法，列出一定的方药，这正是六经病证分类的意义所在。

1. 太阳病证

太阳病证，是指邪自外入或病由内发，致使太阳经脉及其所属脏腑功能失常所出现的临床证候。太阳，是阳气旺盛之经，主一身之表，簇摄营卫，为一身之藩篱，包括足太阳膀胱经和手太阳小肠经。外邪侵袭机体，大多从太阳而入，卫气奋起抗邪，正邪相争，太阳经气不利，营卫失调而发病；病由内发者，系在一定条件下，疾病由阴转阳，或由表出里。由于病机体质和病邪传变的不同，同是太阳经证，却又有中风与伤寒的区别。

（1）太阳经证　是指太阳经受外邪侵袭、邪在肌表，经气不利而出现的临床证候。可分为太阳中风证和太阳伤寒证。

① 太阳中风证，是指风邪袭于肌表，卫气不固，营阴不能内守而外泄出现的一种临床证候。临床上亦称之为表虚证。

主证：发热，汗出，恶风，脉浮缓，有时可见鼻鸣干呕。

证候分析：太阳主表，统摄营卫。今风寒外袭肌表，以风邪为主，腠理疏松，故有恶风之感；卫为阳，功主卫外，卫受病则卫阳浮盛于外而发热；正由于卫阳浮盛于外，失其固外开合的作用，因而营阴不能有内守而汗自出；汗出肌腠疏松，营阴不足，故脉浮缓。鼻鸣干呕，则是风邪壅滞而影响及于肺胃使然。此证具有汗出，脉浮缓的特征，故又称为表虚证。

这是对太阳伤寒证的表实而言，并非绝对的虚证。

② 太阳伤寒证。是指寒邪袭表，太阳经气不利，卫阳被束，营阴郁滞所表

现出的临床证候。

主证：发热，恶寒，头项僵硬疼痛，体痛，无汗而喘，脉浮紧。

证候分析：寒邪袭表，卫阳奋起抗争，卫阳失去其正常温分肉、肥腠理的功能，则出现恶寒；卫阳浮盛于外，势必与邪相争，卫阳被遏，故出现发热，伤寒临床所见，多为恶寒发热并见。风寒外袭，腠理闭塞，所以无汗；寒邪外袭，太阳经气不利，故出现头项僵硬疼痛；正气欲向外而寒邪束于表，故见脉浮紧；呼吸喘促乃由于邪束于外，肌腠失宣，影响及肺，肺气不利所致。因其无汗，故称之为表实证。

（2）太阳腑证　是指太阳经邪不解，内传入腑所表现出的临床证候。

① 太阳蓄水证，是指外邪不解，内舍于太阳膀胱之腑，膀胱气化失司，水道不能而致蓄水所表现出的临床证候。

主证：小便不利，小腹胀满，发热烦渴、渴欲饮水，水入即吐，脉浮或浮数。

证候分析：膀胱主藏津液，化气行水，因膀胱气化不利，既不能布津上承，又不能化气行水，所以出现烦渴，小便不利。水气上逆，停聚于胃，拒而不纳，故水入即吐。本证的特点是“小便不利，烦渴欲饮，饮入则吐”。

② 太阳蓄血证，是指外邪入里化热，随经深入下焦，邪热与瘀血相互搏结于膀胱下腹部位所表现出的临床证候。

主证：下腹急结，硬满疼痛，如狂或发狂，小便自利或不利，或大便色黑，舌紫或有瘀斑，脉沉涩或沉结。

证候分析：外邪侵袭太阳，入里化热，营血被热邪煎灼，热与蓄血相搏于下焦，故见下腹拘急，甚则硬满疼痛，后肢踢腹。心主血脉而藏神，邪热上扰则如狂或发狂。若瘀血结于膀胱，气化失司，轻则小便自利，重则小便不利，溺涩而痛。瘀血停留胃肠，则大便色黑。郁热阻滞，脉道不畅，故脉沉涩或沉结。

2. 阳明病证

阳明病证，是指太阳病未愈，病邪逐渐亢盛入里，内传阳明或本经自病而起邪热炽盛，伤津成实所表现出的临床证候。为外感病的极期阶段，以身热汗出，不恶寒，反恶热为基本特征。病位主要在肠胃，病性属里、热、实。根据邪热入里是否与肠中积滞互结，而分为阳明经证和阳明腑证。

（1）阳明经证　是指阳明病邪热弥漫全身，充斥阳明之经，肠中并无燥屎内结所表现出的临床证候。又称阳明热证。

主证：身大热，大汗出，大渴引饮，脉洪大；或见四肢厥冷，喘促气粗，舌质红、苔黄腻。

证候分析：本证以大热、大汗、大渴、脉洪大为临床特征。邪入阳明，燥热亢盛，充斥阳明经脉，故见大热；邪热熏蒸，迫津外泄故是大汗；热盛煎熬津液，津液受损，故出现大渴引饮。热甚阳亢，阳明为气血俱多之经，热迫其经，气血沸腾，故脉现洪大；热邪炽盛，阴阳之气不能顺接，阳气一时不能外达于四末，故出现四肢厥冷，所谓“热甚厥亦甚”正是此意；舌质红、苔黄腻皆阳明热邪偏盛所致。

（2）阳明腑证　是指阳明经邪热不解，由经入腑，或热自内发，与肠中糟粕互结，阻塞肠道所表现出的临床证候。又称阳明腑实证。临床是症以“痞、满、燥、实”为其特点。

主证：日晡潮热（下午3—5时即申时热势较高者为日晡潮热）、四肢汗出，脐腹胀满疼痛，大便秘结，或腹中转失气，甚者狂乱，不得安宁，舌苔多厚黄干燥，边尖起芒刺，甚至焦黑燥裂。脉沉迟而实，或滑数。

证候分析：本证较经证为重，往往是阳明经证进一步的发展。阳明腑实证热邪型多为日晡潮热，而四肢禀气于阳明，腑中实热，弥漫于经，故大热汗出；或误用发汗使津液外泄，于是肠中干燥，热与糟粕充斥肠道，结而不通，则脐腹部胀满疼痛，大便秘结；燥矢内结，结而不通，气从下矢，则腹中矢气频转。邪热炽盛上蒸而熏灼心宫，出现狂乱，不得安宁等症。热内结而津液被劫，故苔黄干燥，起芒刺或焦黑燥裂。燥热内结于肠，脉道壅滞而邪热又迫急，故脉沉迟而实或滑数。

3. 少阳病证

少阳病证，是指机体受外邪侵袭，邪正分争于半表半里之间，少阳枢机不利所表现出的临床证候。少阳病从其病位来看，是已离太阳之表，而又未入阳明之里，正是半表半里之间，因而在其病变的机转上属于半表半里的热证。可由太阳病不解内传，或病邪直犯少阳，或三阴病阳气来复，转入少阳而发病。

主证：寒热往来，胸胁苦满，不欲饮食，口干，呕吐，苔薄白、脉弦。

证候分析：本证以往来寒热、胸胁苦满，为其主症。邪犯少阳，邪正交争于半表半里，故见往来寒热；少阳受病，胆火上炎，灼伤津液，故见口干；胸胁是少阳经循行部位，邪热壅于少阳，往脉阻滞，气血不和，则胸胁苦满。肝胆疏泄不利，影响及胃，胃失和降，则见呕吐，不欲饮食。肝胆受病，气机郁滞，故见脉弦。

4. 太阴病证

太阴病证，是指邪犯太阴，脾胃机能衰弱所表现出的临床证候。太阴病中之“太阴”主要是指脾（胃）而言。可由三阳病治疗失当，损伤脾阳，也可因脾气素虚，寒邪直中而起病。

主证：腹满而吐，食不下，腹痛，腹泻便溏，口不渴。舌苔白腻，脉沉缓而弱。

证候分析：太阴病总的病机为脾胃虚寒，寒湿内聚。脾土虚寒，中阳不足，脾失健运，寒湿内生，湿滞气机则腹满，食不下；寒邪内阻，气血运行不畅，故腹痛阵发；中阳不振，寒湿下注，则腹泻便溏，甚则下利清谷，下焦气化未伤，津液尚能上承，所以太阴病口不渴；寒湿之邪，弥漫太阴，故舌苔白腻，脉沉缓而弱。

5. 少阴病证

少阴病证，是指少阴心肾阳虚，虚寒内盛所表现出的全身性虚弱的一类临床证候。少阴病证为六经病变发展过程中最危险的阶段。病至少阴，心肾机能衰减，抗病能力减弱，或从阴化寒或从阳化热，因而在临床上有寒化、热化两种不同证候。

（1）少阴寒化证　是指心肾水火不济，病邪从水化寒，阴寒内盛而阳气衰弱所表现出的临床证候。

主证：无热恶寒，脉微细，但欲寐，四肢厥冷，下利清谷，呕不能食，或食入即吐；或脉微欲绝，反不恶寒。

证候分析：阳虚失于温煦，故恶寒倦卧，四肢厥冷；阳气衰微，神气失养，故呈现“但欲寐”神情衰倦的状态；阳衰寒盛，无力鼓动血液运行，故见脉微细；肾阳虚无力温运脾阳以助运化，故下利清谷。

（2）少阴热化证　是指少阴病邪从火化热而伤阴，致阴虚阳亢所表现出的临床证候。

主证：神情倦怠，口干，小便短赤，舌红苔黄，脉细数。

证候分析：邪入少阴，从阳化热，热灼真阴，肾阴亏，心火亢，心肾不交，故出现神情倦怠；邪热伤津，津伤而不能上承，故口干；心火下移小肠，故小便短赤；阴伤热灼，内耗营阴，故舌红苔黄而脉细数。

6. 厥阴病证

厥阴病证，是指病至厥阴，机体阴阳调节功能发生紊乱所表现出的寒热错杂，厥热胜复的临床证候，为六经病证的较后阶段。厥阴病的发生，一为直中，系平素风寒外感，直入厥阴；二为传经，少阴病进一步发展传入厥阴；三为转属，少阳病误治、失治，阳气大伤，病转厥阴。

主证：厥阴病证表现较为复杂，但兽医临床可见以下 3 种类型。

（1）寒厥　主要表现四肢厥冷，口色淡白，无热恶寒，脉细微。

（2）热厥　主要表现四肢厥冷，口色红而带黄，恶热，口腔干燥，尿短赤。

（3）蛔厥　主要表现寒热交错，四肢厥冷和复温交替出现，口渴欲饮，呕吐或呕蛔虫，黏膜黄染。

证候分析：厥阴病多由于少阴病证寒极所致，或少阳病症向虚证方面转化而来。

寒厥是阳虚阴盛，阴阳之气不相顺接，故见四肢厥冷。寒气极盛阳气衰则恶寒，体温下降，口色淡白。阳气衰，血脉不畅则见脉细微。

热厥是热蕴于内，阻阴于外，阴阳之气不相顺接，故见四肢厥冷。热蕴于内，耗伤津液，故见恶热，口干，尿短赤。

蛔厥证属于寒热错杂又有蛔虫之病。乃因正邪交争，正气胜则发热，邪气胜则恶寒，故见寒热交错。正气胜则四肢复温，邪气胜则四肢厥冷。热盛伤津则见口渴欲饮，脾胃虚寒兼有蛔虫时，则呕吐时见蛔虫同时吐出。

（二）六经病的传变

传变是疾病本身发展过程中固有的某些阶段性的表现，也是机体脏腑经络相互关系发生紊乱而依次传递的表现。一般认为："传"是指疾病循着一定的趋向发展；"变"是指病情在某些特殊条件下发生性质的转变。六经病证是脏腑、经络病理变化的反映，机体是一个有机的整体，脏腑经络密切相关，故一经的病变常常会涉及另一经，从而表现出合病、并病及传经的病证候。

1. 合病

两经或三经同时发病，出现相应的证候，而无先后次第之分。如太阳经病证和阳明经证同时出现，称"太阳阳明合病"；三阳病同病的为"三阳合病"。

2. 并病

凡一经之病，治不彻底，或一经之证未罢，又见他经证候的，称为并病，无先后次第之分。如少阳病未愈，进一步发展而又涉及阳明，称"少阳阳明并病"。

3. 传经

病邪从外侵入，逐渐向里传播由这一经的证候转变为另一经的证候，称为"传经"。传经与否，取决于体质的强弱、感邪的轻重、治疗的当否三个方面。如邪盛正衰，则发生传变，正盛邪退，则病转痊愈。畜体强壮者，病变多传三阳；畜体虚弱者，病变多传三阴。此外，误汗、误下，也能传入阳明，更可以不经少阳，阳明而经传三阴。但三阴病也不一定从阳经传来，有时外邪可以直中三阴。传经的一般规律如下。

（1）循经而传　就是按六经次序相传。如太阳病不愈，传入阳明，阳明不愈，传入少阳；三阳不愈，传入三阴，首传太阴，次传少阴，终传厥阴。一说有按太阳→少阳→阳明→太阴→厥阴→少阴相传者。

（2）越经而传　是不按上述循经次序，隔一经或隔两经相传。如太阳病不愈，不传少阳，而传阳明，或不传少阳、阳明而直传太阴。越经而传的原因，多由病邪旺盛，正气不足所致。

（3）直中　凡病邪初起不从阳经传入，而径中阴经，表现出三阴证候的为直中。

以上所述，都属由外传内，由阳转阴。此外，还有一种里邪出表，由阴转阳的阴病转阳证。所谓阴病转阳，就是本为三阴病而转变为三阳证，为正气渐复，病有向愈的征象。

五、卫气营血辨证

卫气营血辨证，是清代医学家叶天士首创的一种论治外感温热病的辨证方法。

四时温热邪气侵袭机体，会造成卫气营血生理功能的失常，破坏了机体的动态平衡，从而导致温热病的发生。此种辨证方法是在伤寒六经辨证的基础上发展起来的，又弥补了六经辨证的不足，从而丰富了外感病辨证学的内容。

卫、气、营、血，即卫分证、气分证、营分证、血分证这四类不同证候。当温热病邪侵入机体，一般先起于卫分，邪在卫分郁而不解则传变而入气分，气分病邪不解，以致正气虚弱，津液亏耗，病邪乘虚而入营分，营分有热，动血耗阴势必累及血分。

（一）卫气营血证候分类

温热病按照卫气管血的方法来辨证，可分为卫分证候、气分证候、营分证候和血分证候四大类。四类证候标志着温热病邪侵袭机体后由表入里的四个层次。卫分主皮毛，是最浅表的一层，也是温热病的初起。气分主肌肉，较皮毛深入一层。营血主里，营主里之浅，血主里之深。

1. 卫分证候

卫分证候，是指温热病邪侵犯机体肌表，致使肺卫功能失常所表现的证候。其病变主要累及肺卫。

主证：发热与恶寒并见，发热较重，恶风（寒）较轻。

证候分析：风温之邪犯表，卫气被郁，奋而抗邪，故发热、微恶风寒。风温伤肺，故咳嗽。热邪伤阴，故见口津干燥。风邪在表，故脉浮，苔薄，兼热邪则脉数。

2. 气分证候

气分证候，是指温热病邪从卫分传来，或温热之邪直入气分二引起。说明温热之邪已入里，病势较重，属于里热证。

主证：发热，不恶寒反恶热，舌红苔黄，脉数；常伴有口渴喜饮等证。若兼咳喘者，为热壅于肺；若兼身热大汗，口渴喜饮者，为热入阳明；若兼肠燥便干，粪结不通，腹痛者，为热结肠道。

证候分析：温热病邪，入于气分，正邪剧争，阳热亢盛，故发热而不恶寒，尿赤、舌红、苔黄、脉数，邪不在表，故不恶寒而反恶热；热甚津伤故口渴；热壅于肺，气机不利，故咳喘；肺胃之热下迫大肠，肠热炽甚，燥热与肠内糟粕相结，肠燥便干，粪结不通，腹痛者。

3. 营分证候

营分证候，是指温热病邪内陷的深重阶段表现的证候。营行脉中，内通于心，故营分证以营阴受损，心神被扰的病变为其特点。

主证：身热夜甚，口渴不甚，躁动不安，甚或神志昏迷，斑疹隐现，舌质红绛，脉象细数。

证候分析：邪热入营，灼伤营阴，真阴被劫，故身热灼手，入夜尤甚，口干反不甚渴，脉细数。营分有热，热势蒸腾，故舌质红绛。若热窜血络，则可见斑疹隐隐。心神被扰，故躁动不安，甚或神志昏迷。

4. 血分证候

血分证候，是指温热邪气深入阴分，损伤精血津液的危重阶段所表现出的证候。也是卫气营血病变最后阶段的证候。典型的病理变化为热盛动血，心神错乱。病变主要累及心、肝肾三脏。临床以血热妄行和血热伤阴多见。

（1）血热妄行证　是指热入血分，损伤血络而表现的出血证候。

主证：在营分证的基础上，更见烦热躁扰，昏狂，黏膜、皮肤斑疹透露，色紫或黑，吐衄，便血，尿血，舌质深绛或紫。脉细数。

证候分析：邪热入于血分，较诸热闭营分更为重。血热扰心，故躁扰发狂；血分热极，迫血妄行，故见出血诸症；由于热炽甚极故神昏，而黏膜、皮肤斑疹紫黑。血中热炽，故舌质深绛或紫。

（2）血热伤阴证　是指血分热盛，阴液耗伤而见的阴虚内热的证候。

主证：持续低热、口干咽燥、神倦喜卧、舌上少津、尿赤粪干，脉虚细数。

证候分析：邪热久羁血分，劫灼阴液，阴虚则阳热内扰，故低热，或暮热朝凉；阴精耗竭，不能上荣清窍，故口干、舌燥、舌上少津，尿赤粪干；阴精亏损，神失所养，故神倦喜卧；精血不足，故脉虚细；阴虚内热，则见脉数。

（二）卫气营血证候的传变规律

在外感温热病过程中，卫气营血的证候传变，有顺传和逆传两种形式。

1. 顺传

外感温热病多起于卫分，渐次传入气分、营分、血分，即由浅入深，由表及里，按照卫→气→营→血的次序传变，标志着邪气步步深入，病情逐渐加重。

2. 逆传

即不依上述次序传变，又可分为两种：一为不循经传，如在发病初期不一定出现卫分证候，而直接出现气分、营分或血分证候；二为传变迅速而病情重笃为逆传，如热势弥漫，不但气分、营分有热，而且血分受燔灼出现气营同病，或气血两燔。

第二章　猪病的治疗技术

治疗猪病常用技术包括保定技术、给药技术、穿刺技术、封闭技术、灌肠技术、子宫冲洗等。

一、保定技术

猪的保定是进行免疫接种、病料采集、阉割和健康检查等必须使用的基本技术，也是猪病诊断和治疗必不可少的手段。常用的猪保定方法有站立保定法、提举保定法、网架保定法、保定架保定法和倒卧保定法等。

（一）站立保定法

此方法有 3 种具体的操作方法。第一种方法：在猪圈内把猪群轰赶到圈舍的角落里，关紧圈门，并由 1~2 个人用长木板或一扇门将猪群挡住，使猪在圈内互相拥挤无法行动，兽医人员瞅准机会，然后检查处理。如欲抓住猪群中某一头猪进行检查和处理时，可迅速抓提猪尾、猪耳或后肢，将其拖出猪群，然后做进一步的保定。此法适用于检查体温、肌内注射及一般的临床检查。在进行臀部注射时，最好在注完一头后马上用带颜色的水液标记，以免重注。肌内注射部位多选择耳后或臀部肌肉丰满处，且选用金属注射器为好。

第二种方法：用保定绳保定法，将保定绳的一端打个活结，一人抓住猪的两耳并向上提，在猪嚎叫时，把绳的活结立即套入猪的上颌部犬齿的后方并抽紧，然后把绳头拴在圈栏或木柱上，此时猪常后退，当猪退到被绳拉紧时，便站立不动。此法适用于一般检查和肌内注射。操作完毕后，只需把活结的绳头一抽便可使猪解脱。

第三种方法：鼻捻保定法，在约 1 米长的木棍一端系一个绳套，套环直径约 20 厘米，将套环套于猪的上颌部犬齿的后方，迅速旋转木棍使绳套拉紧（不宜过紧，以防窒息），猪立即安静，此时可进行各种操作。

（二）提举保定法

1. 两耳提举保定

抓住猪两耳，迅速提举，使猪腹部朝前，同时用膝部夹住其颈胸部。此法用于胃管投药及肌内注射。

2. 后肢提举保定

两手握住后肢飞节并将其提起，头部朝下，用膝部夹注背部即可固定。此法可用于直肠脱的整复、腹腔注射以及阴囊和腹股沟疝手术等。

（三）网架保定法

取两根木棒或竹竿（长 100~150 厘米），按 60~75 厘米的宽度，用绳织成网床。将网架平放于地上，把猪赶至网架上，随即抬起网架，使猪的四肢落入网孔并离开地面即可。较小的猪可将其捉住后放于网架上保定。或者几人将猪抬至移动式网架上，使四肢落入网孔，猪除了四肢游泳状划动外无法动弹，即可进行相应的诊疗。此法可用于一般的临床检查、耳静脉注射等。

（四）保定架保定法

将猪放于特制的活动保定架上，或使其成仰卧姿势，在大小适宜的木槽行背位保定。此法可用于前腔静脉注射及腹部手术等。

（五）倒卧保定法

1. 侧卧保定

左手抓住猪的右耳，右手抓住右侧膝部前皱褶，并向术者怀内提举放倒，然后使前后肢交叉，用绳在掌跖部拴紧固定。此法可用于大公猪、大母猪去势，腹腔手术，耳静脉、腹腔注射。小公猪阉割术的保定方法：术者右手提起小猪的右后腿，左手抓住同侧膝前皱襞，使小猪呈左侧倒卧，背朝术者；术者以左脚踩住猪颈部，右脚踩住尾根，并用左手掌外侧推并按压右侧大腿的后部，使该肢向前向上靠紧腹壁，以充分暴露睾丸。

2. 倒背两前肢保定法

用一条长约 1 米、直径 0.3~0.5 厘米的细绳，一头先拴住患猪左（或右）前肢系部，然后绕过脊背再绑住右（或左）前肢系部，松紧适中，这样猪就处于爬卧状态，不能随意活动。个别猪剧烈挣扎不安静时，还可再用一条绳如法拴住两后肢。

3. 前后肢交叉保定法

用长约 1 米，直径 0.3~0.5 厘米的细绳，将猪的任何一前肢与对侧的另一后肢拉紧绑在一起，这样保定也非常方便、牢靠，无须再按压保定。

4. 四肢叉开保定法

利用可能利用的条件，将猪的四条腿向前后两个方向分四点固定即可。如将猪四条腿分别固定起来，猪就呈爬卧状态，输液、换药、打针、灌肠都很方便。

5. 双绳放倒法

主要适用于性情较温顺的猪。用两条3米长的绳索，一条系于右前肢掌部，另一条系于右后肢跖部，两绳端越过腹下到左侧，分别向相反方向牵拉，猪即失去平衡而向右侧倒卧，随后，两助手按压住猪的头部和臀部，根据要求将猪前后肢捆缚固定。

二、给药技术

猪的给药方法很多，应根据病情、药物性质、猪的大小和头数，选择适当的给药方法。

（一）群体给药

现代集约化猪场控制猪病的关键措施就是群防群治。将药物添加到饲料或饮水中防治猪病是规模养殖场用药的一个重要方法，其特点是方便，经济，节省人力与物力，提高防治效率；还能减少对猪群的应激。

混饲和饮水给药时应严格掌握用量，并确保药物与饲料混合均匀，采用饮水给药时应注意药物的水溶性，只有溶于水的药物才能选择饮水给药，同时，要注意饮水量，以保证每头猪药物的摄入量。另外，有些药物在水中溶解存放时间过长易失效变质，应限时饮用。

（二）个体口服给药

1. 经口投药

首先，捉住病猪两耳，使其站立保定，然后用木棒或开口器撬开猪嘴，将药片、药丸或其他药剂放置于猪舌根背面，再倒入少量清水，将猪嘴闭上，猪即可将药物咽下。这种投药方法限于少量药物。

2. 胃管投药法

助手抓住猪的两耳，将猪前躯挟于两腿之间。用木棒撬开口腔，并装上开口器，术者取胃管，从开口器中央将胃管插入食道，在确认插入食道后，再行灌药。

（三）注射给药

注射给药是将灭菌的液体药物用注射器或输液器注入猪体内的方法。常用的注射方法有以下几种。

1. 肌内注射

将药液注入肌肉比较丰富的部位。刺激性较强和较难吸收的药物、行血管内注射有副作用的药液和油剂、乳剂等不能进行血管内注射的药液等均可采用肌内注射。但因肌肉组织致密，仅能注射较少剂量。一般注射部位选择猪耳根后、臀部或股内侧，注射时应避开大血管及神经。

2. 静脉注射

将药液直接注入静脉内，药液随血液循环很快分布全身。主要用于大量的输液、输血，以治疗为目的的速效给药（如急救、强心药等），或注射药物有较强的刺激作用，不能作皮下、肌内注射，只能通过静脉才能发挥药效的药物。注射药物的温度要尽可能接近于体温。猪注射部位一般选择耳静脉。

3. 气管内注射

气管内注射时将药液注入气管。注射时，病猪多取侧卧保定，且头高臀低，针头由气管软骨环间进入气管，接上注射器缓慢注射。适用于气管、支气管和肺部疾病的治疗。注射药液的量不宜过多，一般 3~5 毫升，量过大时，易发生气道阻塞而产生呼吸困难。

4. 胸腔注射或肺内注射

胸腔注射或肺内注射是治疗肺炎和胸膜炎的一种有效给药途径，由于药物直达病灶，因此，治疗效果优于其他给药方法。

肺内注射法的注射部位在肩胛骨后缘，倒数第 6~8 肋间与髋关节连线交点，注射时选择单侧给药即可，若一次不愈，可在另侧相应部位再次注射。

操作时，站立保定，确定注射部位并用碘酊消毒。用注射器连接 3~5 厘米长的 9~12 号针头，抽吸药物后向胸壁垂直刺入 2~3 厘米以注入肺内为标准，并快速注入药物。为防止将药物注入肺内，刺入后可轻轻回针，看是否有气泡进入注射器内，如有气泡则说明针头未达肺内，而在胸腔。如针头到达肺内，则有少许血丝进入注射器。注完药物后迅速拔针并消毒。

药物选择：临床可选用卡那霉素注射液；氟喹诺酮类的环丙沙星、恩诺沙星等注射液。

注入药物后，鼻腔和口腔可能流出少量泡沫，但很快就能恢复。注射针头不宜过粗，以免对肺组织造成大的损伤而引起意外。

5. 腹腔注射

腹腔注射是将药液注入腹腔。肥育猪在右髋关节下缘的水平线，距离最后肋骨数厘米的凹窝部刺入。小猪应倒提保定，然后将针头刺入耻骨前缘 3~5 厘米的正中线旁的腹腔内。

其他注射方法包括如皮内注射和皮下注射，仔猪很少应用。

三、穿刺技术

穿刺技术是使用特制的穿刺器具（如套管针、穿刺器等）刺入猪体内某个部位，排出内容物或气体，或注入药液以达到治疗目的。也可通过穿刺采取病猪体内某一特定器官或组织的病理材料，进行实验室检验，有助于疾病确诊。所以，穿刺技术既是一种治疗技术，又是一种诊断手段。

（一）胸腔穿刺

用于排出体内的积液、血液或其他病理性产物，洗涤胸腔和注入药液进行治疗。

1. 注射部位的选择

右侧第 7 肋间（或左侧第 8 肋间）胸外静脉上方约 2 厘米处。

2. 操作方法

术者左手将术部皮肤稍向前方移动，右手持套管针（或针头），靠肋骨前缘垂直刺入 3~5 厘米。

当套管针刺入胸腔后，左手把持套管，右手拔出内针，即可流出积液或血液，放液时不宜过急，用拇指堵住套管口，间断地放出液体，防止胸腔减压过急，影响心肺功能。

如针孔堵塞不流时，可用内针疏通，直至放完为止。

放完积液后，需要洗涤胸腔时，可将装有消毒液的输液瓶的乳胶管或注射器连接到套管口（或注射针），高举输液瓶，药液即可流入胸腔，反复冲洗 2~3 次，再将其放出，最后注入治疗性药物。

操作完毕，插入内针，拔出套管针（或针头），使局部皮肤复位，术部涂碘酊。

3. 注意事项

穿刺或排液过程中，防止空气进入胸腔内；排出积液和注入消毒药以及治疗药物时均应缓慢进行，同时，注意观察病猪有无异常表现；穿刺（注射）时要防止损伤肋间神经和血管；刺入时，应以手指控制套管针的刺入深度，以防过深，刺伤心肺；穿刺过程如果出血，应充分止血，改变穿刺位置。

（二）腹腔穿刺

腹腔注射是将药液注入腹腔。肥育猪在右髋关节下缘的水平线，距离最后肋骨数厘米的凹窝部刺入。小猪应倒提保定，然后将针头刺入耻骨前缘 3~5 厘米的正中线旁的腹腔内。

腹腔穿刺主要用于排出腹腔积液、洗涤腹腔及注入药液进行治疗，或采集腹腔积液，进行胃肠破裂、肠变位、内脏出血等疾病的鉴别诊断。猪腹腔穿刺部位在脐部至耻骨前缘连线中央，腹白线两侧。猪侧卧保定，术部剪毛、消毒，左手稍移动穿刺部位皮肤，右手控制套管针（或针头）的深度，垂直刺入 2~3 厘米。拔出针芯，即可流出积液，用手指堵住套管口（或针头），缓慢而间断地放出积液。如套管针堵塞不流时，可用针芯疏通，直至放完为止。洗涤腹腔时，左手持针头垂直刺入两侧后腹部腹腔，连接输液瓶胶管或折射器，注入药液洗涤后再由穿刺部位排出，如此反复冲洗 2~3 次。

（三）膀胱穿刺

膀胱穿刺是当尿道完全阻塞时，为防止膀胱破裂或尿中毒而采取的暂时性的治疗措施，通过穿刺排出膀胱中的尿液。猪侧卧保定，将左或右后肢向后牵拉转位，充分暴露后腹部，在耻骨前缘触摸胀满有明显波动感处剪毛、消毒，以左手压紧穿刺部位，右手持针头向后下方刺入，并用手指捏住针头固定，待尿液排完后拔出针头，局部进行消毒处理。针刺入膀胱后应将针头固定好，防止滑脱。进行多次穿刺时，容易引起腹膜炎和膀胱炎，应慎重并积极采取对因治疗措施，特别是膀胱充盈时，穿刺时尿液有可能从膀胱穿刺孔处流入腹腔，所以膀胱穿刺应慎用。

四、封闭技术

普鲁卡因封闭疗法是一种调节神经营养机能疗法。通过这种疗法，可以使已经受到刺激的神经恢复其机能，发挥对器官和组织的正常调节作用。封闭后可使因炎症而扩张的血管收缩，减少渗出，减轻水肿，减轻疼痛，调节血管机能，改善组织营养，促进炎症的修复和治愈。

在治疗过程中，一般应用 0.25%~0.5% 的普鲁卡因溶液，有时也可与青霉素、可的松制剂配合应用。

1. 病灶周围封闭法

将 10~30 毫升 0.25%~0.5% 的普鲁卡因溶液，分几点注射于病猪病灶周围 1~2 厘米处的皮下或肌膜间，适用于创伤和局部炎症。

2. 尾骶封闭法

尾骶位于直肠与荐椎之间，腹腔以外，为疏松结缔组织，其间有腰荐神经丛、阴部神经和直肠后神经。

病猪站立保定，将尾部提起；刺入点在尾根与肛门形成的三角区中央相当于中兽医的后海穴或交巢穴处。用 15~20 厘米长针头，局部消毒后，垂直刺入皮

下，将针头稍上翘并与荐椎呈平行方向刺入，先沿正中边注边拔针，然后再分别向左、向右各方向注入1次，使50~100毫升0.5%普鲁卡因溶液呈一扇形分布。

五、灌肠技术

灌肠是将药液、温水或营养液灌入直肠或结肠内的一种方法。通过药液的吸收、洗肠和排出宿粪，可用于治疗直肠炎、胃肠炎、胃肠卡他和大肠便秘等疾病，也可排出肠内异物，给动物补液及营养物质。灌注液常用温水、温肥皂水、食盐水、鞣酸液、0.1%高锰酸钾液、硼酸水、抗菌药药液、中药药液等。

灌肠时取站立保定或侧卧保定，用小动物灌肠器或导尿管灌肠。若直肠内有宿粪，应先人工排出宿粪。肛门周围用温水清洗干净，把胶管一端插入直肠，另端连接漏斗或吊桶，将液体注入其内，适当举高即可流入，同时压迫尾根肛门，以免液体排出。也可使用100毫升注射器连接在胶管另端注入溶液，注完后捏紧胶管，取下注射器再吸取液体注入，直至注入需要量液体为止。

六、子宫冲洗技术

子宫冲洗就是用子宫冲洗器或普通胶皮管、塑料管，向子宫内反复灌注和吸出消毒药液，清洗子宫内的积脓、胎衣碎片等物质。用于治疗母猪子宫内膜炎、子宫积脓、胎衣腐败等疾病。冲洗子宫的药品有0.05%~0.1%雷佛奴尔溶液、0.1%碘溶液、0.05%~0.1%高锰酸钾溶液、生理盐水、青霉素、链霉素等。

子宫冲洗时取站立保定或侧卧保定，先清洗和消毒外阴部，术者持导管插入母猪阴道内，经子宫颈口插入子宫内，导管另一端连接漏斗或注射器，向子宫内灌注消毒药液。然后放低导管，用虹吸法导引出灌入的药液，如此反复几次灌入和吸出，直至清洗干净。最后用青霉素160万~320万单位、生理盐水150~200毫升灌入子宫内，以控制和消除子宫炎症。

子宫冲洗通常在产后48小时内或发情期间进行，如果是在非发情期间，应先注射雌激素，以松弛子宫颈口。

第三章　常见内科病

一、口炎

口炎是口腔黏膜炎症的总称，因物理、化学或一些生物性因子（如患口蹄疫等）的作用所引起。各种动物均可发生。临床表现减食、厌食或想吃而不敢吃，咀嚼缓慢，甚至完全不能采食，流涎等。口温增高，口腔黏膜潮红肿胀，出现水泡或溃疡。治宜除去病因，净化口腔、消炎、收敛。

（一）诊断要点

拒食粗硬饲料，炎症严重时，流涎。检查口腔时，可见黏膜潮红、肿胀，口温增高，感觉过敏，呼出气有恶臭。水疱性口炎时，可见到大小不等的水疱。溃疡性口炎时，可见到黏膜上有糜烂、坏死或溃疡。

（二）治疗

处方 1：0.1% 高锰酸钾溶液 100~200 毫升，2% 龙胆紫溶液 20~30 毫升。

用法：0.1% 高锰酸钾溶液 100~200 毫升冲洗口腔，2% 龙胆紫溶液 20~30 毫升口腔溃疡面涂布。

说明：口腔冲洗还可用 2%~3% 硼酸溶液、2%~3% 温盐水或明矾水、1% 鞣酸溶液等。溃疡面涂布还可用 1% 磺胺甘油混悬液或碘甘油（5% 碘酊 1 份、甘油 9 份）。

处方 2：黄连素 2 克，明矾 10 克，冰片 1 克。

用法：将上药混合装入布袋内，衔在病猪口中，饲喂时取出，每日换 1 次，连用 3 日。

处方 3：黄柏 3 份，青黛 2 份和冰片 1 份。

用法：上述 3 种药物混合后粉碎为细末，装瓶备用。用 1%~3% 硼酸溶液冲洗口腔，口涎多时用 1% 明矾水冲洗，然后取适量所配中药粉撒布口腔。

处方 4：蛇蜕 1.5 克，明矾 10 克。

用法：蛇蜕 1.5 克，包严；明矾 10 克，微火烧焦（以明矾熔化和蛇蜕完全凝固在一起为度），冷却后再粉碎为细末。取 2%~5% 温盐水冲洗口腔，然后取所制中药粉 2~5 克用竹筒吹入病猪口腔，不愈者第 2 天再用药 1 次。

二、咽炎

咽炎是咽黏膜、软腭、扁桃体及其深层组织炎症的总称。可由物理性刺激、化学性刺激和传染性疾病以及相邻器官疾病蔓延引起。以采食、咀嚼缓慢，吞咽障碍为特征，伴有食糜、饮水从鼻孔逆出和吞咽时咳嗽等症状；咽部触诊温热、疼痛或浮肿，严重时体温升高，呼吸急促。治宜抗菌消炎，防止咽部黏膜损伤和受寒、感冒，禁用胃管投药。

（一）诊断要点

① 原发性卡他性咽炎病情发展缓慢，最初不引人注意，经 3~4 天以后，临床症状逐渐明显。

② 传染性咽炎，特别是蜂窝织炎性咽炎通常多为突然发生，具有高热，精神沉郁，心脏机能衰弱，呼吸困难。一般病例常见咽部敏感，采食缓慢，头颈伸展，吞咽困难，往往呕吐和流涎。猪因呼吸困难，常张口呼吸，呈犬坐姿势，有时可听到喉狭窄音。

（二）治疗

处方 1：① 0.1% 高锰酸钾溶液 1 000 毫升。

用法：口腔冲洗。

② 樟脑粉 10 克，95% 酒精 100 毫升。

用法：咽喉部涂搽。

说明：亦可用鱼石脂软膏（鱼石脂 10 克，凡士林 90 克）咽喉部涂搽。配合咽喉部涂搽，先冷敷后温敷。

③ 0.25% 普鲁卡因溶液 30 毫升，青霉素 320 万单位。

用法：两药混合，咽部两侧封闭，2 次 / 天，连用 3 天。

④ 氯化铵 20 克，吐酒石 0.5~3 克。

用法：一次口服，1~2 次 / 天，连用 3 天。

说明：痰多咳嗽时用。亦可用复方甘草合剂 100~150 毫升口服，1~2 次 / 天，连用 3 天。

处方 2：青黛、黄连、黄柏、桔梗、儿茶各等份。

用法：共为细末，混匀，装瓶备用。用时布袋口噙或吹撒于患部。

处方 3：① 水杨酸钠注射液 100 毫升。

用法：静脉注射，1 次 / 天，连用 3 天。

② 磺胺嘧啶钠注射液 250 毫升。

用法：静脉或深部肌内注射，1 次 / 天，连用 3 天。

三、食管阻塞

食管阻塞也称食道阻塞、“草噎”，是由于采食过大的块根茎类饲料（如红薯、萝卜等）未经充分咀嚼而咽下，或吞咽其他异物（如胎衣、木块、塑料布等），或吞咽机能紊乱所致的一种食管疾病。

（一）诊断要点

① 有吞咽块根茎类饲料（如红薯、萝卜等）或吞咽其他异物（如胎衣、木块、塑料布等）史。

② 病猪在吃料过程中，突然停止采食，垂头站立、流涎，不停地做吞咽动作，采食的饲料或饮水从口部流出。出现空嚼，徘徊不安或摇头缩脖，偶有咳嗽。触摸到食道前部的阻塞物。

（二）治疗

处方 1：石蜡油 300 毫升。

用法：胃管投服。

说明：胃管投服石蜡油 2 分钟后，用胃管将阻塞物向胃肠推进。

处方 2：水合氯醛 25~40 克，温开水 1 000~2 000 毫升。

用法：混合灌服。

处方 3：2% 普鲁卡因 20 毫升，石蜡油 250 毫升。

用法：混合用胃管投入 2 分钟后用胃管向胃肠推进。

处方 4：①石蜡油或植物油 100~200 毫升。

用法：灌服。

② 3% 硝酸毛果芸香碱注射液 3 毫升。

用法：一次皮下注射。

说明：也可皮下注射新斯的明注射液 4~10 毫升。

处方 5：藜芦碱 0.02~0.03 克。

用法：一次皮下注射。

说明：促进阻塞物呕出。

四、支气管炎

支气管炎是各种致病因素引起的支气管黏膜表层和深层的炎症，临诊上以咳

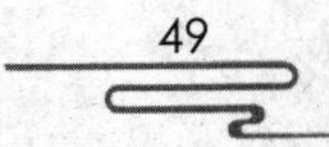

嗽、呼吸困难、流鼻液及不定型热为特征。多发生于冬春季节及气候多变时，以小猪常见。可分为急性和慢性支气管炎。猪舍空间狭小、猪群拥挤、卫生状况不良、营养不良等使机体的抵抗力下降，是支气管炎的诱发因素。猪舍寒冷或天气突变，猪受寒感冒而抵抗力降低，导致病毒和细菌感染。环境中空气不洁，猪吸入刺激性气体或冷空气而直接刺激支气管黏膜。继发于喉炎、咽炎和胸膜炎等疾病。

（一）诊断要点

① 大多有受寒感冒病史，咳嗽，流鼻液，体温正常或稍高。触诊喉头或气管，其敏感性增高，常诱发持续性咳嗽；听诊肺部呼吸音增强，出现干、湿啰音，X 线检查，肺部纹理较粗，但无炎性病灶等可作出诊断。

② 急性支气管炎体温正常或升高，呼吸加快，胸部听诊呼吸音增强。人工诱咳呈阳性。发生干性、疼痛性咳嗽，咳出较多的黏液或痰液。后期疼痛减轻，伴有呼吸困难表现。可视黏膜发绀，产生湿润的分泌物而出现湿性咳嗽，两侧鼻孔流出浆液性、黏液性或脓性分泌物。

③ 慢性支气管炎病猪精神不振、消瘦，咳嗽持续时间较长，流鼻液，症状时轻时重。采食和运动时咳嗽剧烈，体温变化不大，肺部听诊早期有湿啰音，后期出现干啰音。

（二）治疗

处方 1：① 氯化铵 10~20 克，复方樟脑酊 20~40 毫升。
用法：一次口服。
② 12% 复方磺胺 5 甲氧嘧啶注射液 100 毫升。
用法：一次肌内注射，2 次 / 天，连用 5 天，首次量加倍。
处方 2：青霉素 80 万单位，0.25% 普鲁卡因 20~40 毫升。
用法：一次气管内注射。
处方 3：碳酸氢钠 30~50 克，远志酊 30~40 毫升。
用法：加温水 500 毫升，一次内服。
处方 4：人工盐 30 克，甘草末 10 克，氯化铵 15 克。
用法：加温水 500 毫升，一次内服。
处方 5：复方咳必清糖浆 100~150 毫升。
用法：一次内服。
处方 6：硫酸链霉素 200 万单位。
用法：用 10~20 毫升注射用水稀释，一次气管内注入，1 次 / 天。

处方 7：氨茶碱 1~2 克。

用法：一次肌内注射。

处方 8：5% 麻黄素注射液 4~10 毫升。

用法：一次皮下注射。

说明：处方 7 和处方 8 在病猪出现呼吸困难时用。

处方 9：桑叶 25 克，杏仁 25 克，桔梗 25 克，薄荷 25 克，菊花 30 克，金银花 30 克，连翘 30 克，生姜 20 克，甘草 15 克。

用法：共为细末，开水冲调，候温一次灌服。

说明：适用于风热型急性支气管炎。

处方 10：桔梗 45 克，荆芥 30 克，百部 45 克，白前 45 克，陈皮 30 克，防风 45 克，甘草 25 克。

用法：共为细末，开水冲调，候温一次灌服。

说明：适用于风寒型急性支气管炎。

五、小叶性肺炎

猪小叶性肺炎是发生于个别肺小叶或几个肺小叶及其相连接的细支气管的炎症，又称为支气管肺炎或卡他性肺炎。一般多由支气管炎的蔓延所引起。临床上以出现弛张热型，呼吸次数增多，叩诊有散在的局灶性浊音区和听诊有捻发音，肺泡内充满由上皮细胞、血浆与白细胞等组成的浆液性细胞性炎症渗出物为主要特征。本病以仔猪和老龄猪更常见，多发于冬、春季节。

（一）诊断要点

1. 病因调查

① 受冷空气侵袭而感冒，抵抗力降低。

② 猪圈通风不良，空气混浊，如烟气、氨气等被吸入；化学性刺激，如强硫酸、氯等刺激性气体；尘埃、真菌等。

③ 饥饿、缺水而抢食、抢饮相互争夺时，误将饲料或水呛入气管。

④ 感冒、支气管炎、肺丝虫病、蛔虫病及流感等病也能继发本病。

2. 临床症状

病猪表现精神沉郁，食欲减退或废绝，结膜潮红或蓝紫，体温升高至 40℃以上，呈弛张热，有时为间歇热；脉搏随体温变化而改变，初期稍强，以后变弱；呼吸困难，并且随病程的发展逐渐加剧；咳嗽为固定症状，病初表现为干短带痛的咳嗽，继之变为湿长但疼痛减轻或消失，气喘，流鼻涕。胸部听诊，在病灶部分肺泡呼吸音减弱，可听到捻发音，以后由于渗出物堵塞了肺泡和细支气管，肺泡呼吸音消失，可能听到支气管呼吸音，而在其他健康部位，则肺泡音亢盛。胸部叩诊，胸前下三角区内可发现一个或数个局灶性的小浊音区。

3. 病理变化

支气管肺炎的多发部位是心叶、尖叶和膈叶的前下缘，病变为一侧性或两侧性，发炎部位的肺组织质地变实，呈灰红色，病灶的形状不规则，散布在肺的各处，呈岛屿状，病灶的中心常可见到一个小支气管。肺的切面上可见散在的病灶区，呈灰红色或灰白色，粗糙突出于切面，质地较硬，用手挤压见从小支气管中流出一些脓性渗出物。支气管黏膜充血、水肿，管腔中含有带黏液的渗出物。

（二）治疗

处方 1：复方磺胺嘧啶钠注射液 0.07~0.1 毫升 / 千克体重。

用法：肌内注射，2 次 / 天，连用 3~5 天。

说明：磺胺嘧啶抑制细菌生长繁殖，对肺炎链球菌等作用较强。

处方 2：恩诺沙星注射液 2.5 毫克 / 千克体重。

用法：肌内注射，2 次 / 天，连用 3 天。

说明：恩诺沙星注射液对猪支气管肺炎有特效作用。

处方 3：30% 替米考星注射液 0.2 毫升 / 千克体重，樟脑磺酸钠注射液 2~10 毫升。

用法：混合肌内注射，2 次 / 天，连用 3 天。

说明：替米考星注射液对肺炎有特效，配合樟脑磺酸钠可兴奋呼吸中枢，改善呼吸。

处方 4：① 青霉素 40 万 ~160 万单位，链霉素 50 万 ~100 万单位。

用法：混合肌内注射，12 小时 1 次。

② 10% 安钠咖 2~10 毫升，10% 樟脑磺酸钠 2~10 毫升。

用法：分上午、下午交替肌内注射。

说明：以促进血液循环，利于肺部渗出物的排泄。

③ 50% 葡萄糖 50~100 毫升，含糖盐水 200~300 毫升，25% 维生素 C 2~4 毫升 / 千克体重。

用法：静脉注射，每日或隔天 1 次。

说明：食欲不好的病猪使用。

④ 5% 氯化钙 5~10 毫升。

用法：静脉注射，隔天 1 次。

说明：渗出物较多时使用，也可以使用 10% 葡萄糖酸钙 25~50 毫升静脉注射。

⑤氯化铵 1 克，磺胺嘧啶 1 克，碳酸氢钠 1 克。

用法：上述用量为 25 千克体重猪用量。以蜂蜜把磺胺嘧啶、碳酸氢钠调为糊状灌服，氯化铵单独另调分开服用，12 小时 1 次。

六、胃肠卡他

胃肠卡他即卡他性胃肠炎，又称消化不良，是胃肠黏膜表层的炎症。以胃肠消化机能紊乱、吸收功能减退、食欲减退或废绝为主要特征，按疾病经过有急性和慢性之分，按病变部位分胃卡他和肠卡他。

（一）诊断要点

1. 病因调查

要了解病猪饲养管理状况、饲喂的饲料质量是否合格、用药史以及是否患有猪瘟、猪丹毒、胃肠道寄生虫、某些中毒病等。

2. 临床症状

病猪精神不振，食欲减退，咀嚼缓慢。体温多半无变化，仅在有并发症时才见有发热。病初仅胃受损害，口腔黏膜潮红，舌苔增厚，唾液黏稠、量少，口腔发臭。眼结膜充血、黄染。有时有腹痛症状。随病势发展，继胃卡他而发生肠卡他时，出现大便减少、秘结，尿少色黄，食欲大减或废绝，但饮水增多，饮水后往往又重复呕吐，呕吐物为泡沫样黏液，有时混有胆汁和少量血液。发生大肠卡他时，则肠音增强，病猪时时努责排稀粪，粪中常夹杂黏液或血丝，最后甚至直肠脱出，稀粪污染肛门、后肢和尾部。如不及时治疗，常转为肠炎而造成死亡。病程较长的慢性病猪，严重影响生长发育。

3. 病理变化

病死猪剖检可见，胃肠黏膜不均一充血、出血及肿胀，尤以胃底部严重，黏膜被覆一层黏稠、半透明黏液或黏液性脓性覆盖物，胃内容物稀软酸臭，肠管松弛扩张，黏膜失去正常光泽，充血，严重时潮红，肠壁淋巴组织肿胀，肠内容物较稀，渗出物呈稀糊状附于肠黏膜表面。

4. 鉴别诊断

若以胃机能紊乱为主，则体温无变化，精神委顿，食欲减退，咀嚼慢，常有呕吐或逆呕，烦渴贪饮，饮后又吐，粪干，眼结膜黄染，口臭。以肠机能紊乱为主，表现肠音增强，排水样粪，股后有粪污，里急后重，严重时直肠脱出。

胃肠炎相似处：眼结膜充血黄染，呕吐、排水样粪、精神不振等。不同处：体温高（40℃以上），腹部有压痛反应，排粪频繁，甚至失禁，虚弱，瘫痪，易发生自体中毒。

猪毛首线虫病（猪鞭虫病）与之相似处：间歇性腹泻，有时粪有血丝，黏液有恶臭等。不同处：眼结膜苍白贫血，体温稍高，体质极度衰弱。粪检有虫卵，剖检可见盲肠充血、出血、肿胀、间有绿豆大小的坏死病灶，结肠病变与之相似，黏膜呈暗红色，上面布满乳白色细针样虫体（前部外入黏膜内），钻入处形成结节。

猪食道口线虫病（结节虫病）与之相似处：体温不高，食欲不振，便秘，有时下痢，发育障碍等。不同处：高度消瘦，粪检有虫卵，如有泻药可见有虫体排出。剖检可见大结肠有结节，结节破裂成溃疡。

猪姜片吸虫病与之相似处：体温不高，食欲减退，腹泻，发育不良等。不同处：流涎、低头弓背，肚大股瘦，眼睑、腹下水肿，粪检有虫卵。剖检可见小肠有虫体，虫体前端钻入肠壁。

球虫病与之相似处：体温不高，排粪下痢与便秘交替发作，食欲不佳等。不同处：直肠采粪，通过培养可见有孢子的囊泡。

（二）治疗

治疗原则：除去病因，改善饮食，清肠制酵。要检查饲料是否变质，同时改喂比较容易消化、营养全价的饲料，并给予充足的饮水。

处方 1：硫酸钠或人工盐为 30~80 克。

用法：加水适量，内服。

说明：清肠后要及时进行胃肠功能调整，可用酵母片 2~10 片混入饲料内喂给，2 次 / 天。

处方 2：大黄末 3 克，龙胆末 1 克，人工盐 10 克。

用法：混合一次内服，2 次 / 天，连服 3~5 天。

处方 3：黄连素 0.2~0.5 克。

用法：一次内服，2 次 / 天。

说明：病猪腹泻严重时可用。

七、胃肠炎

猪胃肠炎是猪胃肠黏膜及黏膜下深层组织的重剧性炎症过程，其胃、肠的炎症多同时或相继发生。临床上以体温升高、剧烈腹泻为特征。

（一）诊断要点

1. 病因调查

① 原发性胃肠炎 多存在饲养管理不当，或曾经使用刺激性强的药物，或

滥用抗生素的病史。常见的饲养管理原因：过饱过饥、久渴暴饮、饮水污染、地面潮湿、温度过低、长途运输后直接饲喂、饲料的突然改变，造成猪肠胃消化机能紊乱，吸收功能减退或废绝，抵抗力降低，致使大肠杆菌等平常不致病的细菌大量繁殖，毒力增强而出现腹泻等症状。饲料腐烂变质、发霉、过热或冰冻、混有泥沙或含有有毒植物、砷、汞、铅、铜等金属，造成营养不全，难以消化、中毒等。

② 继发性胃肠炎 多由于一些疾病如猪瘟、猪传染性胃肠炎、猪蛔虫病、猪肠道寄生虫等继发而来。应激、长途运输、营养不良等因素应激、长途运输、营养不良等因素可使机体抵抗力降低，使胃肠屏障机能减弱，平常不引起致病作用的细菌如大肠杆菌、坏死杆菌等毒力增强而起致病作用。

2. 临床症状

腹泻是本病的重要症状之一。病症初期，呈现急性胃肠卡他性炎症状。患病猪精神沉郁、食欲减退或废绝、饮水增多、脉搏加快、呼吸变快、体温升高（40℃以上）、四肢等末梢发凉、眼结膜先潮红后黄染、口干口臭、常出现呕吐现象。呕吐物中带有血液，腹泻稀便带有黏液、血液，有时混有脓液和恶臭味，肠音增强。随着病程的发展，患猪逐渐出现精神沉郁、全身无力、眼球下陷、皮肤弹性降低、脉搏快而弱、体温升高、尿少色浓、被毛粗乱等全身症状。持续而重剧的腹泻，病猪频频排粪，每天 10~20 次不等，肛门松弛，排粪失禁，粪便水样，有恶臭味，并且混杂黏液、血液、黏膜坏死组织碎片。肠音减弱甚至消失，频频努责甚至直肠脱出等胃肠机能障碍症状。患病猪自体中毒体征表现为全身无力，极度虚弱，耳尖鼻端和四肢末梢发凉，局部或全身肌肉震颤，结膜发绀，甚至出现兴奋、痉挛或昏睡等神经症状。急性胃肠炎，病程 2~3 天，多数愈后不良。

3. 病理变化

剖检可见，胃黏膜肿胀潮红充血或弥漫性出血，肠内容物常混有血液，恶臭，肠黏膜充血。坏死组织剥脱后，遗留下烂斑或溃疡，病程长的肠壁出现增厚并发硬。

（二）治疗

查出病因，及时消除，若是饲养管理制度的问题所致，要改善饲养管理方法，寻求最适宜的饲养制度；如是饲料品质不良所致，应更换营养全价易消化的饲料；如是疾病继发所致，要及时治疗原发病；若是应激等因素所致，应及时消除应激等致病因素。

处方 1：0.1% 高锰酸钾 500 毫升。

用法：内服或自饮，连用 3~5 天。

说明：轻症病例可用。重症病例可将磺胺脒 5~10 克、小苏打 3 克、鞣酸蛋白 3 克、次硝酸铋 3 克混合均匀，一次内服。

处方 2：① 磺胺嘧啶钠 0.1~0.15 克 / 千克体重。

用法：肌内注射。

说明：也可使用 10% 增效磺胺嘧啶 0.2~0.3 克 / 千克体重。

② 5% 葡萄糖溶液 100~300 毫升，5% 碳酸氢钠注射液 30~50 毫升。

用法：一次静脉注射。

③ 次硝酸铋 2~6 克。

用法：一次内服。

说明：也可用鞣酸蛋白 2~5 克或木炭末、锅底灰 10~30 克内服。

处方 3：① 氟哌酸 1~2 克，鞣酸蛋白 3~5 克，复方颠茄片 4 片。

用法：混合一次内服，2 次 / 天，连用 3 天。

② 5% 葡萄糖注射液 250 毫升，0.9% 氯化钠注射液 100 毫升，10% 维生素 C 注射液 10 毫升，庆大霉素 20 万单位。

用法：混合静脉注射，1 次 / 天，连用 3 天。

处方 4：① 胃蛋白酶 10 克，乳酶生 10 克，安钠咖粉 2 克。

用法：均匀混合分 3 次内服，2 次 / 天。

说明：适用于胃肠炎恢复期。

② 氨苄青霉素 3 克，5% 葡萄糖盐水 500 毫升，5% 碳酸氢钠 250 毫升。

用法：混合一次静脉注射，1 次 / 天，连用 3 天。

处方 5：郁金 15 克，诃子 10 克，黄连 6 克，黄芩 10 克，黄柏 10 克，栀子 10 克，大黄 15 克，白芍 10 克，罂粟壳 6 克，乌梅 20 克。

用法：煎汁去渣，一次灌服。

处方 6：槐花 12 克，地榆 12 克，黄芩 20 克，藿香 20 克，青蒿 20 克，茯苓 12 克，车前草 20 克。

用法：煎汤去渣，一次灌服。

说明：用于有便血症状时。

处方 7：党参 18 克，薏苡仁 30 克，炒扁豆 18 克，陈皮 12 克，砂仁 12 克，白术 12 克，桔梗 12 克，茯苓 18 克，厚朴 18 克，半夏曲 12 克，藿香 18 克，黄连 3 克，甘草 6 克。

用法：煎汤去渣，一次灌服。

说明：方中党参、白术、甘草益气补脾，茯苓、薏苡仁、白扁豆渗湿健脾，陈皮、砂仁行气化滞而醒脾，桔梗升脾胃清气上达于肺，重用黄连清热、行气导滞，半夏曲化痰消食、降逆和胃，藿香辟秽化浊。诸药相配，升降并用，扶正祛邪，共奏益气健脾、清热化湿、止泻和中之功。

八、肠便秘

肠便秘是由于肠迟缓，运动机能减退，内容物水分被吸收干燥导致肠内容物停滞而发生肠腔阻塞的腹痛性疾病。本病是母猪生产中最大的障碍，围产期母猪普遍会发生便秘现象。此外，猪丹毒、猪瘟等热性传染病经过中也会继发本病。

（一）诊断要点

① 常有变换饲料、精饲料饲喂过多，饲料内粗纤维含量较少，饮水不足的病史。

② 能繁母猪发生本病多因固定在限位栏内，缺乏足够的运动所致。

③ 某些传染性或热性病、慢性胃肠疾病也是继发本病的重要原因。

④ 病猪厌食而饮欲增加，病初只排出少量干硬附有黏液的粪球，随后经常作排粪状，不断用力努责，但仅能排出少量黏液，并无粪便排出。腹围逐渐增大，时间稍长则直肠黏膜水肿，肛门突出。体小或较瘦的病猪，通过腹部触诊，能摸到大肠内干硬的粪块，按压时表现疼痛不安，便可确诊。

（二）治疗

处方 1：① 5% 硫酸钠 1 000~2 000 毫升。

用法：胃管投服。

说明：也可选用大黄末 300 克，开水冲调，候温灌服。对怀孕母猪，用石蜡油 300 毫升灌服。

② 氯化铵甲酰甲胆碱 10 毫升。

用法：肌内注射。

说明：灌药后 4 小时使用。本处方不可用于怀孕母猪，以免引起流产。

处方 2：①石蜡油 300 毫升。

用法：灌服。

② 复合维生素 B 20 毫升。

用法：肌内注射。

说明：妊娠母猪可用本方。

处方 3：① 硫酸钠 30~80 克。

用法：加温水 1 000 毫升，一次灌服，并用温水、2% 小苏打水或肥皂水反复深部灌肠，配合腹部按摩效果更好。

说明：对病初体况较好的患猪应用本法。硫酸钠也可用硫酸镁。

② 30% 安乃近 10 毫升。

用法：肌内注射。

说明：剧痛不安时可用安乃近止痛，或用溴化钠 5~10 克内服，可达到同样的效果。

九、感冒

感冒是由寒冷刺激引起的以呼吸道黏膜炎症为主的全身性疾病，临诊特征为体温升高、咳嗽、羞明流泪、流鼻涕、精神沉郁、食欲下降。主要发生在冬春季节。

（一）诊断要点

① 病因：因饲养管理不当，气候忽冷忽热，猪舍寒冷潮湿，贼风侵袭，风吹雨淋，过于拥挤，营养不良，长途运输等导致机体抵抗力下降，尤其是上呼吸道黏膜防御机能减退，致使呼吸道内常在菌得以大量繁殖而发病。某些呈高度接触传染性和明显由空气传播的感冒可能是病毒引起的流行性感冒。

② 临床症状：病猪精神沉郁，食欲减退，严重时食欲废绝，体温升高，病程一般 3~7 天；咳嗽，打喷嚏，流鼻液；皮温不整，鼻盘干燥，耳尖、四肢末梢发凉；结膜潮红、畏寒怕冷，弓腰战栗，呼吸用力，脉搏增数。

发病前期：病初的 1~2 天。病猪主要表现出精神沉郁，食欲不振或者彻底废绝，出现寒战，往往呈卧地状，眼结膜潮红，静卧状态下鼻镜比较干燥，且有水样鼻液流出，但运动过程中鼻镜周边比较湿润，排尿量增加，且尿液色清，有些还会伴有咳嗽，呼吸急促，两耳触摸冰凉，体温稍微升高。

发病中期：即发病后的 3~4 天。由于发病前期没有采取有效治疗或者错过最佳治疗时机，不仅导致病情没有减轻，反而更加严重。病猪表现出食欲废绝，往往卧地，皮温不匀，寒颤减轻，鼻镜比较干燥，有少量黏稠的鼻液从鼻孔流出，排尿量减少，且尿液色赤，排出呈粒状干燥粪便，触摸两耳发现温度有所不同，肠音减弱或者不规律，体温明显升高，能够超过 40℃，且高烧不退。

发病后期：即发病超过 4 天后，由于之前没有采取有效治疗等因素，导致病猪在后期表现精神萎靡，具有采食欲望，但往往采食几口就停止，寒战消失，喜饮脏水、污水，叫之应声，尾巴自然摇动，静态时鼻镜比较干燥，运动时鼻镜周边比较湿润，但没有鼻液流出。有些病猪体温略有下降，有些依旧高烧不退。排尿量减少，且尿液色赤，排出比较少量的干燥粪便，呈粒状，色泽较暗，且混杂黏液或者血液。

③ 中兽医根据感冒证候不同，分为风寒感冒和风热感冒。

风寒感冒（外感风寒）。寒冷季节较为多见。病畜发热，恶寒，以恶寒为主，即怕冷。其症状为颈项紧缩，腰背弓起，尾巴夹于后腿，被毛竖立，发抖，特别是早晚气温偏低时更为明显。头低耳耷，有时摇头，喜卧，不愿行走（系全身疼痛表现），鼻流清涕，喷鼻或咳嗽，耳鼻发凉。

风热感冒（外感风热）。春季较为常见，大多具有前述症状，但风热感冒发热重，恶寒轻或没有恶寒症状，病畜口渴喜饮。

（二）治疗

处方 1：30% 安乃近 10 毫升。

用法：肌内注射，2 次 / 天。

说明：也可用柴胡注射液 3~5 毫升，或安痛定注射液 5~10 毫升，或氨基比林注射液 10 毫升，肌内注射。如果病猪使用后体温依旧没有降低，其他症状也没有减轻时，可配合使用青霉素 320 万单位或氨苄青霉素 2 克，2 次 / 天；如果伴有咳嗽，可口服 0.5~1 克氯化铵或者 0.2 克咳必清，连续使用 2~3 天；如果发生便秘，可灌服适量的石蜡油或者硫酸钠等药物，还可使用温肥皂水进行灌肠。

处方 2：氯化铵 2 克，阿司匹林 2 克，阿莫西林粉 1 克。

用法：混合一次内服，2 次 / 天。

处方 3：麻黄 9 克，桂枝 15 克，荆芥 15 克，防风 15 克，云苓 15 克，细辛 6 克，紫苏 12 克，陈皮 12 克，葛根 12 克，川芎 12 克，杏仁 12 克，羌活 12 克，白芍 12 克，白芷 9 克，甘草 9 克，生姜、葱白为引。

用法：共为细末，生姜、葱白煎汤药，候温灌服。

说明：风寒感冒治宜辛温解表。本方辛温解表，主治外感风寒。风寒感冒也可以使用下列处方：羌活、紫苏、荆芥各 50 克，独活、防风各 40 克，生姜 50 克。煎药 2 次，或共为末，开水冲服；或生姜 30 克、葱白 120 克，煎汤，加入红糖 90 克，候温灌服。辛温解表，主治风寒感冒。

处方 4：金银花 15 克，薄荷 15 克，霜桑叶 15 克，淡豆豉 15 克，杭菊 15 克，连翘 18 克，荆芥 12 克，桔梗 12 克，牛蒡子 9 克，炒杏仁 12 克，芦根 24 克，甘草 9 克。

用法：淡竹叶为引，共为细末，开水冲调，候温灌服。

说明：风热感冒治宜辛凉解表。本方辛凉解表，主治风热感冒。如患猪热盛，气粗喘促，咳嗽重，可用麻黄 12 克，杏仁、黄芩、薄荷叶各 15 克，生石膏、芦根各 30 克，甘草 9 克。共为细末，开水冲调，候温灌服。

处方5：麻黄20克，杏仁20克，玉竹20克，前胡20克，紫苏20克，陈皮20克，川芎20克，桃仁20克，当归15克，甘草10克，生姜20克，大枣20克。

用法：水煎服，1剂/天，连用2天。

说明：本方可用于母猪产后感冒。

十、胃溃疡

胃溃疡是指急性消化不良与胃出血引起胃黏膜局部组织糜烂、坏死或自体消化，从而形成圆形溃疡面，甚至胃穿孔。

（一）诊断要点

1. 病因调查

（1）饲料　① 饲料品质不佳，饲料粗糙、霉败，难于消化，缺乏营养；② 日粮中混入大量刺激性的矿物质合剂；③ 日粮中缺乏足够的纤维；④ 谷物日粮中含玉米的比例过高，则其发病率也较高；不管玉米经细磨、膨胀或胶化过，其发病率仍然有较高的倾向。

（2）应激因素　本病多发于圈养猪，尤其是接受大量谷类食物和生长快的猪。往往易受到过分拥挤、过度惊扰、临产前管理不当等应激作用引起神经体液调节机能紊乱。

（3）遗传因素　本病有很大的遗传性，与选育生长快及背脂少的猪有关。

（4）继发因素　猪瘟、慢性猪丹毒、猪蛔虫感染、铜中毒性肝营养不良、桑葚样心脏病等，致使胃黏膜充血、出血、糜烂、溃疡，从而发生继发性胃溃疡。

2. 临床症状

（1）隐性　患猪无明显症状，与健康猪无异的生长速度和饲料转化率几乎不受影响。在屠宰后才被发现。

（2）慢性　病猪食欲降低或不食，体表和可视黏膜明显苍白，时有吐血或呕吐时带血，弓背或伏卧，因虚弱而喜躺卧，渐进性消瘦。开始时便秘，后变为煤焦油样粪便，潜血检查呈阳性。病情有时恶化，有时缓解，引起消化障碍和腹痛。少数病例有慢性腹膜炎症状。病程7~30天。

（3）急性　本病急性发作时，由于溃疡部大出血，病猪可突然死亡；也有的病猪在强烈运动、相互撕咬、分娩前后突然吐血、排煤焦油样血便、体温下降、呼吸急促、腹痛不安、体表和黏膜苍白、体质虚弱、终因虚脱而死亡。当病猪因胃穿孔引起腹膜炎时，一般在症状出现后1~2天内死亡。

3. 剖检变化

溃疡主要在胃的食道区，也见于胃底部和幽门区不同程度的充血、出血及大小数量不等、形态往往不一的糜烂斑点和界限分明、边缘整齐的圆形溃疡。胃内有血块及未凝固的新鲜血液，有纤维素渗出物，肠内也常发现新鲜血液。无临床症状的病猪，早期病变有黏膜角化过度以及上皮脱落，而无真正的溃疡形成。病猪的胃常比正常的胃有更多的液体内容物；也有胆汁自十二指肠逆流至胃使胃黏膜黄染。慢性胃溃疡引起出血的病猪因髓外造血而脾肿大。有的溃疡自愈猪，可留下瘢痕。若是胃已穿孔，则可见弥漫性或局限性的腹膜炎。也常见膈膜炎症，腹腔内容物进入胸腔呈现膈病变。

本病生前诊断较困难，特别是早期确诊更难。具有诊断意义的症状：粪便变黑，皮肤和黏膜明显苍白。唯一的证据是取可疑的粪便作潜血检查。应与出血性肠炎综合征、急性猪痢疾加以区别。

（二）治疗

处方 1：次硝酸铋 10 克。

用法：混于饲料中内服，2 次 / 天，连用 10 天。

处方 2：酵母 40 克，小苏打 5 克，亚硒酸钠维生素 E 粉 5 克。

用法：混于饲料中内服，2 次 / 天，连用 10 天。

处方 3：胃复安 10 毫克，10% 维生素 C 30 毫升，10% 葡萄糖 250 毫升。

用法：一次静脉注射。

处方 4：氢氧化铝硅酸镁 3~5 克，奥美拉唑 1 毫克。

用法：混合一次内服。2 次 / 天，连用 7 天。

处方 5：氧化镁 5 克，西咪替丁 1 克。

用法：一次内服。2 次 / 天，连用 7 天。

处方 6：次硝酸镁 2~6 克。

用法：3 次 / 天，内服，连用 5 天。

处方 7：维生素 K_3 注射液 30 毫克。

用法：一次肌内注射。

说明：有出血时可用。

处方 8：10% 葡萄糖酸钙 100 毫升，10% 维生素 C 20 毫升。

用法：一次静脉注射。

处方 9：苍术 40 克，焦山楂 40 克，郁金 40 克，神曲 40 克，麦芽 40 克，莱菔子 100 克，白芍 60 克，五味子 25 克，大黄 20 克，木香 20 克，黄连 30 克，陈皮 30 克，山药 30 克，元胡 30 克，甘草 30 克。

用法：混合为末，大猪 100 克，中猪 70 克，小猪 40 克。1 次 / 天，拌入饲料中内服。

处方 10：柴胡 30 克，白芍 30 克，枳壳 30 克，厚朴 30 克，香附 30 克，佛手 30 克，神曲 30 克，甘草 10 克 。

用法：加水煎服，1 剂 / 天，连服 5 天。

十一、膀胱炎

膀胱炎是指膀胱黏膜或黏膜下层的炎症。多因链球菌、葡萄球菌、绿脓杆菌、大肠杆菌、变形杆菌等病原菌通过血液循环或尿道侵入膀胱感染所致。有毒物质或强烈刺激性药物如斑蝥、松节油、甲醛等刺激膀胱黏膜时亦可发生。

（一）诊断要点

临床上以尿频、尿急、尿痛、尿量少、尿红为特征。排尿时病猪表现疼痛不安，不断呻吟，种公猪阴茎频频勃起。尿液浑浊而有臭味，有时尿色呈血红。尿沉渣中可见大量白细胞、脓细胞、膀胱上皮、组织碎片及病原菌。全身症状通常不明显，严重时体温升高，精神沉郁，食欲减退。严重出血性膀胱炎，也有贫血现象。

（二）治疗

处方 1：青霉素 320 万单位，链霉素 100 万单位，注射用水 5 毫升。

用法：一次肌内注射，2 次 / 天，连用 3~5 天。

处方 2：20% 乌洛托品注射液 20~30 毫升。

用法：一次静脉注射，1 次 / 天，连用 3~5 天。

处方 3：黄芩 15 克，栀子 15 克，车前子 10 克，木通 10 克，知母 15 克，黄柏 15 克，猪苓 10 克，甘草 15 克。

用法：加水煎汤内服，1 剂 / 天。

处方 4：小苏打 10 克。

用法：一次内服，2 次 / 天，

处方 5：止血敏 2 支。

用法：肌内注射。

说明：膀胱出血时使用。

处方 6：鲜荷叶 80 克，鲜侧柏叶 50 克，鲜柳叶 90 克。

用法：共煎汁 250 毫升，大猪 1 次灌服。

说明：治尿涩胀痛发烧。

处方 7：猪苓 45 克，茯苓 45 克，滑石 45 克，桔梗 30 克，阿胶 18 克（烊化）。

用法：煎汤，分早、晚 2 次灌服。1 剂 / 天。

说明：若尿短淋漓，加马鞭草、玉米须、车前子；尿血加白茅根、茜草炭。

处方 8：栀子 30 克，当归 18 克，芍药 15 克，甘草 10 克。

用法：煎汤灌服。

说明：若热重者，加双花、黄芩、蒲公英、连翘等；尿淋者，加瞿麦、萹蓄、石苇、木通、夏枯草；尿血者，加小蓟炭、血余炭、墨旱莲、茜草炭；便秘者，加大黄、郁李仁、火麻仁。

十二、尿道结石

尿道结石是矿物盐类在肾盂、输尿管、膀胱结晶析出，并形成的凝结物。临床上以结石刺激肾盂、输尿管、膀胱以及阻塞尿道性腹痛、血尿、淋漓、尿闭为特征。尿石症是尿道出现结石障碍引起的疾病，多发于阉割后的育肥猪。

（一）诊断要点

1. 病因调查

饲料中钙、磷不平衡和猪体营养代谢障碍引起的代谢异常、尿道器官异常均可成为发病原因。磺胺剂、盐、胶体、激素的影响，pH 值的变化，肾脏功能障碍及饮水减少均可引起发病。也有因代谢异常和这些主要原因复杂地结合引起的病例。

病因分析表明，性别影响很大。屠宰场膀胱内尿结石阳性率调查显示，公猪 30.7%，去势猪 11.5%，母猪 14.5%。可能是由于公猪的尿道长，尿结石很易栓塞所致。

2. 临床症状

发病猪尿频，排尿时弓背，呈背弯姿势，抖尾，有时病猪横卧，少量尿液排出等症状。排尿障碍反复表现，有时可见血尿，尤其以公猪和去势猪症状表现明显。发生疝痛症状，表现不安，沉郁，也有少数因发生尿毒症和膀胱破裂急性死亡。由于反复排尿障碍，猪只食欲不振，发育迟缓，一般表现为群间发育不整齐。排出的尿干燥后，呈灰白色晶状出现于圈面。用试管取尿液，可见呈乳白色混浊。在尿道手术取出结石后，排尿即流畅，如再次发生排尿困难，而尿道又未再摸到结石，应考虑膀胱结石，这时按压后腹部又能触摸到胀满的膀胱。

本病特征性表现是排尿障碍引起的尿少、尿频、背弯姿势、疝痛症状、血尿及尿呈乳白色混浊，出现这些症状时可疑似本病。

3. 实验室检查

尿液检查 pH 值为 7~8，呈弱碱性，蛋白质阳性，潜血反应阳性及尿中钙阳性等。可以结合病理学及 X 光检查确诊。

4. 类症鉴别

（1）膀胱麻痹或弛缓　相似处：有排尿姿势，滴尿或不尿等。不同处：较久不尿，后腹部有膨胀坚硬感，按摩施压有尿滴出或排出，尿道经路不发现结石。

（2）膀胱炎　相似处：常作排尿姿势，滴尿或不尿等。

不同处：按压后腹部有疼痛，滴出尿臊臭，尿道经路无结石，如出血性尿血。

（二）治疗

处方 1：青霉素 100 万单位，注射用水 5 毫升。

用法：注射水溶解青霉素后一次肌内注射，2 次 / 天，连用 3~5 天。

处方 2：1% 速尿注射液 5~10 毫升。

用法：一次肌内注射。剂量：1~2 毫克 / 千克体重，2 次 / 天，连用 3~5 天。

处方 3：明矾水或 0.1% 雷佛奴尔溶液。

用法：冲洗尿道。

处方 4：车前子 12 克，滑石 12 克，黄连 12 克，栀子 12 克，木通 10 克，甘草 10 克。

用法：煎汤内服，1 剂 / 天。

十三、脑膜脑炎

脑膜脑炎是脑膜和脑实质受到传染性或中毒性因素的侵害，首先，软脑膜及整个蛛网膜下腔发生炎性变化，继而通过血液和淋巴途径侵害到脑，引起脑实质的炎性反应，或者脑膜与脑实质同时发炎。脑膜脑炎呈现一般脑炎症状或灶性炎症症状，是一种伴发严重的脑机能障碍的疾病。临床上以突然发病，口吐白沫，痉挛抽搐，迅速死亡等为主要特征。该病一年四季均可发生，但以春秋两季较为多发。本病对各个年龄阶段的猪只易感，尤其 3 个月内的中小猪易患该病。

（一）诊断要点

1. 病因调查

猪脑膜脑炎的发病原因主要是由于内源性或外源性的传染性因素引起的，或由于中毒性因素所致。

（1）传染性因素　在一般情况下，由于受到条件性致病菌的侵害，如链球菌、葡萄球菌、巴氏杆菌、沙门氏杆菌等，当机体防卫机能降低，微生物毒力增强时，即能引起本病的发生；亦有由于受到脑包虫、猪囊虫以及血源原虫病等的侵袭，导致脑膜脑炎的发生。

（2）中毒性因素　猪发生铅中毒、食盐中毒、霉玉米中毒等，都具有脑膜脑炎的病理现象。

2. 临床症状

猪脑膜炎根据病理变化及临床表现可分为 3 个类型：急性脑膜炎、亚急性脑膜炎、慢性脑膜炎。

急性脑膜脑炎：猪突然尖声怪叫，发疯，耳部血管暴起，眼光无神，暗蓝，行动发狂失态，一般几分钟至 1 小时内即可死亡。

亚急性脑膜脑炎：患猪或狂奔嘶叫，或倒地抽筋，或呆立，每次发作时间约 2~5 分钟，并口吐白沫，反复发作的间隔时间为 10~30 分钟。

慢性脑膜脑炎：病猪倒地，抽疯，嘶叫，伴有咳嗽、下痢、气喘，有时一天发作 3~5 次，持续时间较短。若治疗不及时，病猪呈间歇性发作而较快死亡。病程稍长者，由于不食，病猪体质逐渐瘦弱，衰竭死亡。

（二）治疗

处方 1：① 10% 磺胺嘧啶钠注射液 10 毫升，地塞米松磷酸钠 5 毫升，青霉素 400 万单位。

用法：肌内注射。

② 安痛定注射液 10 毫升。

用法：颈部分点肌内注射。

③ 黄连 20 克，黄芩 20 克，夜交藤 20 克，栀子 20 克，钩藤 20 克，茵陈 20 克，石菖蒲 20 克，防风 20 克，朱砂 2 克，党参 25 克，白芷 15 克，柴胡 10 克。

用法：煎水灌服，1 剂 / 天，每剂服 2 次。

处方 2：10% 磺胺嘧啶钠注射液 20~40 毫升，40% 乌洛托品注射液 10~20 毫升。

用法：静脉注射。2 次 / 天。

说明：可用于抑菌消炎。

处方 3：25% 山梨醇 50~100 毫升。

用法：静脉注射。1 次 / 天。

说明：可用于降低颅内压，减轻脑水肿。也可静脉注射 20% 甘露醇 50~100 毫升。兴奋性症状明显时，可应用溴化钠或溴化钾 2~5 克内服，或用 10% 水合氯醛 50~100 毫升灌肠，也可服用盐类泻剂以排除秘结的积粪。

处方 4：① 青霉素 240 万单位。

用法：选择颈部肌肉一侧注射。2 次 / 天。

② 10% 磺胺嘧啶钠注射液 10 毫升，地塞米松磷酸钠注射液 5 毫升。

用法：颈部两侧分别肌内注射，不可混合。2 次 / 天。

说明：也可同时使用处方 1 中的③。

处方 5：① 安宫牛黄丸 2 丸（体重 50 千克以下猪 1 次 1 丸）。

用法：温水调和后一次灌服。

② 硫酸镁 60 毫升。

用法：一次脑俞穴注射。

③ 维丁胶性钙 10 毫升。

用法：一次肌内注射。

④ 食醋 20 毫升。

用法：两耳孔各灌 10 毫升。

十四、日射病与热射病

日射病和热射病是由纯物理性原因引起的机体体温调节机能障碍的一种急性病，统称为中暑，中兽医称之为黑汗风。

（一）诊断要点

① 发生在炎热季节。

② 日射病是猪放牧过久、猪舍阳光直射、用无盖货车长途运输，使猪受日光直射头部引起脑充血或脑炎，导致中枢神经系统机能严重障碍，导致中暑；热射病是因猪圈内潮湿、猪只拥挤闷热、通风不良或用密闭的货车运输，使猪体散热受阻，引起严重的中枢神经系统机能紊乱。

③ 该病一般呈现突然发病，病情剧烈，病程短促，最短的在 2~3 小时内死亡，症状严重。病初往往表现狂躁不安、喜饮、走路不平衡，之后表现共济失调，走路摇晃不稳或横卧不起，呼吸困难，结膜潮红或发绀，出大汗，精神不安，口吐泡沫，脉搏加速，节律不齐，瞳孔散大，视力减退，体温高达 41~43℃，最后神志昏迷，汗少而黏，痉挛，多数猪只因虚脱或心力衰竭而死。

④ 剖检可见，脑及脑膜的血管高度充血水肿及广泛性出血，脑脊液增多，肺充血水肿，胸膜、心包膜和肠黏膜有淤血斑和浆液性炎症的病理变化。在日射病中，还可见到紫外线导致组织蛋白变性和白细胞及皮肤新生上皮的分解。

⑤ 本病与猪脑炎、急性中毒等症状极为相似，必须鉴别后方可确诊。

（二）治疗

处方 1：① 葡萄糖盐水 200~500 毫升，10% 维生素 C 10~20 毫升。

用法：静脉注射。

② 30% 安乃近注射液 10~20 毫升。

用法：肌内注射。

说明：心衰昏迷者，肌内注射 10% 安钠咖注射液 5~10 毫升。

处方 2：党参 10 克，芦根 15 克，生石膏 30 克，茯苓 20 克，黄连 10 克，知母 20 克，玄参 15 克，甘草 10 克。

用法：加水煎服。

说明：无汗者加香薷；神昏者加远志、石菖蒲；狂躁不安者加朱砂、茯苓；四肢抽搐者加钩藤、菊花。

处方 3：鲜香薷草 1 500 克，鲜青蒿 1 000 克，干薄荷 250 克，干藿香 250 克。

用法：将各药洗净切碎，用 40~60℃热水将薄荷、藿香泡胀，放入鲜药加水至 4 000 毫升，蒸馏，取蒸馏液 1 000~1 500 毫升。以注射液标准检验产品质量。然后肌内注射，1 次 / 天，小猪 5~10 毫升 / 次，中猪 10~20 毫升 / 次，大猪 20~30 毫升 / 次，连用 2~3 次。

处方 4：青蒿子 30%，香薷 25%，藿香 25%，佩兰 10%，薄荷 10%。

用法：去除杂质，混匀，用蒸馏法制取注射液。每 1 毫升含生药 5 克，分装于安瓿内，高压灭菌，避光保存备用。肌内注射，30 千克体重以下猪只，20~40 毫升 / 次，30~50 千克体重猪只，50~60 毫升 / 次，50~100 千克体重猪只，70 毫升 / 次。1 次 / 天，连用 2~3 天。

处方 5：仙人掌 150 克，马鞭草 250 克。

用法：将仙人掌 150 克和马鞭草 250 克一同捣烂，加水 500 毫升搅匀，去渣取汁 400 毫升，加白糖 50 克溶化后 1 次灌服，1 次 / 天，连用 2~3 天。

处方 6：桑叶 50 克，荷叶 50 克，薄荷叶 50 克，茅根 50 克，芦根 50 克。

用法：煎汤，分 2 次灌服。

处方 7：生石膏 60 克，知母 50 克，栀子 30 克，滑石 60 克，大黄 20 克，朴硝 60 克，野菊花 30 克。

用法：煎汤灌服。

说明：本方剂量为大猪用量。也可用生石膏 25 克，鲜芦根 70 克，藿香 10 克，佩兰 10 克，青蒿 10 克，薄荷 3 克，鲜荷叶 70 克，水煎灌服；或用鱼腥草 60 克，野菊花 60 克，淡竹叶 60 克，橘子皮 15 克，水煎服；还可用青蒿 60 克，香薷 45 克，生石膏 60 克，知母 45 克，陈皮 45 克，藿香 40 克，佩兰 40 克，杏仁 45 克，滑石 60 克，水煎取汁，供 50~70 千克体重猪只用，加韭菜 200 克、黄瓜 2 000 克，共捣碎如泥挤汁，加鸡蛋清 10 个、白糖 250 克灌服。

十五、猪应激综合征

猪应激综合征是指在应激因子作用下，患猪肌肉变白，质地松软和水分渗出，病猪突然死亡，患猪多现群发性综合性疾病，本病需做好预防，预防应激原作用，本病可引起多种并发症。

（一）诊断要点

1. 病因调查

（1）多因饲养管理中某些不良环境因素的刺激，产生应激反应，机体对内外环境的适应性降低　常见的应激原包括：感染、创伤、中毒、高温、噪声、运输、饥饿、缺氧、重新分群、运输、交配、产仔等，这些应激原刺激机体，导致机体垂体－肾上腺皮质系统引起特异性障碍与非特异性的防御反应，产生应激综合征。

（2）与遗传因素有关　该病最常发生于瘦肉型、肌肉丰满、腿短股圆而身体结实的猪，如皮特兰猪、波中猪、兰德瑞斯某些品系猪，红细胞抗原为 H 系统血型的猪也多为应激易感猪。易感猪较容易受惊，难以管教，常表现肌肉和尾部发抖。

2. 临床症状

根据应激的性质、程度和持续时间，猪应激综合征的表现形式有以下几种。

（1）猝死性（或突毙）应激综合征　多发生于运输、预防注射、配种、产仔等受到强应激原的刺激时，并无任何临诊病征而突然死亡，死后病变不明显。

（2）恶性高热综合征　患猪体温过高，皮肤潮红，有的呈现紫斑，黏膜发绀，全身颤抖，肌肉僵硬，呼吸困难，脉搏过速，过速性心律不齐直至死亡。患猪死后出现尸僵，尸体腐败比正常快；内脏呈现充血，心包积液，肺充血、水肿。该病多发于拥挤和炎热的季节，此时，死亡更为严重。

（3）急性背肌坏死征　多发生于兰德瑞斯猪，在遭受应激之后，急性综合征持续约 2 周时，病猪背肌肿胀和疼痛，棘突拱起或向侧方弯曲，不愿移动位置。当肿胀和疼痛消退后，病肌萎缩，而脊椎棘突出，几个月后，可出现某种程度的再生现象。

（4）白肌肉型（即 PSE 猪肉）　病猪最初表现尾部快速的颤抖，全身强拘而伴有肌肉僵硬，皮肤出现形状不规则苍白区和红斑区，然后转为发绀。呼吸困难，甚至张口呼吸，体温升高，虚脱而死。死后很快尸僵，关节不能屈伸，剖检可见某些肌肉苍白、柔软、水分渗出的特点。死后 45 分钟肌肉温度仍在 40℃，pH 值低于 6，而正常猪肉 pH 值应高于 6。这与死后糖原过度分解和乳酸产生有关，肉 pH 值迅速下降，色素脱失与水的结合力降低所致。此种肉不易保存，烹调加工质量低劣。有的猪肉颜色变得比正常的更加暗红，称为“黑硬干猪肉”（即 DFD 猪肉）。此种情况多见于长途运输并挨饿的猪。

（5）胃溃疡型　猪因应激作用引起胃泌素分泌旺盛，形成自体消化，导致胃黏膜发生糜烂和溃疡。急性病例患猪外表发育良好，易呕吐，胃内容物带血，粪呈煤焦油状。有的胃内大出血，体温下降，黏膜和体表皮肤苍白，突然死亡。慢性病例，食欲不振，体弱，行动迟钝，有时腹痛，弓背伏地，排出暗褐色粪便。若胃壁穿孔，继发腹膜炎死亡。有的猪只在屠宰时才发现胃溃疡。

（6）急性肠炎水肿型　仔猪下痢、猪水肿病等多为大肠杆菌引起，且与应激反应有关。因为在应激过程中，机体防卫机能降低，大肠杆菌即成条件致病因素，导致非特异性炎性病理过程。

（7）慢性应激综合征　由于应激原强度不大，持续或间断反复引起的反应轻微，易被忽视。实际上它们在猪体内已经形成不良的累积效应，致使其生产性能降低，防卫机能减弱，容易继发感染引起各种疾病的发生。其生前的血液生化变化，为血清乳酸升高，pH 值下降，肌酸磷酸激酶活性升高。

3. 诊断鉴别

可根据有应激的病史、临诊表现、氟烷检测结果和剖检所见而作出诊断。

（二）治疗

处方：亚硒酸钠维生素 E 注射液 0.1 毫升 / 千克体重，阿司匹林 1.5 毫克 / 千克体重。

用法：在猪群转群前 9 天和前 2 天按 0.1 毫升 / 千克体重投给亚硒酸钠维生素 E，或转群前 1 天按 1.5 毫克 / 千克体重口服阿司匹林，能有效地预防应激对仔猪抗自由基系统的不良影响和抑制猪体内脂质过氧化反应的加剧。

说明：用于日射病和热射病的预防。

第四章　常见代谢病

一、仔猪低血糖症

仔猪低血糖症又称仔猪憔悴病，是仔猪出生后最初几天内因吮乳不足等多种原因导致体内血糖大幅度降低的一种非传染性营养代谢病。临床上以明显的神经症状为特征，呈现体温降低、不吃奶、迟钝、虚弱、惊厥、昏迷等症状，最后死亡。

（一）诊断要点

① 多发生于 7 日龄以内的仔猪。

② 母猪患病，如子宫炎、乳房炎、发热等引起产后泌乳不足或无乳，致使仔猪出生后吮乳不足；仔猪多、乳头少，体弱的仔猪争不到奶；因患严重的外翻腿（八字腿），不能站起来吃奶；患先天性震颤，嘴含不住奶头而吃不到奶；或患严重腹泻而无力吮乳等是本病发生的直接原因。猪舍潮湿寒冷，仔猪受寒冷刺激血糖消耗过多，是本病的主要发病诱因。

③ 主要呈现神经和心脏的一系列症状。病初步态不稳，平衡失调，四肢绵软无力或头向后仰、发抖、四肢作游泳抽动等阵发性神经症状。严重者体温下降，体表皮肤发凉且感觉迟纯，针刺时无痛感反应。心律不齐、脉搏加快，200 次 / 分钟。病后期患猪全身瘫软，昏迷，脉搏变弱而慢。80 次 / 分钟。若不及时治疗，可于发病后 24 小时内死亡。

④ 血糖显著降低，仔猪为每 100 毫升血液中含有血糖 20~40 毫克（仔猪正常血糖水平每 100 毫升血液中含有 140~170 毫克）。

（二）治疗

处方 1：① 50% 葡萄糖注射液 20 毫升。

用法：一次静脉注射，1 次 / 天。

② 维生素 B_{12} 注射液 2~3 毫升。

用法：一次肌内注射，1 次 / 天。

处方 2：① 10%~25% 葡萄糖 10~20 毫升。

用法：腹腔或静脉注射，每 5~6 小时 1 次，连用 2~3 次。

② 促肾上腺皮质激素 10~15 单位，醋酸可的松 0.1~0.2 克。

用法：二者隔天交替肌内注射，共用 4 次。

说明：促肾上腺皮质激素也可更换用地塞米松磷酸钠 1~3 毫克。

处方 3：神曲 60 克，柴胡 30 克，党参 40 克，生姜 20 克，黄芪 80 克，升麻 30 克，白术 40 克，山楂 60 克，生甘草 20 克，陈皮 30 克，当归 50 克，大枣 20 枚。

用法：所有药物研成细末后充分混合，每次用量为 50 克。同时，每天在病猪饲料中添加 100 克食用红糖。

处方 4：鸡血藤 50 克，食糖 25 克。

用法：鸡血藤加水煎成 50 毫升，加糖混匀，1 次灌服，3 次 / 天。

二、猪骨软症

猪骨软症是成年猪的一种营养代谢病，是由于病猪机体吸收钙磷元素不足或者比例失调造成的骨质疏松症状，幼年猪为佝偻病，可以补充钙磷元素进行治疗。

（一）诊断要点

① 病因调查。骨软症是因为钙磷缺乏或钙磷比例失调，而发生于软骨内骨化作用已经完成的成年动物的一种骨营养不良病。日粮磷含量绝对或相对缺乏是发生骨软病的主要原因；钙磷比例不当也是骨软病的病因之一，当磷不足时，高钙日粮可加重缺磷性软骨病的发生；维生素 D 缺乏可促进骨软病的发生。此外，影响钙磷吸收利用的因素包括年龄、妊娠、哺乳、无机钙源的生物效价（氯化钙、碳酸钙、硫酸钙、氧化钙等）。日粮有机物（蛋白质、脂类）缺乏或过剩，其他矿物质（如锌、铜、钼、铁、镁、氟）缺乏与过剩，常可产生间接影响，在分析病因时，应予注意。

② 当骨骼受力时，容易发生骨折。

③ 病猪跛行或后肢瘫痪，站立困难，常躺卧不动或作匍匐姿势。头骨变形，上颌骨肿胀，硬腭突出，造成口腔闭合困难而影响采食和咀嚼，有的造成鼻道狭窄而呈现拉锯样声音的呼吸困难。病程长者肌肉萎缩，消瘦贫血。异嗜癖，喜啃骨头、嚼瓦砾外，还吃食胎衣。

④ X 线检查见骨密度不均匀，生长板边缘不整，干骺端边缘和深部出现不规则的透亮区。

⑤ 骨软症不同于佝偻病的区别在于佝偻病发生于幼畜，是处在生长阶段的

长骨生长板矿化障碍，而软骨症发生于成年畜，表现为骨干骨质疏松。同时，骨质疏松性骨软症不继发甲状旁腺机能亢进。它与纤维性骨营养不良有着明显的区别。

⑥ 本病诊断要与有跛行表现的风湿病、肢蹄外伤及锌硒缺乏症等加以鉴别。风湿病通常不呈现异食现象，头骨、肋骨及大部分长骨等无反常，跛行表现以四肢强硬为主，运动后表现缓解，使用抗风湿药物能够治好。肢蹄外伤常有外伤史，跛行表现当即呈现，能够找到创伤。缺锌多见于哺乳母猪，通常在产后25~35天发病，呈现缘由不明的跛行；仔猪缺硒也有喜卧、步态强拘表现，重者四肢麻痹，但两者均无骨骼变形表现，骨骼穿刺均呈阴性，缺硒时还可见剖检肌肉色淡发白等差异。

（二）治疗

处方1：维丁胶性钙注射液0.2毫升/千克体重，维生素AD注射液2~4毫升。

用法：一次肌内注射，2次/天，连续注射5~7天。

说明：早期不用药，将牛骨等牲畜骨头放在火中煅烧后，研成细末，调入猪饲料中喂食。服用约25克/天，连服7~8天。也可在饲料中添加适量鱼粉和杂骨汤。

处方2：① 维丁胶性钙注射液0.2毫升/千克体重，亚硒酸钠维生素E注射液0.1毫升/千克体重。

用法：间隔3天，肌内注射1次。

② 钙片1片/2千克体重，骨化醇0.5万单位/8千克体重。

用法：混于饲料中喂服，1次/天。

处方3：3%次磷酸钙溶液100毫升，维生素D_3注射液15毫克。

用法：静脉注射。1次/天，连续注射3~5天。

说明：病猪躺卧不起等严重病例可用，也可用10%葡萄糖酸钙溶液50~100毫升，或用10%氯化钙溶液20~50毫升作静脉注射。

三、佝偻病

佝偻病是生长期的仔猪由于维生素D及钙、磷缺乏或饲料中钙、磷比例失调所致的一种骨营养不良性代谢病，特征是生长骨的钙化作用不足，并伴有持久性软骨肥大与骨骺增大。临诊特征是生长发育迟缓、消化紊乱、异嗜癖、软骨钙化不全、跛行及骨骼变形。

（一）诊断要点

① 维生素 D 缺乏和不足是最主要的原因。仔猪缺乏阳光照射，从而不能生成维生素 D_2 和维生素 D_3。日粮组成中蛋白（或脂肪）性饲料过多，其产物与钙形成不溶性钙盐，大量排出体外而缺钙。

② 先天性佝偻病仔猪，生后衰弱无力，经过数天仍不能自行站立。扶助站立时，腰背弓起，四肢弯曲不能伸直。

③ 后天性佝偻病发生慢，早期呈现食欲减退、消化不良、精神沉郁，然后出现异嗜癖。仔猪腕部弯曲，以腕关节爬行，后肢则以跗关节着地。病期延长则骨骼软化、变形。硬腭肿胀、突出，口腔不能闭合影响采食、咀嚼。行动迟缓，发育停滞，逐渐消瘦。随病情发展，病猪喜卧，不愿站立和走动，强迫站立时，弓背、屈腿、痛苦呻吟。肋骨与肋软骨结合部肿大呈球状，肋骨平直，胸骨突出，长肢骨弯曲，呈弧形或外展呈 X 形。

④ 根据猪发病日龄（佝偻病发生于幼龄猪，软骨症发生于成年猪）、饲养管理条件（日粮中维生素缺乏或不足，钙、磷比例不当，光照和户外活动不足）、病程经过（慢性经过）、生长迟缓、异嗜癖、运动困难以及牙齿和骨骼变化及治疗效果可做出诊断。

⑤ X 线检查，骨骼骨化中心出现延迟，骨化中心与骺线间距加宽，骨骺线模糊不清呈毛刷状、纹理不清，骨干末端凹陷呈杯形，骨质疏松，骨干内有许多分散不齐钙化区。

（二）治疗

处方 1：10% 葡萄糖酸钙注射液 20~50 毫升。

用法：一次静脉注射，1 次 / 天，连用 5~7 天。

处方 2：维丁胶性钙 8~10 毫升。

用法：一次肌内注射或脾俞穴注射，按 0.2 毫升 / 千克体重，1 次 / 天，连用 5~7 天。

处方 3：维生素 AD 注射液 2~4 毫升。

用法：一次肌内注射，1 次 / 天，连用 5~7 天。

处方 4：健骨散（组成：骨粉 70%，小麦麸 18%，淫羊藿 1.5%，五加皮 1.5%，茯苓 2.5%，白芍 2.5%，苍术 1.5%，大黄 2.5%）。

用法：将中药混合研细，加入骨粉混匀，每天取 30~50 克，分 2 次拌料喂服，连喂 1 周。

四、仔猪营养性贫血

仔猪营养性贫血是指5~21日龄的哺乳仔猪缺铁所引起的一种营养性贫血，多发于秋季、冬季和早春时节，对猪的生长发育危害严重。本病在一些地区有群发性。

（一）诊断要点

1. 病因调查

本病的主要原因是铁不足或缺乏，曾经在木板或水泥地面封闭式饲养而又不采取补铁措施。

2. 临床症状

病猪精神沉郁，离群喜卧，食欲减退，营养不良，被毛粗乱，缺乏光泽，多数有腹泻，可视黏膜黄染或苍白，耳壳呈灰白色，可听到贫血性心内杂音，轻微运动就心搏动强盛，喘息不止。有的外观肥胖，可在奔跑中突然死亡。

3. 实验室检查

血液检查可见，色淡稀薄，不易凝固，红细胞数减少到3×10^{12}/升以下，血红蛋白低于40克/升，红细胞着色淡，中央淡染区扩大，红细胞大小不均，以小的居多。

根据病猪贫血的临床症状、发病的年龄、新生仔猪未用补铁剂，还有应用铁剂治疗有效等可确诊。

4. 鉴别诊断

本病应与新生仔猪溶血病、猪附红细胞体病等贫血症区别。新生仔猪溶血病一般在出生后3天内发生，多在吃初乳后不久发病，病程短促，伴有重剧黄疸及血红蛋白尿。猪附红细胞体病具有传染性，各种年龄的猪都可发病，体温升高，黄疸，血液检查可发现虫体。

（二）治疗

处方1：硫酸亚铁75~100毫克。

用法：内服，连用7天。

说明：也可用焦磷酸铁300克/天内服。

处方2：0.05%硫酸亚铁溶液2.5毫升，0.1%硫酸铜溶液2.5毫升。

用法：混合内服，或涂于母猪乳头上。

说明：过量摄入铁对猪有一定的毒性，应严格控制用量。母猪饲料中硫酸亚铁应在0.5%以下，用于注射的铁注射液中铁元素含量应在0.05%以下。

处方3：葡萄糖铁钴注射液2毫升。

用法：仔猪生后 4~10 天，后肢深部肌内注射。重症患猪，隔 2 天选择相等剂量重复注射一次。

五、黄脂病

猪黄脂病俗称“猪黄膘”，是猪体内脂肪组织为蜡样质的黄色颗粒沉着，呈现出黄色，并伴有特殊的鱼腥味或蛹臭味，影响肉质。

（一）诊断要点

① 日粮中不饱和脂肪酸过量，B 族维生素、维生素 E 缺乏以及采食脂肪酸败、氧化、变质的动物性饲料等引起。

② 临床表现为衰弱、萎靡不振，被毛粗乱，黏膜苍白，食欲减退，有的跛行，有的突然死亡。

③ 剖检，体脂呈柠檬黄色，骨骼肌和心肌灰白、质脆，淋巴结肿胀，肝脂肪变性而呈黄褐色，肾灰红、横断面髓质浅绿。

（二）治疗

处方 1：维生素 E 500~700 毫克。

用法：拌在饲料中，喂服，1 次 / 天。

说明：应做好品种的选育工作，即淘汰黄脂病的易发品种，选育抗该病的品种。合理调整日粮，增加维生素 E 供给，减少饲料中不饱和脂肪酸的高油脂成分，将日粮中不饱和脂肪酸甘油酯的饲料限制在 10% 以内，禁喂鱼粉或蚕蛹。

处方 2：小麦芽 100~200 克。

用法：每日分 3 次内服。

处方 3：30% 米糠饲料。

用法：连喂 1 个月。

六、维生素 A 缺乏症

维生素 A 缺乏症是养猪中常见的慢性营养代谢病，任何品种的猪都能够发生该病，其中，仔猪发病率较高，临床以器官黏膜上皮发生损伤、变性，视觉出现障碍，生长发育缓慢等为特征，会严重损害养猪生产的经济效益。

（一）诊断要点

1. 病因调查

（1）原发性维生素 A 缺乏　猪长时间饲喂含有较少胡萝卜素（维生素 A 原）

或维生素 A 的饲料，容易引起该病。猪长时间饲喂腐败变质或者贮存过久的饲料也容易导致该病。饲料加工后由于贮存时间过久或者出现腐败变质，会使其含有的胡萝卜素发生氧化而被破坏，如果猪长时间采食被氧化的胡萝卜素饲料，能够发生维生素 A 缺乏症。猪长时间在潮湿阴暗的圈舍里饲养，同时，阳光照射较少，且运动量较少等，也能够促使维生素 A 缺乏症的发生。

（2）继发性维生素 A 缺乏　一般来说，猪患有慢性消化系统疾病使其更容易继发维生素 A 缺乏症。这是由于猪通过采食饲料获取的胡萝卜素，会在肠上皮组织的作用下生成维生素 A，并主要在肝脏中贮存维生素 A，因此，当猪患有肝脏疾病、消化不良和慢性胃肠炎等慢性消化系统疾病时，就会导致维生素 A 的吸收、转化与贮存机能都发生障碍，从而引起维生素 A 缺乏症的发生。

2. 临床症状

患猪典型症状是皮屑增多，皮肤粗糙，消化道黏膜和呼吸器官出现程度不同的炎症，且生长发育缓慢，并伴有咳嗽、下痢等症状。病情严重的患猪，头颈朝向一侧歪斜，面部麻痹，步态不稳，共济失调，很快倒地，同时，有尖叫声。病猪有时瞬膜外露，目光凝滞，接着出现抽搐，四肢间歇性的呈游泳状，角弓反张；部分病猪体表溢出皮脂，有褐色渗出物从周身表皮分泌出来；甚至有些病猪后期视神经萎缩，患有夜盲症。仔猪突然发病，步履蹒跚，四肢呈游泳姿势或者抽搐，角弓反张，倒地尖叫，部分还会做转圈运动。成年猪患病后表现出兴奋过度，转圈，撞墙，后躯不停摇摆，后期无法站立，针刺反应迟缓或没有反应，神经功能发生紊乱，听觉减退，视力变弱，形成干眼，甚至导致角膜发生软化，严重时形成穿孔。部分妊娠母猪会出现流产、早产和产死胎，或者产出的仔猪体质衰弱、全身性水肿、眼过小或瞎眼，生活力较差，非常容易感染疾病和发生死亡。公猪患病后睾丸会逐渐缩小退化，精液品质降低。

（二）治疗

处方 1：精制鱼肝油 5~10 毫升。

用法：分点皮下注射。

处方 2：维生素 A 注射液 50 万单位。

用法：一次肌内注射，隔日 1 次。

说明：也可用维生素 AD 注射液 2~4 毫升，隔日肌内注射。

处方 3：党参 25 克，熟地 25 克，焦白术 25 克，甘草 25 克。

用法：加水煎熬，一次灌服。

处方 4：胡萝卜 150 克，韭菜 120 克。

用法：一次混入饲料中喂服，1 次 / 天。

处方 5：苍术粉 5~10 克。

用法：仔猪一次内服，2 次 / 天，连用数天。

七、维生素 B 缺乏症

B 族维生素是一组水溶性维生素，包括维生素 B_1（硫胺素）、维生素 B_2（核黄素）、维生素 B_3（泛酸）、维生素 B_4（胆碱）、维生素 B_5（烟酸、烟酰胺）、维生素 B_6（吡哆醇）、维生素 B_7（生物素）、维生素 B_{11}（叶酸）、维生素 B_{12}（钴胺素）等。猪长时间摄入 B 族维生素不足时，可导致缺乏。

维生素 B 在青绿饲料、酵母、麸皮、米糠及发芽的种子中含量最高，只有玉米缺乏烟酸，但有些饲料中缺乏一种或几种维生素，如玉米中维生素 B_1、维生素 B_2、泛酸、烟酸、胆碱等 B 族维生素含量极低，如果饲料单一，长时间饲喂可造成维生素 B 的不足或缺乏。动物患慢性胃肠病，长期腹泻或患有高热等消耗性疾病，B 族维生素吸收减少，消耗增加；长期、大量应用抗生素等能抑制维生素 B 合成的药物；妊娠、哺乳期母畜，仔猪代谢旺盛，维生素 B 需求增加；仔猪由于初乳、母乳中维生素 B 含量不足或缺乏等均可造成维生素 B 缺乏症。临床可见的 B 族维生素缺乏症主要如下。

（一）维生素 B_1 缺乏症

1. 诊断要点

（1）病因调查　饲料中硫胺素含量不足。动物体不能贮存硫胺素，只能从饲料中摄取。当动物长期缺乏青绿饲料而谷类饲料又不足时，如母猪泌乳、妊娠、仔猪生长发育、慢性消耗性疾病及发热过程，出现相对性供应不足或缺乏。继发性是由于饮料中存在干扰硫胺素作用的物质、患慢性腹泻，以及大量使用抗生素破坏正常微生物区系等。

（2）临床症状　病猪食欲减退，严重时可呕吐、腹泻，生长发育缓慢，尿少色黄，病猪喜卧少动，跛行，甚至四肢麻痹，严重者目光斜视，转圈，阵发性痉挛，后期腹泻。仔猪表现腹泻、呕吐、生长停滞、心动过速、呼吸迫促，突然死亡。

根据病史和患猪消化不良、食欲不振、麻痹、痉挛、运动障碍等神经症状，以及硫胺素治疗效果显著，可以作出诊断。

2. 治疗

处方 1：硫胺素 0.25~0.5 毫克 / 千克体重。

用法：严重缺乏病猪，肌内注射或静脉注射，1 次 / 天，连用 3 天。

处方 2：维生素 B_1 注射液 100 毫克。

用法：一次肌内注射，连用 5 天。

处方 3：复方当归注射液 5 毫升。

用法：一次肌内注射，连用 5 天。

（二）维生素 B_2 缺乏症

维生素 B_2 又叫核黄素，维生素 B_2 缺乏是由于饲料中核黄素不足所引起的一种营养缺乏症。临床上以发育不良、角膜炎、皮炎和皮肤溃疡为特征。

1. 诊断要点

（1）病因调查　自然条件下，维生素 B_2 缺乏不常见，但当饲料中缺乏青绿植物或因胃肠、肝脏、胰脏发生疾病时，使维生素 B_2 消化吸收障碍；长期大量使用抗生素或其他抑菌药物，致使体内微生物区系破坏；妊娠或哺乳母猪及处于生长发育阶段的仔猪，因其需求量增加，可引起维生素 B_2 相对缺乏。

（2）临床症状　病猪厌食，生长缓慢，经常腹泻，被毛粗乱无光，并有大量脂性渗出，惊厥，眼周围有分泌物，运动失调，昏迷，死亡。鬃毛脱落，由于跛行，不愿行走，眼结膜损伤，眼睑肿胀，卡他性炎症，甚至晶体混浊、失明。怀孕母猪缺乏维生素 B_2，仔猪出生后不久死亡。

2. 治疗

处方 1：维生素 B_2 30 毫克。

用法：肌内注射。1 次 / 天，连用 5 天。

说明：严重病例，按仔猪 5~6 毫克 / 头、成年猪 50~70 毫克 / 头在饲料中添加维生素 B_2，连用 8~15 天。也可用复合维生素 B 注射液 2~8 毫升肌内注射，1 次 / 天，连续注射 3~5 天。

处方 2：核黄素片 1~8 片（仔猪 1 片）。

用法：口服。2 次 / 天，连喂 3~5 次。

处方 3：饲用酵母。

用法：添加在饲料中喂服。仔猪 10~20 克 / 头，成年猪 30~60 克 / 头，2 次/ 天，连用 7~15 天。

（三）维生素 B_3 缺乏症

1. 诊断要点

（1）病因调查　饲料中维生素 B_3 供给不足或缺乏，引起猪维生素 B_3 缺乏症；维生素 B_3 对酸、碱和热均不稳定，在饲料加工调制过程中容易被破坏，进而引发维生素 B_3 缺乏症。

（2）临床症状　猪泛酸缺乏症病例的典型特点是后腿踏步动作或成正步走，

高抬腿，鹅步，并常伴有眼、鼻周围痂状皮炎，斑块状秃毛，毛色素减退呈灰色，严重者可发生皮肤溃疡、神经变性，并发生惊厥。渗出性鼻黏膜炎发展到支气管肺炎，肝脂肪变性，腹泻，有时肠道有溃疡、结肠炎，并伴有神经鞘变性。肾上腺有出血性坏死，并伴有虚脱或脱水，低色素性贫血，可能与琥珀酰辅酶 A 合成受阻，不能合成血红素有关。有时会出现胎儿吸收、畸形、不育。

2. 治疗

处方 1：泛酸钙。

用法：500 毫克 / 千克体重，或 10~12 克 / 千克饲料添加在饲料中喂服。

处方 2：维生素 B_3。

用法：在饲料中按 11~13.2 克 / 千克饲料添加，用于处在生长发育阶段的猪；在饲料中按 3.2~16.5 克 / 千克饲料添加，用于繁殖泌乳阶段的猪。

（四）维生素 B_4 缺乏症

1. 诊断要点

（1）病因调查　饲料中胆碱含量不足而引起发病；饲料中烟酸过多，可导致胆碱缺乏；锰参与胆碱运送脂肪的过程，因此，日粮中锰缺乏可导致胆碱缺乏。

（2）临床症状　病猪精神不振，食欲减退，生长发育缓慢，机体衰竭无力，关节肿胀，共济失调，皮肤黏膜苍白，消化不良。仔猪表现生长发育不良，被毛粗乱，关节不能屈曲，运动不协调，有的病猪腿呈“八”字形。

2. 治疗

处方：氯化胆碱。

用法：按 1.5 千克 / 吨饲料的比例称取氯化胆碱，拌入饲料中喂服。

说明：用药治疗的同时，要供给胆碱丰富的全价饲料，并供给含蛋氨酸和丝氨酸丰富的饲料。

（五）维生素 B_5 缺乏症

1. 诊断要点

（1）病因调查　单纯以玉米为日粮时，可引起猪烟酸缺乏症；饲料中丝氨酸含量低和蛋白质供给不足，可促使本病发生；长期服用抗生素，破坏了胃肠微生物区系的繁殖，进而引起烟酸缺乏症的发生。

（2）临床症状　猪食欲下降，严重腹泻；皮屑增多性发炎，呈污秽黄色；后肢瘫痪；胃、十二指肠出血，大肠溃疡，与沙门氏菌性肠炎类似；回肠、结肠局部坏死，黏膜变性。用抗烟酰胺药产生的烟酸缺乏症还出现平衡失调，四肢麻痹，脊髓的脊突，腰段腹角扩大，灰质损伤，软化，尤其是灰质间呈明显损伤。

2. 治疗

处方 1：烟酸。

用法：按 10~20 克 / 千克饲料称取烟酸，均匀拌入饲料中喂服。

说明：猪日粮中要添加烟酸，特别是以玉米为主要日粮时更应添加足够的烟酸。生长期的猪对烟酸的需要量为 0.6~1 毫克 / 千克体重，成年猪为 0.1~0.4 毫克 / 千克体重。

处方 2：烟酰胺 200 毫克，复合维生素 B 4 毫升。

用法：混合肌内注射，1 次 / 天，连用 5 天。

处方 3：烟酸 0.5 克，维生素 A 25 万单位，维生素 B_5 100 毫克。

用法：混饲，1 次 / 天，连用 10 天。

（六）维生素 B_{11} 缺乏症

1. 诊断要点

（1）病因调查　长期缺乏青绿饲料，又未补充骨粉、鱼粉等动物性饲料，导致猪叶酸缺乏；长期大量使用抗菌药物，使体内微生物区系紊乱，导致叶酸缺乏；长期胃肠消化机能障碍，叶酸吸收不足，导致叶酸缺乏。

（2）临床症状　病猪食欲不振，消化不良，腹泻，生长发育受阻，皮肤粗糙，种用母猪繁殖及泌乳功能紊乱，巨幼红细胞性贫血，白细胞和血小板减少。

2. 治疗

处方：叶酸。

用法：对于已经出现叶酸缺乏症状的病猪，肌内注射叶酸制剂，0.1~0.2 毫克 / 千克体重，1 次 / 月。

说明：调整日粮组成，供给足量的叶酸。在肌内注射叶酸制剂的同时，给予适量的维生素 B_{12}，则效果更佳。

（七）维生素 B_{12} 缺乏症

1. 诊断要点

（1）病因调查　饲料中缺乏维生素 B_{12}；长期大量使用抗菌药物，引起消化道微生物区系紊乱，影响维生素 B_{12} 合成；钴和蛋氨酸不足时，可产生维生素 B_{12} 缺乏；胃溃疡或胰腺疾病时，影响维生素 B_{12} 吸收；肝脏损伤时影响维生素 B_{12} 正常代谢，也可引起维生素 B_{12} 缺乏。

（2）临床症状　患猪厌食，生长停滞，神经性障碍，应激增加，运动失调，后腿软弱，皮肤粗糙，背部有湿疹样皮炎，偶有局部皮炎，胸腺、脾脏以及肾上腺萎缩，肝脏和舌头常呈现肉芽瘤组织的增殖和肿大，开始发生典型的小红细胞性贫血（幼猪中偶有腹泻和呕吐），成年猪繁殖机能紊乱，易发生流产、死胎，胎儿发育不全、畸形，产仔数减少，仔猪活力减弱，生后不久死亡。

2. 治疗

处方：维生素 B_{12} 注射液 0.3~0.4 克 / 头。

用法：肌内注射。2 次 / 天，连续 6 天。

说明：配合铁钴注射液效果更佳。猪对维生素 B_{12} 需要量为 20~40 毫克 / 天，治疗量为 300~400 毫克 / 天。

八、硒与维生素 E 缺乏症

（一）诊断要点

1. 病因调查

该病的发生主要是由于饲料中缺乏微量元素硒和维生素 E。我国很多地区的土壤中都不同程度地缺乏微量元素硒，因此，这些地区的农作物中含硒量偏少。维生素 E 主要存在于青饲料中。如果仔猪在饲养过程中很少采食青饲料，则很容易导致仔猪缺乏硒和维生素 E，从而引起该病的发生。另外，饲养管理不当、惊吓、长途运输、突然改变饲料和断奶过早等不良应激因素的刺激，也能促使该病的发生。

2. 发病情况

该病常呈地方性流行，多发生在缺硒地带。非缺硒地区如果饲喂用缺硒地区所产原料配制的饲料，也能够导致该病的发生。该病多发生于日龄较小的仔猪，这与幼龄阶段猪生长发育和代谢旺盛，对营养物质需求量相对较多，对硒和维生素 E 缺乏敏感有关。

3. 临床症状

仔猪精神不振，喜卧，行走时步态强拘，站立困难，常呈前腿跪下或犬坐姿势，病程继续发展，则四肢麻痹。脉搏、呼吸快而弱，心律不齐，肺部常出现湿啰音。下痢，尿中出现各种管型，血红蛋白尿，尿胆素增高。

（1）白肌病　白肌病是以骨骼肌、心肌纤维以及肝组织等发生变性、坏死为主要特征的疾病。病变部位肌肉色淡、苍白，运动障碍和循环衰弱，有时成年家畜也患病，且多发生于冬春气候骤变、青绿饲料缺乏时，其发病率和死亡率较高。急性病例突然呼吸困难、心脏衰竭而死亡。病程稍长者，精神不佳，食欲减退，脉搏加快，心律不齐，运动无力。严重时，起立困难，前肢跪下，或腰背弓起，或四肢叉开，肢体弯曲，肌肉震颤。肩部、背腰部肌肉肿胀，偶见采食、咀嚼障碍和呼吸障碍。仔猪常因不能站立吃不到母乳而饿死。

（2）仔猪营养性肝坏死和桑葚心　营养性肝坏死和桑葚心是猪的硒和维生素 E 缺乏症最为常见的病型之一。据报道，在喂饲高能量日粮（玉米、黄豆、大麦等）的条件下，由于维生素 E 和硒含量皆低，致使生长迅速、发育良好的肥育猪最易发生本病，且多与肌营养不良症（白肌病）相伴发。

① 营养性肝坏死。本病又称仔猪肝营养不良，主要发生于 3 周龄至 4 月龄，尤其是断奶前后的仔猪，大多于断奶后死亡。急性病例多为体况良好、生长迅速的仔猪，预先没有任何症状，突然发病死亡。存活仔猪常伴有严重呼吸困难、黏膜发绀、躺卧不起等症状，强迫走动可能引起立即死亡。约 25% 的猪有消化道症状，如食欲不振、呕吐、腹泻、粪便带血等。病猪可视黏膜发绀，后肢衰弱，臀及腹部皮下水肿，病程长者可出现黄疸、发育不良症状。同窝仔猪于几周内死亡数头，群死亡率在 10% 以上，冬末春初发病率高。

② 桑葚心。本病多发于仔猪和快速生长的猪（体重 60~90 千克），营养状况良好，饲喂饲料，但维生素 E 含量较低。病猪常在没有任何前驱征兆下突然死亡，幸存猪出现严重的呼吸困难、可视黏膜发绀、躺卧，强迫行走时可能突然死亡。亚临床型常有消化紊乱，在气候骤变、长途运输等应激下可转为急性，几分钟内突然抽搐，大声嚎叫而死亡。皮肤有不规则的紫红斑点，多在两腿内侧，一些点甚至遍及全身。

4. 病理变化

（1）营养性肝坏死　剖检可见，营养不良，皮肤色浅或苍白，皮下和皮肌的肌间组织水肿。骨骼肌，特别是后臀肌和腰、背部肌肉变性、色淡，有灰白色或灰黄色条纹状变性、坏死。

（2）桑葚心病型　心包积液，心脏扩张，体积增大，心肌弛缓、色淡，有灰白色或灰黄色条纹状变性和坏死，心内、外膜出血。

（3）营养性肝坏死　急性型肝脏肿大，质脆易碎。肝表面出现大面积变性、出血和坏死。肝表面颜色不一，通常呈槟榔肝或“花肝”。慢性型肝表面凸凹不平，出现肝硬化，肝表面有大小不一的球状结节。

（二）治疗

处方：0.1% 亚硒酸钠注射液 1~10 毫升，维生素 E 注射液 100~200 毫克。

用法：一般病例单独使用即可。重症病猪可混合肌内注射，0.1% 亚硒酸钠注射液，仔猪 1~2 毫升，中猪 5 毫升，大猪 8~10 毫升；同时应用维生素 E 注射液，100~200 毫克 / 头。

要注意妊娠母猪的饲料搭配，保证饲料中微量元素硒和维生素 E 等添加剂的合理含量，有条件的地方可饲喂一些富含维生素 E 的饲料。在泌乳母猪饲料中加入一定量的亚硒酸钠（10 毫克 / 次），可有效预防哺乳仔猪发病。缺硒地区的仔猪在出生后第 2 天可肌内注射 0.1% 亚硒酸钠注射液，有一定的预防作用。

九、碘缺乏症

猪碘缺乏症又称为猪甲状腺肿，是碘绝对或相对不足而引起的以甲状腺机能减退和以甲状腺肿大为病理特征的慢性营养缺乏症。由于猪摄入碘不足可直接诱发原发性碘缺乏；而某些化学物质或致甲状腺肿物质可影响碘的吸收，干扰碘与酪蛋白结合，从而诱发继发性碘缺乏症，如芜菁、甘蓝、油菜、油菜籽饼、亚麻籽饼等含有阻止或降低甲状腺聚碘作用的硫氰酸盐、硝酸盐。植物中致甲状腺肿素、硫脲及硫脲嘧啶也可干扰酪氨酸碘化过程，引起动物发病。

（一）诊断要点

1. 临床症状

病猪表现为甲状腺明显肿大，生长发育缓慢，被毛生长不良，消瘦贫血。繁殖能力下降，母猪发生胎儿吸收、流产、死产或所产仔猪衰弱、无毛；部分新生仔猪水肿，皮肤增厚，颈部粗大，存活仔猪嗜睡，生长发育缓慢，死后剖检可见甲状腺异常肿大。临诊病理学检查，血清蛋白结合碘、尿碘及甲状腺碘含量普遍降低。

2. 鉴别诊断

根据饲料缺碘的病史，甲状腺肿大、生长发育迟缓、繁殖性能减退、被毛生长不良可做出诊断。必要时进行实验室检查，测定饲料、饮水或食盐的含碘量，测定血清蛋白结合碘含量，测定尿碘量等。

（二）治疗

处方 1：碘化钠 0.5~1 克。

用法：内服，大猪用。1 次 / 天，连用 10 天。

处方 2：碘化钾 0.5~1 克。

用法：内服，大猪用。1 次 / 天，连用 10 天。

处方 3：3% 碘酒 10 毫升。

用法：每周皮肤涂擦一次。大母猪用。

处方 4：碘酒 10 滴。

用法：内服，1 次 / 天，20 天为一疗程。

处方 5：0.1%~0.3% 高锰酸钾。

用法：饮水。

处方 6：海带 250~500 克。

用法：煮熟后带渣内服。

处方 7：0.25% 碘化钾 10 毫升。

用法：内服，1 次 / 天，连用 5 天。

说明：在应用以上处方的同时，减少饲喂致甲状腺肿的植物饲料；妊娠母猪 60 日龄时，每月在饲料或饮水中加入碘化钾 0.5~1 克，或每周在颈部皮肤上涂抹 3% 碘酊 10 毫升，可起到预防的作用。

十、锰缺乏症

猪锰缺乏症是饲料中锰含量绝对或相对不足所引起的一种营养缺乏病，临床上以骨骼畸形、繁殖机能障碍及新生仔猪运动失调为特征。因为该病常表现为四肢骨短粗，故又称“骨短粗症”。多呈地方性流行，发病率比其他微量元素缺乏症较低。

（一）诊断要点

1. 病因调查

原发性锰缺乏症是因为饲料中锰含量不足引起，我国缺乏锰土壤多分布于北方地区。在缺锰地区，植物性饲料中锰含量较低，从而使该病的发病率较高。以玉米、大麦和大豆作为基础日粮时，因锰含量低也可引起锰缺乏。

继发性锰缺乏，饲料中钙、磷、铁、钴及植酸盐含量过高，可影响机体对锰的吸收利用，这是因为锰与铁、钴在肠道内有共同的吸收部位，饲料中铁和钴含量过高可引起竞争性抑制锰的吸收。

2. 临床症状

患猪生长发育受阻，消瘦；繁殖机能障碍，母猪乳腺发育不良，发情期延长，不易受胎，出现流产、死胎、弱胎；新生仔猪运动失调，仔猪弱小，呻吟，震颤，共济失调，生长缓慢；骨骼畸形，管状骨变短，步态强拘或跛行。

3. 实验室检查

血液检查表明，锰含量较低。

（二）治疗

处方：硫酸锰 20 克。

用法：加入 100 千克饲料内服。

说明：也可用 1∶3 000 高锰酸钾溶液自由饮水。一般情况下，运动对锰的需要量为每天10毫克/千克体重。在内服硫酸锰的同时，改善饲养管理，合理调配日粮，给予富含锰的饲料，饲喂青绿饲料、块根饲料和小麦、糠麸。减少影响锰吸收的不利因素。

十一、锌缺乏症

猪锌缺乏症也称猪角化不全症，是由于日粮中锌绝对或相对缺乏而引起的一种营养代谢病，以食欲不振、生长迟缓、脱毛、皮肤痂皮增生、皲裂为特征。本病在养猪业中危害甚大。

（一）诊断要点

1. 病因调查

原发性缺锌主要原因是饲料中缺锌，我国约30%的地区属缺锌区，土壤、水中缺锌，造成植物饲料中锌的含量不足，或者是有效态锌含量少于正常。

继发性缺锌是因为饲料存在干扰锌吸收利用的因素，已发现如钙、碘、铜、铁、锰、钼等，均可干扰饲料锌的吸收和利用。高钙日粮，尤其是钙，通过吸收竞争而干扰锌的利用，诱发缺锌症。饲料中植酸、氨基酸、纤维素、糖的复合物、维生素D过多，不饱和脂肪酸缺乏，以及猪患有慢性消耗性疾病时，均可影响锌的吸收而造成锌的缺乏。

2. 临床症状

患病不严重时体温和食欲均正常，重症时病猪出现食欲不振，有不同程度的厌食。因采食量下降导致生长缓慢，饲料利用率降低，生长发育迟缓。轻度缺锌表现为皮肤干燥而粗糙，缺乏弹性，角化不全，被毛粗乱而焦黄，随后被毛脱落。严重缺锌时耳朵、颈部、前后肢下部、尾部和肷部有明显的结痂和皲裂，多为对称性，患猪最后因长时间进行性消瘦而死亡。出现繁殖机能障碍，母猪分娩时间延长，死胎率增加，出生仔猪体重降低，骨骼发育异常。

3. 诊断鉴别

应注意本病与疥螨病、渗出性皮炎及湿疹的区别。

（1）疥螨病　病原体为疥螨虫。此病伴有明显的瘙痒和摩擦症状，皮肤刮取物镜检，可发现疥螨虫。采用杀虫剂治疗，可以恢复。

（2）渗出性皮炎　病原体为细菌。主要发生于未断奶仔猪，皮肤病变，呈水肿、水泡、渗出液、皮垢、黑色痂皮症状。病变具有滑腻性质，完全不同于锌缺乏症的干燥易裂，且死亡率高。

（3）湿疹　为猪的变态反应，表现为瘙痒，有红点和水泡形成。

确诊可补锌做治疗性试验，测定饲料、血清和组织锌含量。

（二）治疗

处方 1：① 硫酸锌 0.5~1 克。

用法：一次拌料内服，1 次 / 天，连用 3~5 天。

② 氧化锌软膏。

用法：外涂皮肤开裂处。

说明：在饲料中加入 0.1% 碳酸锌有预防本病的作用。当仔猪发病时，可在母猪的日粮中添加 0.5~1 克硫酸锌。适当限制钙的含量以利于锌的吸收。

处方 2：蒲公英 30 克，车前子 30 克，黄连 120 克，酸枣仁 240 克，小蓟 200 克，侧柏子 200 克。

用法：加水煎熬，浓缩到 30 千克，可供给 60 头份猪自由饮用，药渣捣碎加入饲料中让猪自由采食。1 剂 / 天，连用 4 天。

处方 3：陈皮 50 克，砂仁 15 克，茯苓 80 克，山药 80 克，白扁豆 80 克，白术 80 克，莲子 80 克，薏苡仁 80 克，桔梗 30 克，大枣 80 克。

用法：水煎，药液与少量稀粥混合喂服，可供 8 头份仔猪 1 天食用，连服 3 天。治疗期间，不服其他补锌药品。

处方 4：甜菜 1 500 克，蒲公英 150 克，硫酸锌 0.3 克，小蓟 100 克，车前子 100 克。

用法：切碎拌入饲料中饲喂，可供给 1 头份猪 1 天食用，7 天为一疗程，一般 1~3 个疗程治愈。

第五章　常见中毒病

一、硝酸盐和亚硝酸盐中毒

硝酸盐中毒是猪采食大量含硝酸盐和亚硝酸盐的饲料后引起的一种急性、亚急性中毒性疾病。猪常于饱食后15分钟到数小时内发病，故又称“饱潲病”“饱食瘟”。临床上以可视黏膜发绀、血液呈酱油色和呼吸困难等缺氧症状为主要特征。

（一）诊断要点

1. 病因调查

油菜、白菜、甜菜、野菜、萝卜、马铃薯等青绿饲料或块根饲料富含硝酸盐，尤其是重施氮肥和农药时，其含量更高；土壤被硝酸盐类工业废物污染及土壤中缺乏钼、硫、磷、锰和镁等元素时，或遭遇干旱、病虫害和光照不足时，植物中硝酸盐含量增加；青绿多汁饲料经日晒雨淋或堆积而腐烂时，或用温水浸泡、小火焖煮而未及时搅拌时，常导致硝酸盐还原菌活跃，使饲料中产生大量亚硝酸盐而使猪中毒；当猪饮用了深井水、垃圾和厕所附近的地面水及氮肥施用过多的农田水时，因亚硝酸盐含量高，以致中毒。

2. 临床症状

急性中毒的猪常在采食后10~15分钟发病，慢性中毒时可在数小时内发病。一般体格健壮、食欲旺盛的猪因采食量大而发病严重。病猪呼吸严重困难，多尿，可视黏膜发绀，刺破耳尖、尾尖等，流出少量酱油色血液，体温正常或偏低，全身末梢部位发凉。因刺激胃肠道而出现胃肠炎症状，如流涎、呕吐、腹泻等。共济失调，痉挛，挣扎鸣叫，或盲目运动，脉搏微弱。临死前角弓反张，抽搐，倒地而死。

3. 病理变化

中毒猪尸体腹部多膨满，口鼻青紫，可视黏膜发绀。口鼻流出白色泡沫或淡红色液体，血液呈酱油状，凝固不良。肺膨大，气管和支气管、心外膜和心肌有充血和出血，胃肠黏膜充血、出血及脱落，肠淋巴结肿胀，肝呈暗红色。

依据发病急、群体性发病的病史、饲料储存状况、临诊见黏膜发绀及呼吸困

难、剖检时血液呈酱油色等特征，可以做出诊断。

4. 实验室诊断

可根据特效解毒药美蓝进行治疗性诊断，也可进行亚硝酸盐检验、变性血红蛋白检查。

（1）亚硝酸盐检验　取胃肠内容物或残余饲料的液汁 1 滴，滴在滤纸上，加 10% 联苯胺液 1~2 滴，再加 10% 的醋酸 1~2 滴，滤纸变为棕色，则为亚硝酸盐阳性反应。也可将胃肠内容物或残余饲料的液汁 1 滴，加 10% 高锰酸钾溶液 1~2 滴，充分摇动，如有亚硝酸盐，则高锰酸钾变为无色，否则不褪色。

（2）变性血红蛋白检验　取血液少许于试管内振荡，振荡后血液不变色，即为变性血红蛋白。为进一步验证，可滴入 1% 氰化钾 1~3 滴，血色即转为鲜红。

（二）治疗

处方 1：① 1% 美蓝（亚甲蓝）溶液。

用法：一次静脉注射。按 1 毫升 / 千克体重用药。

说明：也可用疗效更快更好的 5% 甲苯胺蓝溶液，剂量：5 毫克 / 千克体重，静脉注射，也可肌内注射和腹腔注射。中毒严重的猪，尽快用剪刀剪耳尖、尾尖放血进行抢救，放血量为 1 毫升 / 千克体重。放血后尽快使用药物进行治疗。

注意：美蓝是一种氧化还原剂，在低浓度小剂量时是亚硝酸盐的特效解毒药，在高浓度大剂量使用时，使氧合血红蛋白变性为血红蛋白，反而会使病情进一步恶化，因而应严格按照说明剂量使用。

② 10% 维生素 C 注射液 10~20 毫升，10% 葡萄糖注射液 300 毫升 / 头。

用法：静脉注射。

说明：如出现呼吸困难，心脏衰弱症状，可肌内注射 10% 安钠咖注射液 5~10 毫升或 0.1% 盐酸肾上腺素溶液 0.2~0.6 毫升。

处方 2：① 纯蓝墨水 5~20 毫升。

用法：对患猪作分点肌内注射，也可在颈部皮下或腹腔 1 次注射，注射量为大猪 20 毫升 / 头，架子猪 10 毫升 / 头，仔猪 5 毫升 / 头。

说明：在没有美蓝、甲苯胺蓝时，可就地取材使用蓝墨水。

② 10% 维生素 C 10~20 毫升，10%~25% 的葡萄糖注射液 300~500 毫升。

用法：静脉注射。

处方 3：绿豆 200 克，小苏打 100 克，食盐 60 克，木炭末 100 克。

用法：共研细末，加水调匀，一次灌服。1 剂 / 天，连用 2 天。

处方 4：绿豆 250 克，甘草 100 克。

用法：共研细末，开水冲调，候温加菜油 200 毫升，一次灌服。

处方 5：十滴水 5~15 毫升。

用法：先给病猪断尾或尾尖针刺放血，然后按小猪 5~15 毫升、中大猪 15 毫升灌服。

处方 6：0.05%~0.1% 的高锰酸钾溶液 500~1 000 毫升 / 头。

用法：灌服。

说明：高锰酸钾可破坏胃内尚未吸收的亚硝酸盐。

二、氢氰酸中毒

氢氰酸中毒是猪采食了富含氰甙配糖体的植物如高粱幼苗、亚麻籽、杏叶等后，在体内经过酶和胃内盐酸的作用而产生游离氢氰酸，引发中毒。临诊体征主要是发病突然、呼吸困难、震颤、惊厥综合征的组织中毒性缺氧症。

（一）诊断要点

1. 病因调查

有采食富含氰甙植物的喂料史。富含氰甙的植物包括高粱及玉米的新鲜幼苗，尤其是再生苗含氰甙更高，木薯、海南刀豆、狗爪豆、亚麻叶、亚麻子饼、马铃薯幼芽，蔷薇科植物如桃、李、梅、杏、枇杷、樱桃叶和种子等。

2. 临床症状

一般于采食含氰甙的饲料后 15~20 分钟突然发病。发病之初呈现兴奋而后抑制，流涎，可视黏膜鲜红，表现腹痛、轻度下痢及痉挛。呼吸困难，呼出气体有苦杏仁味，全身极度衰弱无力，肌肉强直性痉挛，脉搏细弱，呼吸浅表，行走不稳，体温下降，排尿次数增多。后期瞳孔散大，反射减少或消失，最后抽搐而死。

3. 病理变化

部检可见体腔有浆液性渗出液。胃肠道黏膜和浆膜有出血。实质器官变性。肺水肿，气管和支气管内有大量泡沫状、不易凝固的红色液体。胃内容物有苦杏仁味。

4. 诊断鉴别

根据临诊症状、病史、剖检血液鲜红且凝固不良、胃内容物有苦杏仁味，可做出初步诊断。确诊则需要做毒物分析。根据血液呈鲜红色可与亚硝酸盐中毒（血液呈酱油色）相区别。

（二）治疗

处方 1：① 亚硝酸钠 0.1~0.2 克，注射用水 5 毫升。

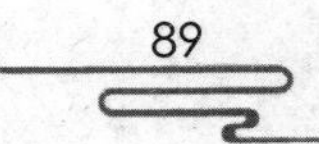

用法：一次静脉注射。

②硫代硫酸钠 1~3 克，注射用水 10~20 毫升。

用法：一次静脉注射。

说明：先静脉注射亚硝酸钠，随后静脉注射硫代硫酸钠。也可用亚硝酸钠 1 克、硫代硫酸钠 2.5 克、蒸馏水 50 毫升，混合静脉注射。呼吸急促时，可用尼可刹米，对心衰者可注射 0.1% 盐酸肾上腺素溶液 0.2~0.6 毫升。

处方 2：绿豆 50 克，蔗糖 30 克，鲜鸡蛋 3 枚。

用法：绿豆水煎后加蔗糖、鸡蛋，混合一次投服。

三、酒糟中毒

酒糟中毒是由于酒糟贮存方法不当或放置过久，可发生腐败霉烂，产生大量有机酸（醋酸、乳酸、酪酸）、杂醇油（正丙醇、异丁醇、异戊醇）及酒精等有毒物质，易引起猪中毒。

（一）诊断要点

① 突然给猪饲喂大量的酒糟，或酒糟保管不当被猪大量偷吃，或长期单一饲喂酒糟而缺乏其他饲料的适当搭配，或饲喂严重霉败变质酒糟的喂料史。

② 患猪发病初期，表现精神沉郁，食欲减退，粪便干燥，以后发生下痢，体温升高。严重时出现腹痛症状，呼吸促迫，脉搏疾速。外表常有皮疹，卧地不起。

③ 剖解后，常见胃肠黏膜充血和出血，直肠出血、水肿；肠系膜淋巴结充血；肺充血和水肿；肝、肾肿胀，质地变脆；心脏有出血斑。

（二）治疗

处方：① 1% 碳酸氢钠液 1 000~2 000 毫升。

用法：内服或灌肠。

② 硫酸钠 30 克，植物油 150 毫升。

用法：加适量水混合后内服。

③ 5% 葡萄糖生理盐水 200 毫升，10% 氯化钙液 20~40 毫升。

用法：静脉注射。

说明：中毒猪应立即停喂酒糟。对轻微中毒病猪只用①②即可，重症病例同时使用③，并注意维护心、肺功能。可肌内注射 10%~20% 安钠咖 5~10 毫升。发生皮疹或皮炎的猪，用 2% 明矾水或 1% 高锰酸钾液冲洗，剧痒时可用 5% 石灰水冲洗，或以 3% 石炭酸酒精涂擦。

四、棉籽饼中毒

棉籽饼是富含蛋白质的饲料，但也含有毒物质棉酚，猪对棉酚最敏感，长期大量饲喂未经去毒处理的棉籽、棉籽饼，可引起中毒。

（一）诊断要点

1. 病因调查

有大量、长期饲喂未经去毒处理的棉籽、棉籽饼的喂料史。

2. 临床症状

病猪粪尿带血，失明，尿少，密度增大。

病程一般 3~15 天，发病较缓慢。轻者仅见食欲减少，下痢。重者食欲明显废绝，精神不振，被毛粗乱，弓腰，失明，喜卧阴凉处。口渴，大便秘结，后肢无力，严重者卧地不起。肌肉痉挛，咬牙，气喘，腹式呼吸。粪便干结带血。母猪常流产，仔猪可因脱水而死。体温一般正常。

剖检可见，胃肠黏膜出血性炎症；肝肿大、瘀血，实质脆弱；肾肿大，被膜点状出血；心脏扩张，心内外膜散布点状出血；肺脏瘀血、出血和水肿；气管、支气管充满泡沫状液体；胸、腹腔有大量淡红色的透明渗出液。

3. 实验室检查

血液嗜中性粒细胞显著增多，单核细胞和淋巴细胞减少。

（二）治疗

处方 1：① 0.03% 高锰酸钾溶液。

用法：反复洗胃。

说明：发现本病应立即停喂，改换饲料。也可用 5% 碳酸氢钠溶液或 3% 过氧化氢（加 10~20 倍水稀释）反复洗胃。出现肺水肿时，应静脉注射甘露醇或山梨醇。

棉籽饼要限量喂猪，母猪日粮中不能超过 5%，且每喂 2~3 周后停喂 2 周；饲料中要适当供给钙、蛋白质、铁、维生素 A 等。对棉籽饼应作减毒处理，如将棉籽饼煮沸 1 小时，或用 1% 氢氧化钙、2% 熟石灰水、2.5% 碳酸氢钠或 0.1% 硫酸亚铁水浸一昼夜，然后用清水冲洗 1~2 次。用发酵法也可解毒。

② 硫酸钠 50~100 克，健胃散 5~10 克。

用法：混合后加适量温水，一次投服。

说明：也可用硫酸镁 60~120 克，人工盐 10~20 克，混合后加适量温水投服。

③ 50% 亚硫酸钠溶液 10~20 毫升。

用法：一次静脉注射，2~3 次 / 天。

处方 2：5% 氯化钙注射液 20 毫升，40% 乌洛托品注射液 10 毫升。

用法：一次静脉注射。

处方 3：绿豆粉 500 克，苏打粉 45 克。

用法：加水调匀，一次灌服，或混于泔水中喂服。

处方 4：25% 葡萄糖注射液 100 毫升，生理盐水 200 毫升，安钠咖 5 毫升。

用法：静脉注射。

说明：重症病例，先根据猪大小，耳静脉放血 200~300 毫升，然后使用本方。

五、菜籽饼中毒

猪长期或大量摄入不经适当处理的菜籽饼，可引起中毒或死亡。

（一）诊断要点

1. 病因调查

有大量、长期饲喂未经去毒处理的菜籽饼的喂料史。

2. 临床症状

多呈急性经过。因毒物引起毛细血管扩张，血容量下降和心率减慢，可见心力衰竭或休克。有感光过敏现象，精神不振，咳嗽。出现胃肠炎症状，如腹痛、腹泻、粪便带血减退；肾炎，排尿次数增多，有时有血尿；肺气肿和肺水肿，两鼻孔流出泡沫状粉红色液体，呼吸困难、频数。发病后期体温下降，死亡。

剖检可见，胃肠道黏膜充血、肿胀、出血。肾出血，肝肿大、混浊、坏死，肺水肿。胸、腹腔有浆液性、出血性渗出物，肾有出血性炎症，有时膀胱积有血尿。肺气肿，甲状腺肿大。血液暗色，凝固不良。

（二）治疗

处方 1：① 0.1%~1% 单宁酸适量。

用法：洗胃。

说明：也可用 0.05% 高锰酸钾溶液洗胃。

② 蛋清、牛奶或豆浆，适量。

用法：一次内服。

处方 2：硫酸钠 35~50 克，碳酸氢钠 5~8 克，鱼石脂 1 克 。

用法：加水 100 毫升，一次灌服。

处方 3：20% 樟脑油 3~6 毫升。

用法：一次皮下注射。

处方 4：甘草 60 克，绿豆 60 克。

用法：水煎去渣，一次灌服。

六、猪食盐中毒

猪食盐中毒主要是由于采食含过量食盐的饲料，尤其是在饮水不足的情况下而发生的中毒性疾病。

（一）诊断要点

1. 病因调查

① 猪吃了咸鱼、咸肉、酱油渣、咸菜或卤水，饲料中食盐过多。

② 平时不喂盐，突然未加限制加喂盐；给盐时混合不均；给盐后饮水少或不给水。

③ 使用氯化钠、硫酸钠、丙酸钠、乳酸钠过量。

④ 喂给劣质咸鱼粉、饭店残剩泔水、菜等。

⑤ 直接食入大量食盐，或配合饲料中误加过量的食盐又没混合均匀等。

2. 临床症状

患猪极度口渴，初期食欲差，精神沉郁，黏膜潮红，渴欲增加，便秘或下痢，后呕吐，大量流涎，口吐白沫，四肢痉挛，肌肉震颤，呼吸困难，来回转圈或冲撞，听觉和视觉出现障碍，刺激无反应；重病猪有阵发性痉挛，头颈高抬呈犬坐姿势，头部出现明显的神经症状。后期猪呈强直性角弓反张，一侧卧地，四肢呈游泳状抽搐，1~2 日死亡。

慢性食盐中毒常在解除限水暴饮后突发，有便秘、口渴和皮肤瘙痒等症状。

（二）治疗

处方 1：① 1% 硫酸铜 50~100 毫升。

用法：内服催吐。

说明：也可用 0.5%~1% 鞣酸溶液洗胃。

② 白糖 150~200 克。

用法：掺入面粉糊、牛奶或植物油中喂服保护胃肠黏膜。

③ 5% 葡萄糖 500~ 1 000 毫升，樟脑磺酸钠 5~10 毫升，10% 维生素 C 20 毫升。

用法：静脉注射。必要时，8~12 小时再注 1 次，小猪减量。

说明：对患猪要多次给予限量新鲜饮水，不要无限制地一次大量饮水，也不要强迫喂水。

处方 2：5% 葡萄糖 100~200 毫升，甘露醇 100 毫升（25 千克体重）。

用法：静脉注射。

说明：用于病程稍长，脑有水肿的病猪。

处方 3：25% 硫酸镁 20~40 毫升。

用法：静脉注射。

说明：用于狂燥、兴奋不安的病猪。也可用 5% 溴化钾或溴化钙 10~30 毫升，静脉注射。

处方 4：10% 葡萄糖 250 毫升，速尿 40 毫升。

用法：混合静脉注射。

说明：用于排尿液少或无尿病猪，2 次 / 天，连用 3~5 天，排出尿液时停用。也可使用双氢克尿噻利尿，口服 0.05~0.2 克。

处方 5：0.5% 普鲁卡因 10 毫升。

用法：两侧牙关穴、锁口穴封闭注射。

说明：病猪出现牙关紧闭不能进食时使用。

处方 6：醋 200 毫升。

用法：加水或生豆浆 1 000 毫升，灌服。

说明：也可用甘草 50~100 克，绿豆 200~300 克，加水适量，煎服。

处方 7：生石膏 25 克，天花粉 25 克，鲜芦根 35 克，绿豆 40 克。

用法：煎汤，候温内服（15 千克左右体重猪用量）。

七、黄曲霉毒素中毒

猪黄曲霉毒素中毒是由于猪采食了被黄曲霉毒素污染的饲料而引起，以肝细胞变性、坏死和出血为主要症状的中毒症，在中国南方地区较为常见，本病需要以预防为主，发霉的玉米、花生等需要经过处理才可喂食。

（一）诊断要点

1. 临床症状

急性型：以黄疸症状为主，出现呕吐、食欲减退、体温升高（40.0~41.5℃），一般发病于体格健壮和食欲旺盛的断奶后 60~90 日龄的猪群，有的临床表现无异常而突然死亡，有的出现间歇性抽搐 2~3 天死亡。

亚急性型：患猪体温正常，精神沉郁、口渴、厌食，皮肤有出血点，后肢表现软弱无力、步态不稳，粪便干燥、带有黏液和血液，黏膜苍白或黄染，组织器官广泛出血，仔猪生长发育迟缓、消瘦，最后呼吸衰竭而死亡。

慢性型：患猪精神委顿，低头弓背、步履僵硬，食欲减退、异食癖、消瘦，随着病情的逐渐加重，出现昏迷、抽搐等神经症状；母猪、种公猪繁殖性能降低，怀孕母猪表现为死胎、流产、木乃伊或产弱仔，种公猪精液品质下降、精子活力降低、性欲减退。

2. 病理变化

急性型：主要呈现充血和出血。胸、腹腔大出血、积液呈茶色，后腿前肩和肩胛下等处皮下及其他部位的肌肉处都能见到出血点，颌下淋巴结肿大苍白，胃肠道可见游离血块，肠系膜黄染、淋巴结出血肿大，肾脏、肝肿大呈土黄色、有出血斑点，肝脏邻近浆膜部分有针尖状或瘀斑状出血，胆囊扩张，心内膜、心外膜常有出血点。

亚急性、慢性型：主要损伤肝脏。肝肿大、质地变硬、肝表面有白色小点或坏死病灶，胸腹腔积液，结肠浆膜呈胶样浸润，肾脏苍白、肿胀、全身淋巴结充血、水肿，心内膜有出血斑，未发现肾脏和脾脏有明显异常症状。

3. 饲料抽样检查

根据临床症状、病理剖检发现猪黄曲霉中毒的可疑病症，要及时对现场饲料抽样进行检查，发现霉变饲料，立刻停止饲喂，同时采取病料和霉变饲料送实验室进行病理组织学检验及黄曲霉菌毒素测定，以对病症进一步给予定性、确诊。

（二）治疗

处方 1：① 硫酸钠 40~100 克。

用法：加水灌服。

② 25% 葡萄糖注射液 200 毫升，10% 维生素 C 注射液 20 毫升，复合维生素 B 注射液 2 毫升。

用法：静脉注射。

说明：急性中毒病例，立即停用饲料，更换新饲料，先采用放血疗法（断尾、耳静脉放血），而后使用本方。提供足够饮水，在水中添加电解多维，多喂青绿多汁饲料，提高饲料中复合维生素、硒、叶酸的添加量。

处方 2：茵陈 20 克，栀子 20 克，大黄 20 克。

用法：水煎去渣，待凉后加葡萄糖 30~60 克，维生素 C 0.1~0.5 克，混合，一次灌服。

说明：同时更换饲料，环境消毒。

处方 3：防风 15 克，甘草 30 克，绿豆 500 克，白糖 60 克。

用法：前三味同煎取汁，加入白糖，混匀后一次灌服。

八、有机磷农药中毒

有机磷农药为有机磷酸酯类化合物，种类很多。剧毒类，如对硫磷（1605）、甲基对硫磷（甲基1605）、内吸磷（1059）；强毒类，如敌敌畏、甲基内吸磷、乐果、杀螟松等；弱毒类，如敌百虫、马拉硫磷等。有机磷主要抑制体内的胆碱酯酶，引起神经生理的紊乱，造成中毒。

（一）诊断要点

1. 病因调查

仔细调查病猪与有机磷农药的接触史，发现猪采食过喷洒有机磷农药的蔬菜或其他作物；用敌百虫给猪驱虫时用量过大；外用敌百虫治疗疥癣等疾病时被猪舔食等。

2. 临床症状

有机磷农药中毒基本上都表现为胆碱能神经受乙酰胆碱的过度刺激而引起过度兴奋现象，分为三类症候群。

（1）毒蕈碱样症状　引起副交感神经节前和节后纤维以及分布在汗腺的交感神经节后纤维等胆碱能神经发生兴奋。按其程度不同，可表现为食欲不振、流涎、呕吐、腹痛、出汗、大小便失禁、瞳孔缩小、可视黏膜苍白、眼球震颤等。

（2）烟碱样症状　由于运动神经末梢和交感神经节前纤维兴奋，表现为肌纤维性挛缩震颤。先从面部眼睑开始，以后至全身肌肉跳动、痉挛，最后因呼吸肌痉挛、呼吸停止而死亡。

（3）中枢神经系统症状　这是病猪脑组织内的胆碱酯酶受抑制后，使中枢神经细胞之间的兴奋传递发生障碍，造成中枢神经系统的机能紊乱。急性中毒病猪，表现为兴奋不安，前冲、奔跑、转圈，体温升高，抽搐，甚至陷于昏睡等。

有机磷农药中毒的病猪尸体，除了组织标本中可检出毒物和胆碱酯酶的活性降低外，缺少特征性的病变。

（二）治疗

处方1：1% 硫酸阿托品注射液100~200毫克。

用法：一次皮下注射。轻度中毒，1~2毫克 / 千克体重，中毒或重度中毒，2~4毫克 / 千克体重。

说明：中毒猪可用2%~4% 碳酸氢钠溶液、肥皂水或清水反复洗胃，并及时应用特效解毒药物。注射后要注意观察瞳孔变化，如20分钟后无明显好转，应重复注射一次。

处方 2：① 4% 解磷定注射液 0.75~1.5 克。

用法：一次静脉注射或腹腔注射，15~30 毫克 / 千克体重。

说明：轻度中毒者，解磷定，15~20 毫克 / 千克体重；重度中毒者剂量可加倍。

② 5% 葡萄糖氯化钠溶液 200 毫升，10% 维生素 C 20 毫升，10% 安钠咖 5 毫升。

用法：静脉注射。

说明：中度和重度中毒时使用。

处方 3：12.5% 双复磷注射液 0.75~1.5 克。

用法：一次静脉注射或腹腔注射，剂量：15~30 毫克 / 千克体重。

处方 4：绿豆（去皮）250 克，甘草 50 克，滑石 50 克。

用法：共为细末，开水冲调，候温一次灌服。

九、铜中毒

铜中毒是猪摄入过量的铜而发生的以腹痛、腹泻、肝功能异常和贫血为特征的中毒性疾病。硫酸铜常用作饲料添加剂，当添加过多、混合不匀或猪采食了喷洒过含铜农药的牧草时可发病。

（一）诊断要点

1. 病因调查

猪采食了高铜饲料。

常见的原因有：含铜饲料添加剂混合不均，用量过大，养殖户认为添加越多越好造成的；1 种或 2 种以上的饲料添加剂同时混合作用，使饲料中铜含量增加；在饲喂浓缩饲料的同时再额外添加铜元素添加剂，因为浓缩饲料中本身已经配合有猪生理需要的足量微量元素，若再添加，势必造成日粮中铜含量增加而达到中毒剂量；基础日粮与添加剂的配合没有经过准确称量和计算，而是估计，造成添加过量。

2. 临床症状

（1）急性铜中毒　由于猪短期内摄入大量高浓度铜引起的。急性中毒多发生于食欲旺盛的猪，病猪呕吐、腹泻，后呈水样腹泻，粪便多呈黄绿色或暗绿色，并混有黏液。严重时可因脉搏过速、抽搐、麻痹虚脱而死。

（2）慢性铜中毒　猪由于长期摄取少量铜而引起的。病猪精神不振、食欲下降、毛孔粗乱、皮肤发红、肛门红肿、体温升高、大便黑色干燥，有的粪便有白色薄膜样黏液。随着病情发展，病猪结膜苍白、食欲减退、脉搏减弱、呼吸困难、张口喘气、喜卧而不站立、喜睡、肌肉无力、步态不稳、少尿或无尿，耳、四肢、腹部、臀部皮肤发绀，严重时全身发绀。后期病猪食欲废绝、心力衰竭、肌肉痉挛、体温降至 38℃以下，最终昏迷、惊觉或麻痹而死。

3. 病理变化

急性中毒病例多数表现为肠胃变化。胃底黏膜严重出血、溃疡、糜烂、甚至死亡；十二指肠、空肠、回肠、结肠黏膜脱落坏死，十二指肠前段多覆盖一层黑绿色薄膜，大肠充满栗状粪便，回肠、盲肠基部有蜂窝状溃疡。

慢性中毒病例多表现为黄疸，肝肿胀、出血，肝脂肪变性；肾肿大、充血、皮质有斑点；心肌呈纤维性病变；脾脏肿大，肺部水肿；血液稀薄，肌肉色变淡。

另外，发生铜中毒的病猪血清铜、肝铜可明显升高，可作为化验诊断的依据。

（二）治疗

处方 1：25% 葡萄糖 200 毫升，10% 维生素 C 20 毫升。
用法：一次静脉注射。
处方 2：0.2% 亚铁氰化钾（黄血盐）1 000 毫升。
用法：洗胃。
处方 3：5% 葡萄糖 50 毫升，依地酸钙钠 1 克。
用法：混合静脉注射。
处方 4： 二巯基丁二酸钠 2 克，生理盐水 40 毫升。
用法：混合静脉注射。
处方 5： 钼酸铵 100 毫克，硫酸钠 30 克。
用法：1 次 / 天内服。

十、黑斑病甘薯中毒

猪食入了长有黑斑病的甘薯（地瓜）、苗床腐败的残甘薯、含有黑斑病的甘薯加工后残渣，都能引起中毒。

（一）诊断要点

1. 病因调查

有饲喂黑斑病甘薯或其加工的副产品的经历，冬春季群发，以食欲旺盛的仔猪发病严重。

黑斑病甘薯的有毒成分是耐高温物质，经煮、蒸、烤等高温处理，毒性亦不被破坏，因此，甘薯黑斑病病薯经切片、晒干、磨粉及酿酒后的副产品中仍含有一定量的毒素，用于喂猪，仍可发生中毒。本病多发于10月至翌年5月，尤以2—3月发生较多。

2. 临床症状

中毒的症状与个体大小和食入量有关。发病猪以5~7.5千克小猪最为严重，其次为10~15千克重的猪，50千克以上的猪仅个别有疝痛症状。

往往在食喂甘薯（红薯）的第二天发病，病猪精神沉郁，食欲废绝，呼吸急促，脉搏90~100次/分钟，呈腹式呼吸，体温在38.5~39.5℃之间，病猪后期体温下降到37℃以下，肠蠕动减弱，腹部膨胀，大便秘结，小便茶黄，心音不齐，脉搏加快，四肢、耳尖发冷，皮温不均，眼反射减退或完全消失，倒地痉挛死亡，个别中毒轻者，持续痉挛2~3小时后，痉挛消失，全身症状减轻，经1~2日恢复食欲，50千克以上大猪多呈慢性经过，3~4天后常自愈。

3. 病理变化

肺脏膨起，有水肿和块状出血，并可见间质性气肿，切开后流出多量带血的液体及泡沫。心冠沟有出血点。胃肠道有出血性炎症。

（二）治疗

处方1：① 0.1%高锰酸钾溶液（或1%双氧水）适量。

用法：洗胃。

② 硫酸镁50~100克。

用法：内服，促进肠胃内容物排出。

③ 10%溴化钠10~20毫升，10%安钠咖2~5毫升；10%硫代硫酸钠30~50毫升，25%葡萄糖100~200毫升，5%维生素C 6~10毫升。

用法：分别静脉注射。

处方2：① 10%葡萄糖500毫升，50%葡萄糖40~60毫升，强力解毒敏16~20毫升，肌苷注射液16~20毫升。

用法：静脉注射。

说明：体重50千克左右的猪只用量。

② 党参30克，白术30克，枳实30克，柏仁30克，枣仁30克，当归50克，大黄10克，芒硝20克，厚朴20克。

用法：煎汤灌服，1剂/天，连用2~3天（如吐沫严重，可做多次灌服）。

处方3：白矾、川贝、白芷、郁金、大黄、黄芩、葶苈子、甘草、石苇、黄连、龙胆各等份。

用法：水煎取汁，调蜜内服。

处方 4：梨树皮 100 克，野烟 25 克，生姜 30 克，款冬花 30 克，枇杷叶 30 克，葛根 30 克。

用法：共研细末，米泔水冲服，1 剂 / 天，连服 2~3 天。

处方 5：生绿豆粉 250 克，甘草末 30 克，蜂蜜 250 克。

用法：1 次内服，1 剂 / 天，连用 2~3 天。

处方 6：生绿豆粉 250 克，菜油 500 毫升，鸡蛋清 10 个。

用法：加水 1 500 毫升，混合灌服，1 剂 / 天，连用 3 天。

第六章　常见胎产病

一、疝

疝是腹部的内脏从自然孔道或病理性破裂孔脱至皮下或其他腔、孔的一种常见病。根据发生的部位一般分为：脐疝、腹股沟阴囊疝、腹壁疝几种。

（一）脐疝

1. 诊断要点

（1）病因调查　多发生于幼龄猪，常因为脐带轮闭锁不全或完全没有闭锁，再加上腹腔内压增高，奔跳、捕捉、按压等诱因造成腹腔脏器进入囊内。一是先天性脐带轮发育不全，轮孔异常宽大，肠管容易通过。二是脐轮未闭合完全时，猪便秘努责，幼猪贪食，腹胀如鼓，腹压增高，肠管由脐部脱出。

（2）临床症状　根据病情可分为可复性脐疝和嵌闭性脐疝两种。可复性脐疝在脐部发现鸡蛋大或碗口大的柔软肿胀，在外表上呈局限性、半圆形肿胀，推压肿胀部或使猪腹部向上则肿胀消失。该处可摸到一个圆形的脐轮，但还纳后又复原。肿胀部没有热痛，听诊时可听到肠的蠕动音。病猪体温、食欲正常，过分饱食或奔走时下坠物就增大。患嵌闭性脐疝的动物表现不安，并有呕吐症状，肿胀部位硬固疼痛，温度增高。

2. 治疗

方法：如幼龄猪脱出肠管较少，还纳腹腔后，局部用绷带压迫，脐孔可能闭锁而治愈。脐孔较大或发生肠嵌闭时，须进行疝孔闭锁术。

手术前，病猪应停食 1 天，仰卧保定，手术部剪毛、洗净、消毒，用 1% 普鲁卡因 10~15 毫升，浸润麻醉，纵向切开皮肤，切时谨防伤及腹膜或阴茎，妥善保护疝囊。将肠管送回腹腔，随之立即内翻疝囊，用缝线顺疝囊环作间断内翻缝合，将多余的囊壁及腹膜对称切除，冲洗干净后撒布青霉素粉，再结节缝合皮肤。如为嵌闭性脐疝而且肠管与腹膜粘连，则用外科刀尖开一小口，再伸入食指进行钝性剥离。剥离后再按上法内翻疝囊，清洗消毒，撒布青霉素粉，缝合皮肤。

（二）腹壁疝

1. 诊断要点

（1）病因调查　疝囊由腹壁的皮肤、皮下组织及腹膜形成，其内容物可为肠管、网膜、肝脏及子宫等，发生的部位不定。通常是由于外界的钝性暴力，如剧烈的冲撞、踢跌及分娩等原因引起。

（2）临床症状　腹壁上有球形或椭圆形的大小不等的肿胀，肿胀的周边与健康组织之间有明显界线。肿胀部柔软、无疼、无热，用力压迫时肿胀缩小。触诊可发现腹壁肌肉破裂的部位和形状，听诊时可听到蠕动音。

2. 治疗

术前应停食 1 天，使肠道内容物减少，以便于手术。后肢吊起或仰卧保定，手术部位剪毛并充分洗净，涂浓碘酊或 75% 酒精消毒，用 1% 普鲁卡因进行浸润麻醉。沿疝颈切开疝囊，应注意勿损伤疝内容物，将黏连的肠管剥离后还纳进腹腔。已经黏连的网膜如果不易剥离则可部分剪除，多余的腹膜可与表面的皮肤、皮下组织、浅筋膜等一并剪除。进一步整理疝颈四周腹膜，再用缝线做间断缝合。疝环两侧横行切开腹直肌前鞘，然后将下筋膜片，包括腹直肌前后鞘以横行褥式缝合法缝合于上筋膜片下面，两片重叠 3~4 厘米，所有缝线全部缝好后再一一结扎。将上筋膜片边缘连续缝合在下片表面，缝时勿将缝针刺入过深，以免损伤内脏。如果腹膜不能从疝环筋膜层下剥离出来，也可把筋膜层连同腹膜层作上述重叠修补。最后撒青霉素粉并结节缝合皮肤。

（三）腹股沟阴囊疝

1. 诊断要点

（1）病因调查　公猪的腹股沟阴囊疝有遗传性，若腹股沟管内口过大，就可发生疝，常在出生时发生（先天性腹股沟阴囊疝），也可在几个月后发生。后天性腹股沟阴囊疝主要是腹压增高所引起。

（2）临床症状　猪的腹股沟阴囊疝症状明显，一侧或两侧阴囊增大，凡能使腹压增大的因素均可加重症状，触诊时硬度不一，可摸到疝的内容物（多半为小肠），也可以摸到睾丸，如将两后肢提举，常可使增大的阴囊缩小而达到自然整复的目的。少数猪可变为嵌闭性疝，此时多数肠管已与囊壁发生广泛性黏连。

2. 治疗

猪的阴囊疝可在局部麻醉下手术。后肢吊起或仰卧保定，手术部位剪毛并充分洗净，涂浓碘酊或 75% 酒精消毒，用 1% 普鲁卡因进行浸润麻醉。切开皮肤分离浅层与深层的筋膜，尔后将总鞘膜剥离出来，从鞘膜囊的顶端沿纵轴捻转，此时疝内容物逐渐回入腹腔。猪的嵌闭性疝往往有肠黏连、肠臌气，所以，在钝性剥离时要求动作轻巧，稍有疏忽就有剥破的可能，在剥离时用浸以温灭菌生理盐水的纱布慢慢地分离，对肠管轻轻压迫，以减少对肠管的刺激，并可减少剥破肠管的危险。在确认还纳全部内容物后，在总鞘膜和精索上打一个去势结（为防止脱开，也可双次结扎），然后切断，将断端缝合到腹股沟环上，若腹股沟环仍很宽大，则必须再作几针结节缝合，皮肤和筋膜分别作结节缝合。术后不宜喂得过早、过饱，要适当控制运动。仔猪的阴囊疝采用皮外闭锁缝合。

二、母猪流产

猪流产是指母猪正常妊娠发生中断，表现为死胎、未足月活胎（早产）或排出干尸化胎儿等。流产是养猪业的常见病，对养猪业有很大的影响，常由传染性和非传染性（饲养和管理）因素引起，可发生于怀孕的任何阶段，但多见于怀孕早期。

（一）诊断要点

1. 病因调查

流产的病因很多，大致分为传染性流产和非传染性流产。

（1）传染性流产　一些病原微生物和寄生虫病可引起流产。如猪的伪狂犬病、细小病毒病、乙型脑炎、猪丹毒、猪蓝耳病、布鲁氏菌病、猪瘟、弓形虫病、钩端螺旋体病等均可引起猪流产。

（2）非传染性流产　非传染性流产的病因更加复杂，与营养、遗传、应激、内分泌失调、创伤、中毒、用药不当等因素有关。

2. 临床症状

隐性流产发生于妊娠早期，由于胚胎尚小，骨骼还未形成，胚胎被子宫吸收，而不排出体外，不表现出临诊症状。有时阴门流出多量的分泌物，过些时间可再次发情。

有时在母猪妊娠期间，仅有少数几头胎猪发生死亡，但不影响其余胎猪的生长发育，死胎不立即排出体外，待正常分娩时，随同成熟的仔猪一起产出。死亡的胎猪由于水分逐渐被母体吸收，胎体紧缩，颜色变为棕褐色，成为木乃伊胎。

如果胎儿大部分或全部死亡时，母猪很快出现分娩症状，母猪兴奋不安，乳房肿大，阴门红肿，从阴门流出污褐色分泌物，母猪频频努责，排出死胎或弱仔。

流产过程中，如果子宫口开张，腐败细菌便可侵入，使子宫内未排出的死亡胎儿发生腐败分解。这时母猪全身症状加剧，从阴门不断流出污秽、恶臭分泌物和组织碎片，如不及时治疗，可因败血症而死。

根据临诊症状，可以做出诊断。要判定是否为传染性流产则需进行实验室检查。

（二）治疗

治疗的原则：尽可能制止流产；不能制止时，促进死胎排出，保证母畜的健康；根据不同情况，采取不同措施。

处方 1：黄体酮（孕酮）20 毫克。

用法：1 次肌内注射，1 次 / 天，连用 7 天。

说明：妊娠母猪表现出流产的早期症状，胎儿仍然活着时，应尽量保住胎儿，防止流产。

处方 2：溴化钠 10 克。

用法：1 次内服，1 次 / 天，连用 3 天。

处方 3：水合氯醛 20 克。

用法：1 次内服，1 次 / 天，连用 3 天。

处方 4：0.1% 高锰酸钾溶液 1 000 毫升，青霉素 320 万单位。

用法：先用 0.1% 高锰酸钾溶液冲洗子宫，然后子宫内注入青霉素。

说明：对于流产后子宫排出污秽分泌物时，可用 0.1% 高锰酸钾等消毒液冲洗子宫，然后注入抗生素，可以同时进行全身治疗。对于继发传染病而引起的流产，应防治原发病。

三、母猪难产

母猪难产是指母猪在分娩过程中，分娩过程受阻，胎儿不能正常排出，母猪很少发生难产，发病率比其他家畜低得多，因为母猪的骨盆入口直径比胎儿最宽横断面长 2 倍，很容易把仔猪产出。难产的发生取决于产力、产道及胎儿 3 个因素中的一个或多个。主要见于初产母猪、老龄母猪。

（一）诊断要点

1. 病因调查

（1）母猪方面原因

① 产道狭窄型。产仔时，耻骨联合可以正常的开张，但受骨盆生理结构的制约，虽经剧烈持久的努责收缩，终因骨盆口开张太小，胎儿不能排出体外，滞留在子宫口而难产，此类型多发生在初产母猪。

② 产力虚弱型。产仔时，多种诱因致使母猪疲劳，最终造成子宫收缩无力，

无法将胎儿排出产道而难产，此类型多发生在体弱、老龄猪、产仔时间长、产仔太多、产仔胎次太多以及患病母猪。

③ 膀胱积尿型。产仔时，母猪需要长时间躺卧，此时，膀胱括约肌因体况虚弱、躺卧时间长、疾病等不良因素影响，使得膀胱麻痹，致使膀胱腔隙内的尿液因蓄积过多（不能及时排出体外）而容积性占位，出现挤压产道而难产。

④ 环境应激型。产仔时，母猪受到外界的突发性刺激，如声音、光照、气味、颜色等，致使其频频起卧，坐立不安，使得母猪子宫收缩不能正常进行而发生难产，此类型多发生于初产母猪和胆小母猪。

⑤ 其他。如母猪过肥、产道畸形、先天性发育不良等也可引起难产。

（2）胎儿方面原因

① 胎儿过大型。多见于母猪孕育的胎儿太少，且发育过大引起难产。

② 胎位不正。多见于胎儿在产道中姿势不正堵塞产道引起难产。

③ 胎儿畸形。畸形的胎儿不能顺利通过产道，引起难产。

④ 胎儿死亡。胎儿在母体内死亡时间较长，引起胎儿水肿、发胀造成难产。

⑤ 争道占位。两头胎儿同时进入产道引起难产。

⑥ 其他。多因操作方法不规范、药物使用不合理、助产过早、助产过频等行为，出现如子宫收缩不规整（间歇性）、产道因润滑剂少而干涩等原因而难产。

2. 临床症状

不同原因造成的难产，临诊表现不尽相同，有的在分娩过程中时起时卧，痛苦呻吟，母猪阴户肿大，有黏液流出，时作努责，但不见小猪产出，乳房膨大而滴奶，有时产出部分小猪后，间隔很长时间不能继续排出，有的母猪不努责或努责微弱，生不出胎儿，若时间过长，仔猪可能死亡，严重者可致母猪衰竭死亡。

根据母猪分娩时的临诊症状，不难做出诊断。

（二）治疗

处方 1：氯前列烯醇 0.3 毫克。

用法：肌内注射或阴门皮下注射。

说明：因母猪子宫收缩无力而发生的难产，可使用本处方。

处方 2：雌二醇 15 毫克，催产素 20~40 单位。

用法：分别肌内注射。30 分钟后再用 1 次催产素。

说明：先用雌二醇 15 毫克，肌内注射后用催产素效果更好。

母猪破羊水后 1 小时仍然无仔猪产出或产仔间隔超过 0.5 小时，应及时采取措施。有难产史的母猪在产前 1 天肌内注射氯前列烯醇。当子宫颈口开张时，若母猪阵缩无力，可用肌内注射人工合成催产素，肌内注射，剂量：1 毫升 /50 千克体重，注射后20~30分钟可产出仔猪。若分娩过程过长或阵缩力量不足，可第2次注射（最多两次）；当催产无效或胎位不正、争道占位、畸形、死亡、骨盆狭窄等诱因造成难产时可行人工助产，一般可采用手术取出。

方法3：人工助产术。

方法：母猪难产时常见的人工助产方法有如下4种。

（1）驱赶助产　当母猪发生难产时，可尝试将母猪从产房中赶出，在分娩舍过道中驱赶运动约10分钟，以期调整胎儿姿势，然后再将母猪赶回产房中分娩，往往会收到较好的效果。

（2）按摩助产　母猪生产每头仔猪时间间隔较长或子宫收缩无力时，可辅以按摩法进行助产。其常用的助产方法：助产者双手手指并拢、伸直，放在母猪胸前，依次由前向后均匀用力按摩母猪下腹部乳房区，直至母猪出现努责并随着按摩时间的延长呈渐渐增强之势时，变换助产姿势，一手仍以原来的姿势按摩，另一只手变为按压侧腹部，有节奏、有力度地向下按压腹部逐渐变化的最高点。实际助产时，若手臂酸痛可两手互换按压。随着按摩的进行，母猪努责频率不断加强，最后将仔猪排出体外。

（3）踩压助产　母猪生产时，若频频努责而不见仔猪产出或者是母猪阵缩乏力时，可采用踩压助产。即让人站在母猪侧腹部上虚空着脚踩压，不可用踏实的方法进行助产。具体方法是：双手扶住栏杆（有产仔栏的最好，也可自制栏杆）借助双手的力量，轻轻地用脚踩压母猪腹部，自前向后均匀地用力踏实，手不能放松。母猪越用力努责就越用力踩压，借助踩压的力量让母猪产出仔猪。如果踩压不能奏效时，很可能是发生了较复杂的难产，应当进行产道、胎位、胎儿等方面的检查，然后再制订方案将胎儿取出。一般当取出一头仔猪后，还要采用按摩法或踩压等方法进行助产，如生产顺利可让其自行生产。

（4）药物催产　经产道检查，确诊产道完整畅通属于子宫阵缩努责微弱引起的难产时，可采用药物进行催产。催产药可选用缩宫素，肌内注射或皮下注射2~4毫升，可以每隔30~45分钟注射1次。为了提高缩宫素的药效，也可以先肌内注射雌二醇10~20毫克或其他雌激素制剂，再注射缩宫素。产仔胎次过多的老龄母猪或难产母猪使用缩宫素无效的，可以肌内注射毛果芸香碱或新斯的明等药物（5~8毫升/头）。

方法4：剖腹产术。

（1）保定与麻醉　左侧卧或右侧卧都可以，让母猪侧卧在垫有大量褥草的地面上，将前后肢分别捆缚，体格较大的猪，用一木棒按压在颈部，用细绳将猪嘴扎起来以免啃咬伤人，多采用局部浸润麻醉，即用1%普鲁卡因40~80毫升在切口周围作皮下注射。对个别性情凶暴剧烈挣扎不停的母猪，可行全身麻醉，可灌服白酒，剂量：2~4 毫升 / 千克体重，或用水合氯醛，剂量：8~10 克 /100 千克体重，麻醉时间 2~3 小时。若灌服水合氯醛有困难，亦可溶解于水中再加入少量淀粉进行灌肠，约 10~20 分钟进入麻醉。

（2）消毒　将母猪的侧腹壁大面积剃毛、洗净、涂 5% 碘酒和 70% 酒精，并在术部铺上消毒的大块创巾布，在第一层创布上覆盖一块面积更大的已消毒的塑料布，以便放置子宫角，器械用 0.1% 新洁尔灭浸泡 30 分钟或者煮沸 5~10 分钟后使用。

（3）正确的手术操作要点与步骤

① 切口定位。切口选在分娩母猪的左或右腹壁，常有 2 种切口位置，一种是在距腰椎横突 5~8 厘米的下方，髋结节与最后肋骨中点连线上作垂直切口。一种从髋结节之下约 10 厘米处，沿最后一根肋弓方向前向下作斜切口，长度约 15 厘米。

② 手术步骤。

切开腹壁：切开皮肤、皮下脂肪及皮肌，钝性分离腹外、内斜肌及腹横肌，也可锐性切开。分开腹膜外脂肪（板油），用剪刀或外科刀切开腹膜，然后术者手伸向盆腔，隔着母猪的子宫壁抓住幼崽，并向产道捏挤，助手则试将手伸入产道取胎，如有困难，则切开子宫取胎。

托出子宫：术者可将手伸入腹腔找到一侧子宫角，隔着子宫壁握住最先见到的胎儿，将母猪的子宫拉出来，随后以大块灭菌纱布在子宫和腹壁切口边缘之间填塞防护。

切开子宫：通常在已拉出的子宫角或子宫体的大弯上作 8~12 厘米长的切口，从切口取出两侧子宫角内的全部胎儿。如果胎儿过多，作一切口不易取出胎儿，则先将一侧切开后取出胎儿及胎衣，缝合、冲净后，摘除卵巢，然后再同法处理另侧。

缝合子宫及闭合腹腔：子宫的封闭通常用 4 号丝线进行两次缝合。第一次连续缝合子宫壁全层，第二次缝合浆膜及肌肉层，作内翻缝合，为预防感染缝合前可在子宫内注入抗生素。子宫闭合后用温生理盐水把暴露的子宫角清洗拭干，创口涂以抗生素软膏，术者手臂再作一次清洗消毒，再将子宫还入腹腔，4 号丝线连续闭合腹膜，结节缝合腹肌，最后用 12 号丝线结节缝合皮肤，术部涂以碘酊。

处方 5：樟脑水 10 毫升。

用法：肌内注射。

处方 6：当归 40 克，牛膝 30 克，蒲黄 30 克，生地 20 克，川芎 20 克，白术 15 克。

用法：加水煎服。

处方 7：桃仁 20 克，益母草 50 克。

用法：加水煎服。

四、母猪死胎

母猪死胎是繁殖障碍的一种，妊娠母猪腹部受到打击、冲撞而损伤胎儿，有妊娠疾病及传染病（布鲁氏菌病、猪细小病毒病、乙型脑炎等）时均可引起死胎。

（一）诊断要点

母猪起初不食或少食，精神不振；随后起卧不安，弓背努责，阴户流出污浊液体。在怀孕后期，用手按腹部检查久无胎动。如果时间过长，病猪呆滞，不吃。如死胎腐败，常有体温升高，呼吸急促，脉搏加快等全身症状，阴户流出不洁液体，如不及时治疗，常因急性子宫内膜炎引起败血症而死亡。

（二）治疗

处方 1：催产素 30~60 单位。

用法：皮下注射或肌内注射。

处方 2：手术，剖腹取出死胎。

方法：详见难产中的剖腹产。

说明：药物催产无效，死胎无法产出时，试行剖腹手术将死胎取出。较大较深的创口应缝合，并涂以 20% 碘酒，将 200 万 ~300 万单位的金霉素或土霉素胶囊投入子宫内。对虚弱母猪的术前与术后应适当补液。

处方 3：2%~3% 温盐水 3~4 千克。

用法：注入子宫，24 小时后胎儿会自行排出。

处方 4：芒硝 250~500 克，童便 500 毫升。

用法：先将芒硝融化后加童便灌服。

处方 5：0.1% 高锰酸钾 500 毫升。

用法：子宫灌入 20 小时后，死胎可自行排出。

处方 6：鳖甲 30 克，红花 25 克，桃仁 25 克，蒲黄 30 克，当归 30 克，赤芍 20 克。

用法：煎服后 24 小时，死胎可自行排出。

五、胎衣不下

母猪胎衣不下又称猪胎衣滞留，是指母猪分娩后，胎衣（胎膜）在 1 小时内不排出。胎衣不下多由于猪体虚弱，产后子宫收缩无力，以及怀孕期间子宫受到感染，胎盘发生炎症，导致结缔组织增生，胎盘黏连等因素。流产、早产、难产之后或子宫内膜炎、胎盘炎、管理不当、运动不足、母体瘦弱时，也可发生胎衣不下。

猪胎衣不下一般预后不良，应引起重视，因泌乳不足，不仅影响仔猪的发育，而且也可引起子宫内膜炎，患猪以后不易受孕。

（一）诊断要点

猪胎衣不下有全部胎衣不下和部分胎衣不下两种，多为部分胎衣不下。部分胎衣不下时胎衣悬垂于阴门之外，呈红色、灰红色和灰褐色的绳索状，常被粪土污染；全部胎衣不下时残存的胎儿胎盘仍存留于子宫内，母猪常表现不安，不断努责，体温升高，食欲减退，泌乳减少，喜喝水，精神不振，卧地不起，阴门内流出暗红色带恶臭的液体，内含胎衣碎片，严重者，可引起败血症。

根据母猪分娩后胎衣的排出情况，不难做出诊断。

（二）治疗

治疗原则为加快胎膜排出，控制继发感染。

处方 1：促产素 20 单位。

用法：肌内注射，半小时 1 次，连用 3 次。

处方 2：益母草流清膏 10~20 毫升。

用法：内服。

处方 3：10% 氯化钙 50 毫升或 10% 葡萄糖酸钙 100 毫升，10% 安钠咖 10 毫升。

用法：1 次静脉注射。

处方 4：麦角新碱注射液 0.5~1 毫克。

用法：1 次肌内注射。

处方 5：氯前列烯醇 0.2 毫克。

用法：肌内注射。

处方 6：0.1% 雷夫奴尔 100 毫升。

用法：子宫灌注，1 次 / 天，连用 3 天。

说明：子宫有胎盘残留时用。

处方 7：10% 氯化钠 200 毫升，土霉素（或四环素）1 克。

用法：子宫灌入。

处方 8：当归 15 克，赤芍 15 克，川芎 15 克，益母草 20 克，蒲黄 10 克，五灵脂 10 克。

用法：水煎服。1 次 / 天，连服 2 天。

处方 9：当归 20 克，牛膝 20 克，生地 20 克，车前 20 克，桃仁 15 克，红花 15 克，木通 15 克，香附 10 克，元胡 10 克，甘草 10 克，补骨脂 50 克，红糖 100 克。

用法：水煎服。1 次 / 天，连服 2 天。

处方 10：熟地 200 克，当归尾 200 克，赤芍 200 克，肉桂 200 克，干姜 200 克，蒲黄 200 克，黑豆 200 克。

用法：共研为细末，150 克 / 次加黄酒和童便各 100 毫升内服。1 次 / 天，连用 2 天。

处方 11：荷叶蒂 7 个，红糖 150 克。

用法：1 次煎服。

六、母猪子宫内膜炎

母猪子宫内膜炎是母猪分娩及产后子宫受到感染而发生的炎症。

（一）诊断要点

1. 病因调查

难产、胎衣不下、子宫脱出以及助产时手术不洁，操作粗野，造成子宫损伤，产后感染；以及人工授精时消毒不彻底，自然交配时公猪生殖器官或精液内感染病原体、炎性分泌物等可引起子宫内膜炎。母猪营养不良，过于瘦弱，抵抗力下降时，其生殖道内一些非致病菌也可能引起发病。

2. 临床症状

临床上一般分为急性子宫内膜炎与慢性子宫内膜炎。

（1）急性子宫内膜炎　全身症状明显，母猪体温升高，精神不振，食欲减退或废绝，时常努责，特别在母猪刚卧下时，阴道内流出白色黏液或带臭味污秽不洁红褐色黏液或脓性分泌物，分泌物粘于尾根部，腥臭难闻。有时母猪出现腹痛症状。急性子宫炎多发生于产后及流产后。

（2）慢性子宫内膜炎　多由急性子宫内膜炎治疗不及时转化而来。病猪全身症状不明显。病猪可能周期性的从阴道内排出少量混浊的黏液。母猪往往推迟发情，或发情不正常，即使能定期发情，也屡配不孕。

（二）治疗

处方 1：0.1% 雷夫奴尔 1 000 毫升，青霉素 240 万 ~400 万单位。

用法：用 0.1% 雷夫奴尔进行子宫冲洗，然后子宫内灌注青霉素 240 万 ~

400万单位。

说明：在产后急性期，首先应清除积留在子宫内的炎性分泌物，用0.1%雷夫奴尔，或0.9%盐水，或0.5%新洁尔灭溶液，或0.1%高锰酸钾溶液，或2%碳酸氢钠溶液等充分冲洗子宫。冲洗后务必将残留的溶液全部排出，至导出的洗液全部透明为止。最后向子宫内注入240万~400万单位青霉素，或1克金霉素，或林可霉素3克、新霉素3克，或青霉素240万单位、链霉素200万单位。

在子宫冲洗后，也可用青霉素240万~400万单位，链霉素100万单位，肌内注射，2次/天；用金霉素或土霉素盐酸盐时，母猪40毫克/千克体重，肌内注射，2次/天；磺胺嘧啶钠，0.05~0.1克/千克体重，肌内注射或静脉注射，2次/天。

处方2：10%葡萄糖400毫升，氨苄西林2克，维生素B_1 100毫克，10%维生素C 20毫升，10%安钠咖10毫升。

用法：一次静脉注射。

处方3：5%葡萄糖500毫升，先锋4号4克，地塞米松磷酸钠20毫克。

用法：一次静脉注射。

处方4：蒲黄25克，益母草40克，黄柏20克，黄芪20克，香附25克，当归20克，天麻15克。

用法：水煎服。1剂/天，连用5天。

处方5：当归30克，川芎15克，炮姜15克，桃仁15克，红花10克，甘草20克。

用法：水煎加黄酒200毫升灌服。1剂/天，连服5天。

处方6：当归30克，益母草60克，党参20克，川芎20克，白术20克，桃仁10克，红花10克，三棱10克，枳壳10克，黄连10克。

用法：水煎服。1剂/天，连用5天。

七、母猪阴道炎

母猪阴道炎常发生在产后、自然交配、人工授精、子宫内膜炎、胎衣腐烂等时感染细菌，引起阴道发炎。临床上以弓背翘尾，阴唇时开时闭作排尿姿势，外阴部红肿，尾根、外阴周围附有黏液为特征。

（一）诊断要点

1. 病因调查

（1）分娩前后感染　分娩母猪产道处于开放状态，抵抗力差，容易感染，往往采取如外阴清洁、抗生素保健等措施进行预防控制，但效果不确切。生产经验显示，难产加上人工助产使产道黏膜严重损伤、自身修复能力大幅下降、修复时间延长、细菌感染容易，而由于子宫的结构特点，产后数天宫颈关闭，不能冲洗治疗，全身用药也难有足量抗生素到达宫腔，因此，疗效差。过长的产程容易导致母猪体能透支、产后产道及全身生理性恢复难、抗病力明显下降、容易感染，疗效也差。

（2）人工授精后感染　现代猪场普遍利用工具进行人工输精，在采精、稀释、输入过程中难免污染，人工器械操作加上母猪的不配合容易导致产道的损伤，这是配种后产道炎症的直接原因，而营养不良是母猪发情不典型的原因，也是配种后产道炎症和复发情的深层次原因。

（3）后备母猪阴道化脓性炎症　还没有接受交配的后备母猪阴道发生化脓性炎症的原因，是受某种因素的影响，阴道黏膜出现病理性反应，抗感染能力下降，细菌继发感染所致。其中，饲料霉变，尤其受禾谷镰刀霉菌污染产生的玉米赤霉烯酮毒素引起的雌性激素综合征是阴道黏膜出现病理性反应的常见原因。玉米赤霉烯酮毒素引起的雌性激素综合征，使尚未性成熟的后备母猪表现出类似发情的假象，阴道黏膜出现持续的病理性充血水肿。与正常发情不同的是，这种持续性病理变化，使阴道黏膜的抵抗、抗感染能力大幅下降，细菌感染就容易发生。饲料霉菌毒素是引起后备母猪阴道化脓性炎症的基础原因。

2. 临床症状

白色母猪可以见到阴唇红肿，有时见有溃疡。用手触摸阴唇时母猪表现有疼痛感觉。

阴道感染发炎时，黏膜肿胀、充血，当肿胀严重时，将手伸入即感到困难，并有热疼，有时有干燥感，或在黏膜上发生溃疡及糜烂。病猪常呈排尿姿势，但尿量很少。

有伪膜性阴道炎时则症状加剧。病猪精神沉郁，常努责排出有臭味的暗红色黏液，并在阴门周围干涸形成黑色的痂皮。检查阴道可见有在黏膜上被覆一层灰黄色薄膜。阴道炎是造成母猪不孕的原因之一。

根据临床症状可确诊。

（二）治疗

处方：0.1% 高锰酸钾适量，青霉素 320 万 ~ 400 万单位。

用法：阴道用温的低浓度消毒溶液，如 0.1% 高锰酸钾（或 3% 过氧化氢、1%~2% 的等量氯化钠溶液、0.05%~0.1% 雷佛奴尔、1%~2% 明矾、1%~3% 鞣酸溶液）洗涤。冲洗后用青霉素（磺胺、碘仿或硼酸等）软膏涂抹黏膜。如疼痛剧烈，则可在软膏中按 1%~2% 的比例加入可卡因。黏膜上有创伤或溃疡时，洗涤后，可涂等量的碘甘油溶液。症状严重的阴道炎，亦可全身应用抗生素。

八、母猪乳房炎

母猪乳房炎是由病原微生物或者机械创伤、理化等因素引起的母猪乳房红、肿、热、硬，并伴有痛感，泌乳减少症状的疾病。多发生在母猪分娩后泌乳期。

（一）诊断要点

1. 病因调查

（1）病原体感染　病原体感染是造成母猪乳房炎的主要因素之一。

病原体感染主要来源于两个方面即接触性病原体以及环境性病原体。接触性病原体一般是寄生于乳腺上，其中，金黄色葡萄球菌、链球菌、大肠杆菌是常见的接触性病原体。会通过乳头侵入乳房，从而造成乳房炎。

（2）内分泌系统紊乱　很多养殖户为了提高经济效益而对母猪使用了大量的药物，这样就让母猪的内分泌系统出现了紊乱、失调的情况，并导致母猪的乳房出现肿胀，造成了母猪乳房炎的发作。

（3）饲养管理不科学　在母猪的养殖过程中，没有对猪舍的温度、湿度进行适当的控制会让母猪出现疲劳的情况，不良的通风条件，母猪产房消毒不够彻底会影响母猪正常的抵抗力使其不能对病原菌进行正常的免疫。

（4）继发性原因　继发性原因包括了很多方面，如当母猪出现发热性症状之后，可能会引发阴道炎等症状，从而带来乳腺炎。另外，子宫内膜炎会让子宫产生不良分泌物从而影响母猪正常的血液循环并进一步地蔓延，导致乳房炎的发作。

2. 临床症状

母猪在隐性感染或隐性带毒的情况下，很容易造成隐型乳房炎。隐形感染的母猪不表现可见的临床症状，精神、采食、体温均不见异常，但少乳或无乳。这种情况下既可在分娩后立刻出现，也可在分娩 2~3 天后发生。此时仔猪外观虚弱、常围卧在母猪周围。病原体通过乳汁和哺乳接触传染给仔猪，引起仔猪生长受阻，还可以引起腹泻等一系列感染症状，造成很大的损失。由于隐型乳房炎诊断有一定的困难，所以不易被早期发现，一般均需要对乳汁采样进行检测才能确诊。虽然隐型乳房炎不易被发现和诊断，但是带来的危害是巨大的，在临床上应该得到重视。

发生了临床型乳房炎的病猪，很容易确诊，临床检查可见母猪一个或数个乳房一侧或两侧乳房均出现红肿，用手指触诊时有热度且硬，按压时动物对疼痛表现为敏感。有的母猪发生乳房炎时，拒绝哺乳仔猪。早期乳房炎呈黏液性乳房炎，乳汁最初较稀薄，以后变为乳清样，仔细观察时可看到乳中含絮状物。炎症发展成脓性时，可排出淡黄色或黄色脓汁。捏挤乳头时有脓稠黄色、絮状凝固乳汁排出，即可确诊为患有乳房炎。如脓汁排不出时，可形成脓肿，拖延日久往往自行破溃而排出带有臭味的脓汁。脓性或坏疽性乳房炎，尤其是波及几个乳房时，母猪体温升高达 40.5~41℃，食欲减退，精神倦怠、伏卧拒绝仔猪吮乳。仔猪腹泻、消瘦。

（二）治疗

处方 1：长效土霉素 15~20 毫升。

用法：母猪产后立即肌内注射一次。

处方 2：5% 葡萄糖盐水 300~500 毫升，头孢拉定注射液 2 克，鱼腥草注射液 30 毫升。

用法：母猪分娩当天和次日各静脉注射一次。

处方 3：氯前列烯醇 0.3 毫克。

用法：母猪分娩后 24 小时内肌内注射。

说明：以上 3 个处方用于预防母猪乳房炎的发生。

处方 4：按摩、热敷法、冷敷法。

方法：对发热、急性和有痛感的乳腺需用冷敷疗法，而不可热敷，否则将加剧乳房肿胀。对于隐形乳房炎或病程较长的乳房炎，可使用 50℃左右的热毛巾热敷，并给乳房进行按摩，促进血液循环，使过量的体液再循回到淋巴系统。按摩时，先将肥皂液涂在乳房上，沿着乳房表面旋转手指或来回按摩，然后用手将乳房压入再弹起，这对防止乳房不适症有极大的好处。

处方 5：青霉素 160 万单位，0.25% 普鲁卡因 20 毫升，鲜蛋清 20 毫升。

用法：混合，乳房基底部分 4 点封闭。

处方 6：鱼腥草注射液 20 毫升，头孢拉定注射液 2 克，地塞米松磷酸钠 5 毫升。

用法：混合肌内注射。1 次 / 天，连用 4 天。

处方 7：青霉素 400 万单位，生理盐水 250 毫升，10% 葡萄糖溶液 250 毫升，10% 氯化钠注射液 200 毫升，10% 维生素 C 注射液 20 毫升，地塞米松磷酸钠 10 毫克。

用法：一次静脉注射。

处方 8：头孢噻呋 1 克（亦可用头孢喹诺 0.5 克），安痛定 10 毫升，地塞米松磷酸钠 10 毫克，催产素 20 单位。

用法：混合肌内注射。2 次 / 天，连用 5 天。

处方 9：鱼石脂软膏。

用法：涂布患处，1 次 / 天。

处方 10：10% 葡萄糖 500 毫升，丁胺卡那霉素 1 克，地塞米松磷酸钠 10 毫克，10% 维生素 C 10 毫升。

用法：混合静脉注射。1 次 / 天，连用 5 天。

处方 11：蒲公英 100 克，金银花 100 克，益母草 50 克，当归 30 克，红花 20 克，川芎 20 克。

用法：煎服，1 剂 / 天，连服 5 天。

处方 12：蒲公英 50 克，紫地丁 50 克，车前草 50 克。

用法：煎服，1 剂 / 天，连服 5 天。

处方 13：金银花 15 克，蒲公英 15 克，连翘 20 克，玄参 20 克，黄芩 20 克。

用法：煎服，1 剂 / 天，连服 5 天。

处方 14：鱼腥草 70 克，马鞭草 100 克。

用法：煎服，拌料喂母猪，1 次 / 天，连用 3~4 天，配合青霉素封闭更好。

处方 15：红花注射液 5~10 毫升。

用法：乳房基部注射，隔日 1 次，用 2~3 次。

九、母猪产后无乳综合征

母猪产后无乳综合征也称产后泌乳障碍综合征，国内的养猪者习惯称之为母猪无乳综合征，即母猪乳房炎、子宫炎、无乳症。

母猪发病后因无乳或缺乳可引起仔猪迅速消瘦、衰竭或因感染疾病而死亡，或后期长势差，饲料报酬低。发病严重的猪场仔猪死亡率可高达 55%，一般造成的损失为窝平均减少断奶仔猪 0.3~2 头；常因子宫内膜炎、乳房炎引起母猪繁殖机能严重受损，出现繁殖障碍，如不发情、延迟发情、屡配不孕、妊娠后易发生流产等，降低母猪生产性能，还可导致母猪非正常淘汰率显著上升，使用年限短，母猪折旧费用高，影响正常的生产秩序。

（一）诊断要点

1. 病因调查

母猪无乳综合征主要由细菌性病原体、霉菌毒素、蓝耳病、应激、膀胱炎、营养管理因素引起。

2. 临床症状

母猪无乳综合征主要分为急性型和亚临床感染两种类型。

（1）急性型　母猪产后不食，体温升高至 40.5℃或更高；呼吸加快、急促，

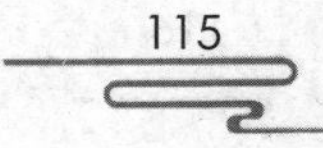

甚至困难；阴户红肿，产道流出污红色或多量脓性分泌物；乳房及乳头缩小、干瘪、乳房松弛或肥厚肿胀、挤不出乳汁、无乳；或乳腺发炎、红肿、有痛感，母猪喜伏卧，对仔猪的吮乳要求没反应或拒绝哺乳；仔猪腹泻现象如黄白痢增加，生长发育不良；个别母猪便秘，鼻镜干燥，嗜睡，不愿站立。

（2）亚临床感染型　母猪食欲无明显变化或略有减退；体温正常或略有升高，呼吸大多正常；阴道内不见或偶见污红色或白色脓性分泌物，发情时分泌物量较多；乳房苍白、扁平，少乳或无乳，仔猪不断用力拱撞或更换乳房吮乳，母猪放乳时间短；哺乳期仔猪下痢、消瘦，断奶后仔猪下痢症状消失；亚临床产后无乳综合征常因母猪症状不明显而容易被忽视，以至母猪淘汰率增加。

（二）治疗

处方 1：缩宫素 5~6 毫升。

用法：肌内注射，2 次 / 天。

说明：也可肌内注射促乳灵注射液 10 毫升，1 次 / 天。

处方 2：催产素 20~40 单位，维生素 B_1 200 毫克。

用法：混合肌内注射，2 次 / 天。

处方 3：10% 葡萄糖 500 毫升，垂体后叶素 20 单位，维生素 E 100 毫克。

用法：肌内注射。1 次 / 天，连用 3 天。

处方 4：鱼腥草 30 毫升，转移因子 2 毫升，1 毫升白介素 –4，维生素 E 100 毫克。

用法：混合肌内注射。1 次 / 天，连用 3 天。

处方 5：催产素 20~40 单位，青霉素 480 万单位，链霉素 100 万单位，地塞米松磷酸钠 5~10 毫克。

用法：混合肌内注射。

处方 6：氯前列烯醇 0.2 毫克，催产素 30 单位。

用法：1 次肌内注射，4 小时后重复一次。

处方 7：王不留行 15 克，通草 15 克，穿山甲 10 克。

用法：水煎服，1 剂 / 天，连用 5 天。

处方 8：王不留行 60 克，天花粉 60 克，漏芦 20 克，僵蚕 30 克，猪蹄 2 个。

用法：煎后分 2 份，每天早晚各服 1 份，连用 5 天。

处方 9：王不留行 40 克，通草 15 克，白术 15 克，穿山甲 15 克，白芍 20 克，黄芪 20 克，党参 20 克，当归 20 克。

用法：共研为末，拌料服用。1 剂 / 天，连用 5 天。

处方 10：王不留行 15 克，三棱 50 克，益母草 50 克，青皮 25 克，木通 10 克，赤芍 15 克，六曲 30 克。

用法：水煎至 2 000 毫升，每服 500 毫升，每天早晚各服 1 次，连用 5 天。

处方 11：党参 25 克，黄芪 25 克，熟地 30 克，当归 10 克，川芎 10 克，王不留行 30 克，穿山甲 20 克，漏芦 10 克，路路通 10 克。

用法：研末拌料喂服。1 剂 / 天，连用 3 天。

十、产褥热

母猪产褥热是母猪在分娩过程中或产后，在排出或助产取出胎儿时，软产道受到损伤，或恶露排出迟滞引起感染而发生，又称母猪产后败血症和母猪产后发热。

（一）诊断要点

1. 病因调查

本病是由产后子宫感染病原菌而引起高热。临床上以产后体温升高、寒战、食欲废绝、阴户流出褐色带有腥臭气味分泌物为特征。助产时消毒不严，或产圈不清洁，或助产时损伤产道黏膜，致产道感染细菌（主要是溶血链球菌、金黄色葡萄球菌、化脓棒状杆菌、大肠杆菌），这些病原菌进入血液大量繁殖产生毒素而发生产褥热。

2. 临床症状

母猪产后不久，体温升高到 41~41.5℃，寒战，减食或完全不食，泌乳减少，乳房缩小，呼吸加快，表现衰弱，时时磨齿，四肢末端及耳尖发冷，有时阴道中流出带臭味的分泌物。

母猪产后 2~3 天内发病，体温达 41℃而稽留，呼吸迫促，脉搏加快，超过 100 次 / 分钟，甚至达 120 次 / 分钟。精神沉郁，躺卧不愿起，耳及四肢寒冷，常卧于垫草内，起卧均现困难。行走强拘，四肢关节肿胀，发热、疼痛，排粪先便秘后下痢，阴道黏膜肿胀污褐色，触之剧痛。阴户常流褐色恶臭液体和组织碎片，泌乳减少或停止。

（二）治疗

处方 1：青霉素 480 万单位，链霉素 200 万单位，复方氨基比林 20 毫升。

用法：混合肌内注射，2 次 / 天，连用 3 天。

处方 2：速尿 100 毫克。

用法：肌内注射。

处方 3：催产素 20~40 单位。

用法：肌内注射，促进子宫残留液排出。

处方 4：穿心莲注射液 20 毫升，头孢噻呋 1 克。

用法：混合肌内注射，1 次 / 天。

处方 5：青霉素 320 万单位，链霉素 200 万单位，蒸馏水 100 毫升。

用法：子宫冲洗后注入。1 次 / 天，连用 3 天。

处方 6：30% 安乃近 20 毫升，头孢喹诺 0.5 克，地塞米松磷酸钠 10 克。

用法：高热不退，混合肌内注射，2 次 / 天，连用 3 天。

处方 7：10% 葡萄糖 500 毫升，10% 安钠咖 10 毫升，5% 碳酸氢钠 100 毫升。

用法：混合静脉注射，1 次 / 天，连用 3 天。

处方 8：当归 15 克，川芎 15 克，桃仁 15 克，炮姜 10 克，牛膝 15 克，红花 10 克，益母草 20 克。

用法：煎服，连服 3 天。

处方 9：益母草 40 克，柴胡 20 克，黄芩 20 克，乌梅 20 克，黄酒 100 毫升红糖 150 克。

用法：煎服，1 次 / 天，连用 3 天。

处方 10：当归 15 克，川芎 15 克，桃仁 15 克，炮姜 10 克，牛膝 10 克，红花 5 克。

用法：煎服，1 剂 / 天，连服 3 天。

处方 11：当归尾 15 克，炒川芎 15 克，大桃仁 15 克，炮姜炭 10 克，怀牛膝 10 克，木红花 10 克，益母草 20 克。

用法：煎服，连服 2~3 次。

十一、产后恶露

由于饲养母猪的经验不足，母猪产后或配种后恶露不尽，从阴门排出大量灰红色或黄白色有臭味的黏液性或脓性分泌物，严重者呈污红色或棕色，有的猪场后备母猪也有发生。这种情况会导致母猪不发情、推迟发情或是屡配不孕，降低了母猪利用率，给养殖户造成一定的损失。

（一）诊断要点

1. 病因调查

母猪饲养失调、湿浊行滞、湿热下注蕴结于胞宫而致胞宫热毒壅盛，或产仔过程中胎衣瘀滞胞宫、瘀血未尽，或助产消毒不严、交配过度等损伤胞宫及阴道等多种因素，中兽医把轻者称为带下，常见子宫内膜炎和卵巢炎，重者称为恶露不尽，常见于母猪产仔时胎衣没有完全排出，或死胎（包括木乃伊）没有排出，停留在子宫内腐烂，母猪自身免疫能力下降也是重要的原因。

2. 临床症状

多见母猪产后或配种后恶露不尽，从阴门排出大量灰红色或黄白色有臭味的黏液性或脓性分泌物，严重者呈污红色或棕色。

（二）治疗

处方：① 0.1% 雷夫奴尔 1 000 毫升，青霉素 240 万 ~400 万单位。

用法：用 0.1% 雷夫奴尔进行子宫冲洗，然后子宫内灌注青霉素 240 万 ~ 400 万单位。

说明：炎症急性期应清除积留在子宫内的炎性分泌物。除了可用雷夫奴尔外，还可用 1% 的温生理盐水，或用 0.02% 新洁尔灭，0.1% 高锰酸钾，1%~2% 碳酸氢钠等冲洗子宫。

② 青霉素 240 万 ~ 400 万单位，链霉素 200 万单位。

用法：肌内注射。

说明：全身症状严重时，应使用抗生素肌内注射。

十二、卵巢囊肿

卵巢囊肿是指在卵巢上形成囊性肿物，数量为 1 个到数个，其直径为 1 厘米至几厘米，卵巢囊肿主要分为卵泡囊肿和黄体囊肿两种。

（一）诊断要点

卵巢囊肿是猪卵巢最常见疾病之一，可使母猪长期不孕而被淘汰。卵巢囊肿可分为卵泡囊肿和黄体囊肿两种，其中卵泡囊肿约占 90%。卵泡囊肿是由于卵泡上皮变性、卵泡壁结缔组织增生变厚、卵细胞死亡、卵泡液未被吸收或者增多而形成的；黄体囊肿是由未排卵的卵泡壁上皮细胞黄体化，或排卵后的黄体化不足，在黄体内形成空腔，以至于液体聚集而形成的。

1. 病因调查

卵泡囊肿的发生与应激有关。试验证明，应用促肾上腺皮质激素 (ACTH) 或在发情周期的卵泡期受到应激很容易引起卵泡囊肿；夏季高温应激可干扰母猪排卵过程，从而引起卵泡囊肿病的发生。

养猪生产中，激素不合理应用，特别是过多的使用雌激素可导致卵泡囊肿的发生。饲料中缺乏维生素、母猪瘦弱及缺乏运动等因素可能使卵巢延迟排卵，如果病情进一步恶化，卵子一直不能排出即发展为卵泡囊肿。

在自然发生的黄体囊肿病中，子宫的溶黄体作用可能有缺陷。子宫内膜炎、阴道炎、胎衣不下等疾病可影响子宫的正常溶黄体作用，同时还可继发引起卵巢炎，使排卵机制和黄体的正常发育受到扰乱，从而可能导致母猪黄体囊肿的发生。

此外，卵巢囊肿和可能与遗传有关，但所占比例并不大。

2. 临床表现

患有卵泡囊肿的病母猪多肥壮，发情周期紊乱。个别猪性欲亢进，频繁、不规则、长时间持续发情达 7~10 天 (慕雄狂)。这些猪外阴充血、肿胀，常流出大量透明黏液分泌物，但屡配不孕吗，或个别受孕但产仔少，多在 7 头以下。南方年产 2 万仔猪的规模化猪场，每年发现典型慕雄狂症状的母猪一般有 3~7 头，而且多数都是断奶猪，后备猪很少发生卵泡囊肿。一侧单个小囊肿也许不干扰发情周期，有的也可受孕，但是母猪排卵数以及胚胎存活率将受到不同程度的影响。

黄体囊肿的病母猪临床表现为缺乏性欲，间隙或长期的不发情，容易误认为怀孕。

3. 病理变化

正常母猪的卵巢形态及大小不一，为（2~3）厘米 ×（1.5~2）厘米，重量 10~20 克，形状类似肾脏，有许多小卵泡和黄体突出卵巢的表面，近似一串紧凑的葡萄，卵巢上有 20~50 个直径为 1~8 毫米的卵泡，成熟的卵泡 (发情周期的 19~21 天) 和成熟的黄体 (周期的 6~15 天和妊娠黄体) 直径为 9~11 毫米。

囊肿的卵泡直径 1~6 厘米，囊肿的数目不一，严重病例，囊肿数可接近排卵数。囊肿的卵泡外观呈灰白色，表面光滑，囊壁较薄，囊内含淡黄色清亮透明的液体，手指稍用力可“噗”的一下压破。多个囊肿的卵泡使卵巢皮质严重变性，黄体完全缺无，像一个点系住数个“水铃铛”。多个黄体囊肿较少见，与卵泡囊肿区别在于黄体囊肿壁厚可达 2~3 毫米，手指压迫囊壁不那么紧张，而且很难压破，切开时有肉质感，囊内有黏稠的黄色浆液。

B 超检查，囊肿卵巢在肾后区卵巢位置可见一个或数个圆形液性暗区 (囊肿)，边界整齐、光滑，活动。

血液激素检测，卵泡囊肿外周血液中的 FSH、雌激素水平升高，黄体囊肿 LH 和孕激素的水平很高。

（二）治疗

处方 1：垂体促黄体素（LH）。

用法：垂体促黄体素 100~200 单位 / 头，肌内注射，1 次 / 天，连续用药 2~3 天。

说明：虽然此药是传统用药，但实践证明现在仍然是治疗母猪卵泡囊肿的良药。LH 可用绒毛膜促性腺素 (HCG) 代替，用药量为 500~1 000 单位 / 头，肌内注射，1 次 / 天，连续用药 2~3 天。

LH 或 HCG 可促进囊肿的卵泡黄体化，注射后 14 天注射氯前列烯醇钠将敏感期间的黄体消除，可促使新一轮的发情周期的开始。

处方 2：国产促排卵素 2 号 (LHRH–A2) 或促排卵素 3 号 (LHRH–A3)。

用法：一次肌内注射 25~50 毫克 / 头。1 次 / 天，可重复用药 2~3 次。

说明：卵泡囊肿应用促性腺激素释放激素 (GnRH) 及其类似物治疗，有良好效果。现有国产制剂促排卵素 2 号 (LHRH–A2)、促排卵素 3 号 (LHRH–A3) 等，应用剂量相同。在临床上卵泡囊肿的复发率较高，为防止复发，可在下一盛情期肌注人绒毛膜促性腺激素 1000 单位 / 头，配种的同时肌注促排卵素 25 毫克 / 头。

处方 3：氯前列烯醇钠。

用法：肌内注射，0.1~0.2 毫克 / 头。

说明：黄体囊肿可用前列腺素 (PGF2α) 及其类似物：PGF2α 对黄体有强烈的溶解作用，目前国内常见的 PGF2α 类似物有氯前列烯醇钠 (PG–CI) 和律胎素等。如果使用律胎素，剂量为 2 毫升 / 头，阴户旁注射。

处方 4：三棱 15 克，莪术 15 克，香附 15 克，藿香 15 克，青皮 15 克，陈皮 15 克，桂枝 15 克，益智仁 15 克，肉桂 10 克，甘草 5 克。

用法：共研细末，开水冲调，混入饲料中喂服至母猪发情。1 剂 / 天，连用 3 天。

十三、持久黄体

（一）诊断要点

1. 母猪发情周期停止，长时间不发情

直肠检查时可触到两侧卵巢增大，比卵巢实质稍硬，如果超过了应当发情的时间而不发情，需间隔 5~7 天进行 2~3 次直肠检查。若黄体位置、大小、形状及硬度均无变化，即可确诊为持久黄体。

2. 为了与不孕黄体加以区别，还必须仔细检查子宫

（二）治疗

处方 1：前列腺素 5~10 毫克。

用法：肌内注射，1 次 / 天，连用 2 天。

处方 2：孕马血清 30~40 毫升。

用法：肌内注射，1 次 / 天，共注射 2 天。第 1 天注射约 30 毫升，第 2 天注射约 40 毫升。

处方 3：绒毛膜促性腺激素 1 500~3 500 单位，注射用生理盐水 25 毫升。

用法：混合，肌内注射。

处方 4：促卵泡激素 100~200 单位，注射用生理盐水 5~10 毫升。

用法：混合，肌内注射。隔 2 天注射 1 次，3 次为 1 个疗程。

处方 5：胎盘组织液 20 毫升。

用法：皮下注射，每次间隔 5 天。4 次为 1 个疗程。

处方 6：维生素 K_3 注射液 40 毫克。

用法：先用手伸入直肠，隔着肠壁抓住卵巢，用食指和中指夹住卵巢的韧带，用拇指在黄体的基部把黄体摘除。之后，肌内注射维生素 K_3 注射液 40 毫克，防止出血。

十四、母猪配种过敏症

自然交配的某些初产母猪（经产母猪少见），在配种后数小时后出现一系列过敏症状，亦称为母猪精液过敏症。

（一）诊断要点

1. 病因调查

某些初产母猪与个别公猪在交配时，公猪的精液进入母猪的阴道和子宫内可产生过敏反应。

2. 临床症状

交配后的母猪表现后躯无力，不愿站立，大部分母猪卧地不起，反应迟钝，废食，结膜苍白，四肢、耳根和全身发凉，体温偏低（36~37.5℃），畏寒怕冷。

（二）治疗

处方 1：10% 安钠咖 10 毫升。

用法：肌内注射。

处方 2：5% 葡萄糖酸钙 20~50 毫升，10% 维生素 C 20 毫升，地塞米松磷酸钠 5 毫克。

用法：混合，一次静脉注射（冬季应适当加温）。

处方 3：5% 葡萄糖 500~1 000 毫升盐水。

用法：静脉注射。一般 1 次可治愈，重症者可重复注射 1 次。

十五、母猪假孕症

母猪假孕症是指母猪在发情配种后，没有出现明显返情症状，呈现受孕状态。随着时间的推移，母猪出现一系列类似正常妊娠的症状。妊娠期满，临产时虽有分娩的症状出现，结果却没有产出仔猪的一种综合病征。母猪假孕后长期消耗饲料，也使繁殖计划落空，给养殖者造成损失。

（一）诊断要点

1. 病因调查

① 母猪发情后，虽经人工授精或自然交配，但未受孕。然而卵巢上形成的黄体，不但未发生退化，相反却持续分泌孕酮，从而出现一系列类似妊娠的表现。

② 母猪哺乳带仔时间长，体况瘦弱，掉膘严重，机体营养贮备大量消耗，甚至出现哺乳瘫痪，导致机体激素分泌调节机能紊乱。

③ 饲料营养不平衡。长期饲喂单一饲料，维生素、微量元素缺乏，特别是维生素 E 严重缺乏。

④ 生殖道疾病导致卵巢功能紊乱。

⑤ 误用、滥用激素类药物催情。

⑥ 体内寄生虫侵袭生殖系统。

2. 临床症状

不同品种、不同年龄胎次的母猪一年四季都可能发生假孕。假孕母猪即使站立状态下，也看不出腹部有明显变化，脊背也看不出明显凹陷；静躺时，看不到胎动；手摸腹部，摸不到胎儿，也感觉不到胎动。

病猪发情表现近似正常，配种后，随着时间的推移，母猪有类似正常妊娠的表现，行动迟缓，膘情逐渐恢复，腹部略有增大，但不明显。分娩前，病猪有衔草做窝行为，走动不安，排泄次数增多，阴户肿胀，但无黏液流出。乳房虽明显膨胀，可挤出乳汁，但乳汁较少且稀薄。分娩时母猪有明显分娩症状，有阵缩表现。在经过几个阵缩后，未见羊水流出，腹围突然缩小，结果没有产出仔猪。

（二）治疗

处方 1：甲基睾丸酮 1~2 毫克。

用法：肌内注射。

处方 2：前列腺素 1~2 毫克。

用法：肌内注射。

说明：

① 做好母猪分阶段饲喂工作，防止母猪膘情过肥或过瘦。要尽可能供给青绿饲料，要注意维生素 E 的补充，添加亚硒酸钠维生素 E 粉，或将大麦浸捂发芽后，补饲母猪。

② 如果母猪是异常发情，不要急于配种，应采取针对性治疗措施。在自然状态下正常发情后，再进行配种。

③ 做好断奶母猪的“短期优饲”。刚断奶隔离的母猪，应强化断奶后的饲养管理，适量补充蛋白质饲料。每次断奶隔离后，都要进行一次驱虫、防疫。对于膘情特差的母猪，要在膘情得到有效恢复后，再进行配种。

④ 仔细观察母猪配种后的行为，发现假孕母猪及早采取措施，终止伪妊娠。

处方 3：青霉素 320 万单位。

用法：肌内注射。2 次 / 天，连续用药 3 天。

说明：在母猪分娩后肌内注射青霉素，可预防生殖道疾病对卵巢功能造成的影响。

十六、阴道脱出

猪阴道壁一部分或全部突出于阴门之外称为阴道脱出。此病在产前或产后均可发生，尤以产后发生较多。

（一）诊断要点

1. 病因调查

饲养管理不善，饲料不足，缺乏蛋白质和矿物质；母猪年老经产；缺乏运动，场地狭小、拥挤等；长途运输，肠胃臌气、剧烈腹泻；怀孕后期胎儿胎水过多、腹压过大，难产助产时易发。

2. 临床症状

临床上根据阴道脱出的程度分为阴道不全脱和阴道全脱。

（1）阴道不全脱　母猪卧地后见到从阴门突出鸡蛋大或更大些的红色球形的脱出物，而在站立后脱出物又可脱回，随着脱出的时间拖长，脱出部逐渐增大，可发展成阴道全脱。

（2）阴道全脱　为整个阴道呈红色大球状物脱出于阴门之外，往往母猪站立后也不能缩回。严重时，可于脱出物的末端发现呈结节状的子宫颈阴道部。有时直肠也同时脱出。如不及时治疗，常因脱出的阴道黏膜暴露于外界过久，而发生淤血、水肿乃至损伤、发炎及坏死。

（二）治疗

处方 1：0.1% 高锰酸钾液或 2% 明矾液 1 000 毫升，70% 酒精 10 毫升。

用法：当阴道部分脱出时，可行整复。用温热的 0.1% 高锰酸钾液或 2% 明矾水洗净脱出部分，并用手轻轻揉摩，然后用 70% 酒精 10 毫升缓慢向阴道壁内注射，随后将脱出阴道还纳至原位，并不需要缝合阴门。在 3~4 天内喂给稀的易消化饲料，不要喂得过饱，以减轻腹压。

处方 2：0.1% 高锰酸钾液或 2% 明矾液 1 000 毫升。

用法：整复并固定。

说明：当阴道全脱出时，必须施行整复和固定。首先用温热的清水彻底清洗脱出的阴道壁，再用 0.1% 高锰酸钾液或 2% 明矾液冲洗，冲洗后用手将脱出部还纳到原位，然后采用阴门缝合法进行固定。阴门的缝合多用纽扣缝合法、圆枕缝合法、双内翻缝合法或袋口缝合法。当用前 3 种缝合法时，从距阴门 3~4 厘米处下针为宜，并且用三道缝合，只缝阴门上角及中部，以免影响排尿。采用袋口缝合法时，也应在距阴门 3~4 厘米处下针。缝合数日后，如果母猪不再努责，或临近分娩时，应立即拆线。

处方 3：青霉素 400 万单位，链霉素 100 万单位，氨基比林 10 毫升。

用法：混合肌内注射，2 次 / 天，连用 3~5 天。

处方 4：党参 30 克，黄芪 30 克，白术 30 克，柴胡 20 克，升麻 30 克，当归 20 克，陈皮 20 克，甘草 15 克。

用法：水煎或研末，开水冲调，候温灌服。1 剂 / 天，连用 2~3 天。

说明：本方补中益气。也可直接用补中益气丸 30 丸，拌料内服，1 次 / 天，连用 7 天。

第七章　常见寄生虫病

一、猪弓形虫病

弓形虫病是一种世界性分布的人畜共患的血液原虫病，在人、畜及野生动物中广泛传播，有时感染率很高。猪暴发弓形虫病时，常可引起整个猪场发病，仔猪死亡率可高达 80%以上。因此，目前，猪弓形虫病在世界各地已成为重要的猪病之一。

（一）诊断要点

1. 病原体

弓形虫病的病原体为球虫目、弓形虫科、弓形虫属的袭地弓形虫，简称弓形虫。弓形虫为双宿主生活周期的寄生性原虫，猫是其终末宿主，虫体寄生在猫的肠道上皮细胞内，形成卵囊随粪便排出，污染环境、牧草、饮水和饲料，被人或猪等 40 多种动物吃下后而发病。被吞食的卵囊进入中间宿主的肠道后，卵囊中的子孢子逸出，进入中间宿主血液而分布到全身各处，再进到细胞内繁殖，引起人、畜发病。一年四季均可发生，但以气温高、湿度大的地区多见。

弓形虫的生活史分为 5 期：滋养期、包囊期、裂殖期、配子体和卵囊期。前两期为无性生殖期，出现于中间宿主和终宿主体内；后三期为有性生殖期，只出现终宿主体内。

游离于宿主细胞外的滋养体通常呈弓形或月牙形，寄生于细胞内的滋养体呈梭形。滋养体的一端锐尖，一端钝圆，核位于虫体的中央或略偏于钝圆端。滋养体主要发现于急性病例，在腹水中，常可见到正在繁殖的虫体，其形态不一，有柠檬状、圆形、卵圆形，还有正在出芽的不规则形状等；有时在宿主细胞的包浆内许多滋养体聚集在一个囊内，称此为假囊，囊内含有数个、数十个或数百个速殖体。慢性病例由于宿主的免疫力增强，大部分滋养体核假囊被消灭，仅在脑、骨骼和眼内存有部分虫体。这些虫体分泌一些物质，形成包囊，其中含有圆形或椭圆形的虫体，称此囊内的虫体为慢殖体。包囊能在宿主体内长时间寄生，可长达数月或数年以至终生寄生于宿主体内。

老母猪呈隐性感染，虽不显症状，但可通过胎盘传给胎儿引起流产、死胎或产下弱仔；若未发生胎盘感染，产下的健康仔猪吃母乳后，亦会感染发病。5 日龄乳猪即可发病。育肥猪及后备种公猪、种母猪多在 3~6 月龄感染发病，其中以 3 月龄多发。

2. 流行特点

本病自 20 世纪 60 年代传入我国，经过 50 多年，其流行特点不断发生变化，由以往的暴发性流行到近年来以隐性感染和散发为主。当然也有局部的小范围流行，但已很少见。① 暴发性是突然发生，症状明显而重，传播迅速，病死率高。② 急性型是同舍各圈猪相继发病，一次可发病 10~20 头。③ 零星散发是某圈发病 1~2 头，经过几天另圈又发 1~2 头，在 2~3 周内零星散发，持续 1 个月后逐渐平息。④ 隐性型即临床不显症状。目前大多数猪场多发此型。

3. 临床症状

据报道，国内各地发生的弓形虫病的症状基本相同；而自然感染和人工感染的症状也基本相同。本病的潜伏期为 3~7 天，病程多为 10~15 天。

① 呼吸困难，呈腹式呼吸，育肥猪有咳嗽、流鼻液，乳猪偶有咳嗽和流鼻液。

② 耳尖、阴户、包皮尖端、腹底的皮肤上可见出血性紫斑。乳猪明显，往往有从耳尖向耳根推进或减退的情况，作为疾病轻重的标志。育肥猪偶尔有此现象。

③ 体温 40.5~42℃，呈稽留热型。

④ 乳猪可出现神经症状，如转圈、共济失调等。

⑤ 伏卧难起，迫起后步态不稳，个别关节肿大。

⑥ 腹股沟淋巴结肿大明显。

⑦ 食欲下降或食欲废绝，精神沉郁。

⑧ 育肥猪和后备母猪大便可呈煤焦油状血痢或呈无血的腹泻。

⑨ 怀孕母猪可引起流产、死胎、畸形胎、弱仔，弱仔产下数天内死亡，母猪流产后很快自愈，一般不留后遗症。

4. 剖检变化

① 仔猪发病后 2~3 天，生长育肥猪发病 5~7 天，其体表毛根处有出血性紫红色斑点。

② 腹股沟、肠系膜淋巴结肿大，外观呈淡红色，切面呈酱红色花斑状。

③ 肝大小正常或稍肿大，质地较硬实，表面散在灰红色和灰白色坏死灶，切面有芝麻至黄豆大小的灰白色和灰黄色斑点。

④ 脾肿大明显，边缘有出血性梗死。

⑤ 肾外膜有少数出血点，表面有灰白色坏死小点及出血小点。

⑥ 肺间质增宽，小叶明显，切面流出多量带泡沫的液体，有的可夹有血液。肺表面颜色呈暗红色，有的苍白，有的布满灰白色粟大坏死灶。

⑦ 心耳和心外膜有的有出血小点。

⑧ 胸、腹腔液增多，呈透明黄色。

（二）治疗

处方 1：磺胺嘧啶 70 毫克 / 千克体重，甲氧苄氨嘧啶 14 毫克 / 千克体重。

用法：混合内服。2 次 / 天，连用 5 天。

处方 2：磺胺甲氧吡嗪 50 毫克 / 千克体重，甲氧苄氨嘧啶 14 毫克 / 千克体重。

用法：混合。内服，1 次 / 天，连用 3 天。

处方 3：乙胺嘧啶 6 毫克 / 千克体重，磺胺嘧啶 70 毫克 / 千克体重。

用法：混合内服。2 次 / 天，连用 5 天。

处方 4：磺胺间甲氧嘧啶 0.1 克 / 千克体重（首次维持 0.05 克 / 千克体重），甲氧苄氨嘧啶 14 毫克 / 千克体重。

用法：混合内服。2 次 / 天，连用 4 天。

处方 5：12% 复方磺胺甲氧吡嗪注射液 10 毫升。

用法：肌内注射。1 次 / 天，连用 5 天。

处方 6：增效磺胺 –5– 甲氧嘧啶注射液 0.2 毫升 / 千克体重。

用法：肌内注射。2 次 / 天，连用 5 天。

处方 7：增效磺胺间甲氧嘧啶注射液 25 毫克 / 千克体重。

用法：肌内注射。1 次 / 天，连用 5 天。

处方 8：槟榔 7 克，常山 10 克，桔梗 6 克，柴胡 6 克，麻黄 6 克。

用法：水煎服。1 剂 / 天，连用 5 天。

处方 9：鲜鱼腥草 500 克，鲜韭菜 1 000 克，绿豆 500 克，大米 500 克。

用法：先将绿豆、大米用水浸泡，与鲜鱼腥草、韭菜捣烂，加食盐、葡萄糖各 200 克，水 3 000 毫升冲服（10 头仔猪用量）。

处方 10：蟾蜍 3 只，苦参 20 克，大青叶 20 克，连翘 20 克，蒲公英 40 克，金银花 40 克，甘草 15 克。

用法：水煎服。1 剂 / 天，连用 5 天。

处方 11：常山 20 克，槟榔 12 克，柴胡 8 克，桔梗 8 克，麻黄（后下）8 克，甘草 8 克。

用法：水煎服。1 剂 / 天，连用 4 天。

二、猪球虫病

球虫病是由球虫寄生于猪肠道的上皮细胞内引起。猪等孢球虫常见病原体，常引起仔猪下痢和增重降低。成年猪常呈隐性感染或带虫者。

（一）诊断要点

1. 病原体

病原体为艾美耳科的艾美耳属和等孢属，致病性较强的有猪等孢球虫、蒂氏艾美耳球虫、粗糙艾美耳球虫和有刺艾美耳球虫。临床上，除猪等孢球虫外，一般多为混合感染。

该科虫体卵囊的结构以艾美耳属最具代表性。卵囊壁 1 层或 2 层，内衬一层膜。可能有卵膜孔，孔上有一盖，称极帽。该属卵囊内有 4 个孢子囊，每个囊内含 2 个子孢子。卵囊和孢子囊内分别有卵囊残体和孢子囊残体，分别为孢子囊和子孢子形成后的剩余物质。孢子囊一端有一突起，称斯氏体。子孢子通常为长形，一端钝，一端（前端）尖，也可为香肠状，通常有一个蛋白性的明亮球称折光球，其功能不详。

裂殖子由在宿主细胞内进行的裂殖生殖形成。裂殖子和子孢子均有顶复体。子孢子、裂殖子和孢子囊残体均含有碳水化合物颗粒。孢子囊残体还含有脂肪颗粒。子孢子和裂殖子均覆有表膜。表膜有 2 层，外层为连续的限制性膜，内层在极环处终止。它们均含有 22~26 个亚表膜下微管，1 个类锥体，由螺旋形排列的微管组成。在类锥体前端有 1 个或 2 个环，有 1 个极环，1 个有核仁或无核仁的核，几个棒状体，几个微线体。还有明亮球、内质网、高尔基体、线粒体、微孔、脂质体、卵形多糖体和核糖体。

（1）艾美耳属　每个卵囊有 4 个孢子囊，每个孢子囊内含 2 个子孢子，种类很多。

（2）等孢属　卵囊含有 2 个孢子囊，每个孢子囊含 4 个子孢子。种类较多，可以感染多种动物。对猪、犬、猫等危害较大。

球虫进入小肠绒毛上皮细胞内寄生。生殖分 3 个阶段。在内寄生阶段，经过裂殖生殖和配子生殖，最后，形成卵囊排出体外。仔猪感染后是否发病，取决于摄入的卵囊的数量和虫种。仔猪群过于拥挤和卫生条件恶劣时便增加了发病的危险性。

等孢球虫的生活史可分为孢子生殖（孢子化）阶段、裂殖生殖（裂体增殖）阶段和配子生殖（有性生殖）3 个阶段。裂殖生殖阶段和配子生殖阶段是在机体内完成，合称为内生发育阶段。孢子化阶段是指粪便中的卵囊从未孢子化的、不具有感染力的阶段发育为有感染力的阶段。整个孢子化过程是在机体外完成的，在20~37℃时猪等孢球虫的卵囊能迅速孢子化。

2. 流行特点

各品种的猪都有易感性，哺乳仔猪发病率高，容易继发其他疾病，死亡率高，成年猪多为带虫感染。

感染性卵囊（孢子化卵囊）被猪吞食后，孢子在消化道释出，侵入肠上皮细胞，经裂殖生殖和配子生殖后，形成新的卵囊，脱离肠上皮细胞，随猪粪便排出体外，在外界经孢子生殖阶段，发育为感染性卵囊。饲料、垫草和母猪乳房被粪便污染时常引起仔猪感染。饲料的突然变换、营养缺乏、饲料单一及患某种传染病时，机体抵抗力降低，容易诱发此病。

潮湿有利于球虫的发育和生存，故该病多发于潮湿多雨的季节，特别是在潮湿、多沼泽的牧场最易发病，冬季舍饲期也可能发生。

潜伏期2~3周，有时达1个月。

3. 临床诊断

猪等孢球虫的感染以水样腹泻或脂样腹泻为特征，多发生于7~10日龄哺乳仔猪，有报道表明猪等孢球虫引起5~6周龄断奶仔猪的腹泻，腹泻出现在断奶后4~7天时，发病率很高（80%~90%），但死亡率都极低。发病初期粪便松软或呈糊状，随着病情加重粪便呈水样。仔猪身上黏满液状粪便，使其看起来很潮湿，并且会发出腐败乳汁样的酸臭味。病猪表现衰弱、脱水，发育迟缓，时有死亡。不同窝的仔猪症状的严重程度往往不同，即使同窝仔猪不同个体受影响的程度也不尽相同。组织学检查，病灶局限在空肠和回肠，以绒毛萎缩与变钝、局灶性溃疡、纤维素坏死性肠炎为特征，并在上皮细胞内见有发育阶段的虫体。

艾美耳属球虫通常很少有临床表现，但可发现于1~3月龄腹泻的仔猪。该病可在弱猪中持续7~10天。主要症状有食欲不振，腹泻，有时下痢与便秘交替。一般能自行耐过，逐渐恢复。

4. 粪便检查

猪球虫卵囊的粪便检查方法很多，以饱和盐水（比重=1.20克/毫升）漂浮法较多见，但仅从粪检中查获卵囊或进行粪便卵囊计数是不够的，必须辅以剖检，在小肠上皮细胞中查见艾美耳球虫或等孢球虫的内生性阶段虫体及出现相应的病理变化才可进行确诊。

本病的剖检特征是中后段空肠有卡他性或局灶性、伪膜性炎症，空肠和回肠黏膜表面有斑点状出血和纤维素性坏死斑块，肠系膜淋巴结水肿性增大。显微镜下观察可见肠绒毛的萎缩、融合，肠隐窝增生、滤泡增生和坏死性肠炎，肠上皮细胞灶性坏死，在绒毛顶端有纤维素性坏死物，并可在上皮细胞内见到大量成熟的裂殖体、裂殖子等内生性阶段虫体。对于最急性感染的诊断必须依据小肠涂片和组织切片发现发育阶段虫体，因为猪可能死在卵囊形成之前。组织学检查，病灶局限在空肠和回肠，以绒毛萎缩与变钝、局灶性溃疡、纤维素坏死性肠炎为特征，并在上皮细胞内见有发育阶段的虫体。

（二）治疗

处方 1：氨丙啉 60 毫克 / 千克体重。

用法：仔猪内服。

处方 2：氯苯胍 20 毫克 / 千克体重。

用法：内服。1 次 / 天，连用 4 天。

处方 3：磺胺氯吡嗪钠 600 毫克 / 千克。

用法：饮水。连用 4 天。

处方 4：磺胺二甲基嘧啶 0.1 克 / 千克体重。

用法：内服。1 次 / 天，连用 4 天。

处方 5：旱莲草、地锦草、鸭跖草、败酱草、翻白草各等份，混合。

用法：煎服 50 克 / 头，1 剂 / 天，连用 4 天。

三、猪结肠小袋纤毛虫病

猪结肠小袋虫病是由纤毛虫纲毛口目小袋虫科的结肠小袋虫寄生于猪的大肠引起的一种常在性的寄生虫病，可感染任何年龄的猪。结肠小袋虫除感染猪外，还可感染人、大鼠、小鼠、豚鼠、狗及灵长类动物，是一种人兽共患寄生虫病。只有在猪体内环境发生改变时才会引起暴发。如不及时控制，可引起大量的死亡，造成严重的经济损失。

（一）诊断要点

1. 病原

猪结肠小袋纤毛虫在发育过程中有滋养体和包囊两个时期。

当猪吞食了被包囊污染的饮水和饲料后，囊壁在肠内被消化，包囊内虫体逸出变为滋养体，进入大肠寄生，以淀粉、肠壁细胞、红细胞、白细胞、细菌等为食料。然后以横二分裂法繁殖，即小核首先分裂，继而大核分裂，最后胞质分开，形成两个新个体。经过一定时期的无性繁殖后，虫体进行有性接合生殖，然后又进行二分裂法繁殖。部分新生的滋养体在不良环境或其他因素的刺激下变圆，分泌坚韧的囊壁包围虫体成包囊，随宿主粪便排出体外。本虫的包囊期没有包囊内生殖，一个包囊将来只能变为一个滋养体，滋养体若随粪便排出，也可在

外界环境中形成包囊。

2. 流行病学

结肠小袋纤毛虫是猪体内的常见寄生虫，猪是本病的重要传染源。我国许多省、自治区都发现本虫，在西南、中南和华南地区，猪的感染较普遍。一般认为人体的大肠环境对结肠小袋纤毛虫不甚适合，因此人体的感染较少见。

3. 临床症状

有下列 3 种类型。

（1）潜在型　该型感染猪无症状，但是带虫传播者，主要发生在成年猪。

（2）急性型　该型多发生在幼猪，特别是断奶后的保育小猪。主要表现为水样腹泻，混有血液。粪便中有滋养体和包囊两种虫体存在。病猪食欲不振，渴欲增加，喜欢饮水，消瘦，粪稀如水、带有组织碎片、恶臭。被毛粗乱无光，严重者 1~3 周死亡。

（3）慢性型　常由急性型病猪转变而来，病猪消化机能障碍、贫血、消瘦、脱水，发育障碍，陷于恶病质，常常死亡。

4. 粪便检查

自小肠、结肠和盲肠分别取少量稀便和肠黏膜刮取物，滴于载玻片上，加适量生理盐水，盖上盖玻片，于低倍镜暗视野观察，仅在结肠和盲肠内容物及肠黏膜刮取物中发现结肠小袋虫滋养体和包囊，而小肠内容物及其黏膜刮取物中未见到。滋养体呈卵圆形或梨形囊状，大小为（30~150）微米 ×（25~120）微米，身体前端有一略为倾斜的沟，沟的底部有胞口，由于胞口的吸附作用，引起其周围液体的流动。囊内有一个主核，呈腊肠样。滋养体的外部有纤毛，通过纤毛有规律地摆动，虫体旋转并向前快速移动。包囊壁光滑，呈球形或卵圆形，大小为 40~60 微米，囊内有 1 个虫体。包囊不能自主运动，但可随粪液的流动而移动，其壁易变形。

另外，死后剖检可在肠黏膜涂片上查找虫体，观察直肠和结肠黏膜上有无溃疡。

5. 病理变化

病猪严重脱水，后躯被粪水污染；剖检可见结肠和盲肠壁变薄，黏膜上有瘀血斑和少量溃疡灶；肠内容物稀薄如水，含有组织碎片，恶臭；肠系膜淋巴结肿大、出血。其他组织和器官未见异常。

（二）治疗

处方 1：二甲硝咪唑（迪美唑）。

用法：肌内注射 20 毫克 / 千克体重，2 次 / 天，连用 5 天；或按每千克饲料 500 毫克拌料混饲，连用 2 周。

处方 2：常山 10 克，诃子 10 克，大黄 10 克，木香 10 克，干姜 5 克，附子 5 克（体重 20~30 千克仔猪的用量）。

用法：共研细末，加蜂蜜 100 克，开水冲调，空腹灌服。1 剂 / 天，连服 3~5 天。

处方 3：白头翁 60 克，黄连 30 克，黄柏 45 克，秦皮 60 克，地榆炭 45 克，马齿苋 60 克。

用法：研末，剂量：2 克 / 千克体重，开水冲调灌服。2 次 / 天，连用 3 天以上。

四、猪锥虫病

（一）诊断要点

1. 病原

不同种的锥虫可引起马、牛、猪、犬等动物的血液原虫病，世界各地都有发生，特别在热带地区多见。虫体呈纺锤状或柳叶状，两端变窄，前端较尖，后端稍钝。靠近虫体中央有一个圆核细胞核（主核）靠近后端有一点状的动基体。鞭毛由生毛体生出，沿体一侧边缘向前延伸，最后至前端伸出体外，成为游离鞭毛与体部一皱曲的薄膜相连，因随鞭毛运动而发生波动运动，称之为波动膜。

2. 流行病学

本病 7—9 月多发，主要发生在吸血昆虫（虻蝇）活跃的地区或由蝙蝠传播。兽医注射用具消毒不严，也可能人为传播。伊氏锥虫进入昆虫的口吻和胃内，一般生存 24 小时，但 4 小时以后已经无感染力。

3. 临床症状

病猪有不规则的间歇热，猪体温达 40℃以上，精神不振，食欲减退，消瘦、贫血、脊背毛易脱落，四肢僵硬，后肢能出现浮肿，按压呈捏粉状，尾、耳有不同程度的坏死，个别病例皮肤有疹块，淋巴结肿大。有的衰竭昏迷而死，有的突然倒地死亡，有的出现神经症状，孕猪发病后 2~5 天内流产死胎。

4. 实验室检查

病猪耳尖采血一滴，滴于载玻片上，检查是否有活动的锥虫。另可制成血片，经姬氏染色或瑞氏染色后镜检，发现虫体即可确诊。间接血凝试验，只能检测猪体有否感染，除非出现症状才可确诊。

（二）治疗

处方 1：贝尼尔。

用法：剂量：5~7 毫克 / 千克体重，用 5% 葡萄糖盐水稀释成 10% 溶液，肌内注射。隔日再使用1次。

处方2：拜尔205。

用法：8~12毫克/千克体重，用生理盐水稀释成10%溶液，静脉注射，隔2~3日重复用药1次。

五、姜片吸虫病

由姜片吸虫寄生于猪和人的小肠所引起的一种吸虫病，偶见于犬。病猪消瘦、发育不良和肠炎等，严重时可能引起死亡。

（一）诊断要点

1. 病原

病原为布氏姜片吸虫，是吸虫中较大的一种，长30~75毫米，宽8~20毫米。整个轮廓大体呈长卵圆形，像一个斜切的厚姜片，故称姜片吸虫。前窄后宽，没有如肝片形吸虫那样的“肩”，相当肥厚；新鲜虫体呈暗红色或肉红色；前端有较小的口吸盘，稍后有一个发达的腹吸盘，肉眼可以清楚地看到。虫卵呈淡黄褐色，色较灰暗，大小为（130~150）微米 ×（85~97）微米。

雄性生殖器官：睾丸2个，分支，前后排列在虫体后部的中央，两条输出管合并为输尿管，膨大的为贮精囊。雄茎囊很发达，生殖孔开口在腹吸盘的前方。

雌性生殖器官：卵巢1个，分支，位于虫体中部而稍偏后方，卵膜呈圆形，在虫体中部，周围为梅氏腺，卵黄腺呈滤泡状，位于虫体两侧，无受精囊，子宫弯曲在虫体前半部，位于卵巢与腹吸盘之间，内含虫卵。

虫体在猪和人小肠内产卵，卵随粪便排到体外，在适宜温度26~36℃下，经3~7周，卵内生成毛蚴。孵出的毛蚴在水中游泳，钻入扁卷螺体内，经历胞蚴、雷蚴到尾蚴，当尾蚴离开螺体，游入水中，遇到水浮莲、水葫芦、菱角、荸荠、慈菇一类的水生植物，即在其上变为囊蚴。随着水生植物被猪食入时，进入猪消化道，囊蚴的壁在消化酶和胆汁的作用下崩解，幼虫在小肠内游离出来，吸着在肠黏膜上，逐渐长大至性成熟期。在猪小肠内，由幼虫长为成虫，一般需90~103天，生存时间为9~13个月。

胞蚴呈包囊状，营无性繁殖，内含胚细胞、胚团及简单的排泄器。逐渐发育，在体内生成雷蚴。

雷蚴呈包囊状，营无性繁殖，有咽和一袋状盲肠，还有胚细胞和排泄器，有些吸虫的雷蚴有产孔和一对、二对足突，有的吸虫仅有一代雷蚴，有的则存在母雷蚴和子雷蚴两期。雷蚴逐渐发育为尾蚴，尾蚴由产孔排出。缺产孔的雷蚴，尾蚴由母体破裂而出。尾蚴在螺体内停留一定时间，成熟后即逸出螺体，游于水中。

尾蚴由体部和尾部构成。不同种类吸虫尾蚴形态不完全一致。尾蚴能在水中活跃地运动。体表具棘，有 1~2 个吸盘。消化道包括口、咽、食道和肠管，还有排泄器、神经元、分泌腺和未分化的原始的生殖器官。尾蚴可在某些物体上形成囊蚴而感染终末宿主；或直接经皮肤钻入终末宿主体内，脱去尾部，移行到寄生部位，发育为成虫。但有些吸虫尾蚴需进入第二中间宿主体内发育为囊蚴，才能感染终末缩主。

囊蚴系尾蚴脱去尾部，形成包囊后发育而成，体呈圆形或卵圆形。囊内虫体体表常有小棘，有口、腹吸盘，还有口、咽、肠管和排泄囊等构造。生殖系统的发育不尽相同：有的只有简单的生殖原基细胞；有的则有完整的雌器官、雄器官。囊蚴是通过其附着物或第二中间宿主进入终末宿主的消化道内，囊壁被胃肠的消化液溶解，幼虫即破囊而出，经移行，到达寄生部位，发育为成虫。

2. 流行病学

本病往往呈地方性流行。其主要流行因素有以下几个方面。

（1）6—9 月是感染的最高峰　人、畜粪便是主要的肥料。在姜片吸虫病流行地区，患者（人和畜）的粪内常含有大量的虫卵，粪便未经生物热处理即用为肥料，常能造成本病的流行。28~32℃温度最适宜虫卵的发育，仅 9~11 天毛蚴即孵化；在 32~35℃下则需要 22 天。天气越冷发育越慢，在 18~20℃下需 37 天，15℃下需 49 天，在 3~9℃的温度下，虫卵停止发育，但不死亡。在南方，每年 5—7 月本病开始流行，6—9 月是感染的最高峰，5—10 月是姜片形吸虫病的流行季节。猪只一般在秋季发病较多，也有延至冬季。

（2）我国南方以水浮莲和假水仙等水草为养猪的主要青饲料　猪喜欢生吃新鲜水草，因此，有些猪场在附近筑塘种植水生植物，让猪自由采食，或捞取水草生喂猪只；猪舍内的粪尿，又常从水沟直接流入塘内，或生粪直接追肥。故一般肥分好，水生植物长得茂盛的池塘，也适于扁卷螺的生长发育。由于猪粪中大量虫卵带入池塘，从而造成了猪姜片吸虫完成发育史的有利条件。

（3）扁卷螺多孳生在枝叶茂盛、阳光隐蔽和肥料充足的塘内　水浮莲、假水仙等水生植物生长茂密的池塘是扁卷螺生长的最好环境；扁卷螺也就在这种塘内感染姜片吸虫幼虫。在南方，半球多脉扁螺和尖口圆扁螺的感染率最高，每年除 2—3 月外，其他各月份均有感染，其中以 6—8 月为最高峰。尾蚴逸出与季节有很大关系，春季尾蚴大量逸出，到夏季数量减少，秋季更少，初冬尾蚴停止出现。因此，南方姜片吸虫的感染多在春夏两季，动物开始发病。冬季青料较少，饲养条件差，天气寒凉，病情更为严重，死亡率也高。

（4）姜片吸虫病和猪的品种、年龄与体重的关系　姜片吸虫病与宿主品种有关，据资料统计，纯种猪较本地种和杂种猪的感染率要高，南方以白种约克夏猪的感染率高，发病率也高；本病的发生与猪的年龄关系也很大，主要危害幼猪，以 5~8 月龄感染率最高，过了 9 个月以后，随年龄之增长感染率下降。幼猪感染姜片吸虫病以后，发育受阻。在流行地区，饲养 5~6 个月的小猪，有的体重才 10~18 千克，而正常猪的体重可达 50 千克以上。

3. 临床症状

幼猪断奶后 1~2 个月就会受到感染。一般对人危害严重，对猪危害较轻。寄生少量时一般不显症状。虫体大多数寄生于小肠上段。吸盘吸着之处由于机械刺激和毒素的作用而引起肠黏膜发炎。腹胀、腹痛、下痢或腹泻与便秘交替发生。虫体寄生过多时，往往发生肠堵塞（可多至数百条），如不及时治疗，可能发生死亡。可引起儿童营养不良，发育障碍，病人有面部和下肢浮肿等症状。

姜片吸虫多侵害幼猪，导致幼猪发育不良，被毛稀疏无光泽，精神沉郁，低头，流涎，眼黏膜苍白，呆滞。食欲减退，消化不良，但有时有饥饿感。有下痢症状，粪便稀薄，混有黏液。严重时表现为腹痛，水泻，浮肿，腹水等症状。患病母猪泌乳量减少，影响仔猪生长。

4. 病理变化

姜片吸虫吸附在十二指肠及空肠上段黏膜上，肠黏膜有炎症、水肿、点状出血及溃疡。大量寄生时可引起肠管阻塞。

5. 实验室诊断

取粪样用水洗沉淀法检查。如发现虫卵，或剖检时发现虫体即可确诊。

水洗沉淀法适用于检查吸虫卵，取粪便 5 克，加清水 100 毫升，搅匀成粪液，通过 250~260 微米（40~60 目）铜筛过滤，滤液收集于三角烧瓶或烧杯中，静置沉淀 20~40 分钟，倾去上层液，保留沉渣，再加水混匀，再沉淀，如此反复操作直到上层液体透明后，吸取沉渣检查。

（二）治疗

处方 1：硫双二氯酚，0.1 克 / 千克体重。

用法：一次内服。

处方 2：吡喹酮，50 毫克 / 千克体重。

用法：一次内服。

处方 3：硝酸氰胺，5 毫克 / 千克体重。

用法：一次内服。

处方 4：敌百虫，0.1 克 / 千克体重（最大量不超过 7 克）。

用法：一次内服。

处方 5：槟榔粉，0.5 克 / 千克体重。

用法：拌料，一次喂服。

处方6：槟榔25克，本香5克。

用法：煎服。早晨空腹服下，连用2~3天。

处方7：苏木40克，贯众10克，槟榔30克。

用法：水煎服。隔日服1次。

处方8：贯众25克，槟榔30克，厚朴30克，木通30克，泽泻30克，肉豆蔻30克，苏木40克，茯苓30克，胆草30克，甘草10克。

用法：水煎服。

说明：此量为100千克猪的用量。

六、华枝睾吸虫病

华枝睾吸虫寄生于人、猪、狗、猫等动物的胆囊和胆管内所引起的一种寄生虫病称为华枝睾吸虫病。

（一）诊断要点

1. 病原

华枝睾吸虫的虫体扁平呈叶状，前端稍尖，后端较钝，体表平滑，大小为（10~25）毫米 ×（3~5）毫米。口吸盘大于腹吸盘。两条盲肠直达虫体后端。两个分支的睾丸前后排列在虫体的后1/3部位。从睾丸各发出一条输出管，在虫体的中部，两条汇合成输精管，其膨大部形成贮精囊，末端为射精管，开口于雌雄生殖孔，通入生殖腔。卵巢分叶，位于睾丸之前，受精囊发达，呈椭圆形，位于睾丸与卵巢之间。劳氏管细长，开口在虫体的背面，输卵管的远端为卵膜，周围为梅氏腺，位于睾丸之前，卵黄腺排列在虫体中部两侧，由许多细颗粒组成，左右卵黄管汇合为一个卵黄囊。子宫从卵膜开始，弯曲至虫体的前半部，内充满虫卵。虫卵小，大小为（27~35）微米 ×（12~20）微米，黄褐色，有肩峰，上端有卵盖，下端有一小突起，内含毛蚴。

虫卵随粪便排出，进入水中，被适宜的第一中间宿主螺蛳吞食后，在螺的消化道中孵出毛蚴。毛蚴进入螺蛳的淋巴系统，发育为胞蚴、雷蚴和尾蚴。

成熟的尾蚴离开螺体游入水中，如遇到适宜的第二中间宿主，某些淡水鱼和虾，即钻入其肌肉内，形成囊蚴。人、猪、犬和猫是由于吞食含有囊蚴的鱼、虾而受感染的。幼虫在十二指肠破囊而出，并从总胆管进入肝胆管，约经一个月发育为成虫并开始产卵。

2. 流行病学

华枝睾吸虫病主要分布于东南亚诸国，如日本、朝鲜、越南、老挝和中国

等，在我国的分布是极其广泛的，除青海、西藏、甘肃和宁夏外，其余27个省区市均有报道。宿主有人、猫、犬、猪、鼠类以及野生的哺乳动物，食鱼的动物如鼬、獾、貂、野猫、狐狸等均可感染。华枝睾吸虫病是具有自然疫源性的疾病，是重要的人兽共患病。

猪华枝睾吸虫病的发生和流行取决于以下几个因素。

（1）有适宜的中间宿主　淡水螺和淡水鱼、虾生存的水环境和中间宿主的广泛存在是华枝睾吸虫病发生和流行的重要因素。此外，囊蚴对淡水鱼、虾的选择并不严格，除上述鱼、虾外，水沟或稻田的各种小鱼虾均可作为第二中间宿主。

（2）人和猪的粪便管理不严　由于人或猪、狗、猫等都是华枝睾吸虫的终末宿主，人和猪的粪便管理不严而随便倒入河沟和池塘内；有的地区在河沟、鱼塘、小池边上建筑厕所或猪舍，含有大量虫卵的人、猪粪便直接进入河沟、池塘内；特别是狗、猫及其他野生动物的粪便更难控制，从而促进本病的发生和流行。

（3）猪的感染　也有因用小鱼虾作为猪饲料，或是用死鱼鳞、肚肠、带鱼肉的骨头、鱼头、碎肉渣、洗鱼水喂饮猪，以及放牧或散放的猪在河沟、池塘边吃了死鱼虾等都可引起感染。

3. 临床症状

严重感染时表现消化不良，食欲减退和下痢等症状，最后出现贫血消瘦，病程较长，多并发其他疾病而死亡。

4. 病理变化

猪和狗的主要病变在肝和胆。虫体在胆管内寄生吸血，破坏胆管上皮，引起卡他性胆管炎及胆囊炎，可使肝组织脂变、增生和肝硬变。临床表现为胆囊肿大，胆管变粗，胆汁浓稠，呈草绿色。胆管和胆囊内有许多虫体和虫卵。肝表面结缔组织增生，有时引起肝硬化或脂肪变性。

5. 粪便检查

若在流行区，有以生鱼虾喂猪的习惯时，如临床上出现消化不良和下痢等症状，即可怀疑为本病，如粪便中查到虫卵即可确诊。

粪检可用沉淀法。虫卵为黄褐色，平均大小29毫米 ×17毫米，内含毛蚴，顶端有盖，卵孔的周缘突起；后端有一个小结，卵壳较厚，不易变形。

（二）治疗

处方1：六氯酚。

用法：按20毫克/千克体重，口服，1次/天，连用2~3天。

处方2：海涛林（三氯苯丙酰嗪）。

用法：剂量 50~60 毫克 / 千克体重，混入饲料中喂服，1 次 / 天，5 天为一个疗程。

处方 3：吡喹酮。

用法：剂量 20~50 毫克 / 千克体重，口服。

七、猪囊虫病

猪囊尾蚴病是有钩绦虫（猪带绦虫）的幼虫猪囊尾蚴寄生于猪的肌肉和其他器官中所引起的一种寄生虫病，又称猪囊虫病。所以，猪囊尾蚴病是在中间宿主体内的存在形式，猪和野猪是最主要的中间宿主，犬、骆驼、猫及人也可作为中间宿主；而人则是猪带绦虫的终末宿主。本病在世界各国均有发生。

本病危害人畜，所以成为肉品卫生检验的重要项目之一。有猪囊尾蚴的猪肉不能作鲜肉出售，严重者完全不能食用，常常给养猪场带来巨大的经济损失，因此也是我国农业发展纲要中限期消灭的猪病之一。

（一）诊断要点

1. 病原

病原体为猪囊尾蚴或称猪囊虫，其成虫是有钩绦虫或称猪带绦虫。

成虫寄生于终末宿主（人）的小肠内，称猪带绦虫或链状带绦虫。虫体大，长达 2~7 米，头节呈球形或略似方形，有 4 个吸盘，在头节顶端有一个顶突，顶突上有两排小钩，所以又名“有钩绦虫”。

绦虫成虫节片很多，900 个左右。未成熟的节片长度小于宽度，成熟节片近似正方形，孕卵节片的长度大于宽度。从人粪中排出的孕卵节片常常是数节连在一起。孕卵节片内的子宫每侧有 7~12 个主侧支。

猪囊尾蚴寄生在猪肌肉里，特别是活动性较大的肌肉。虫体为一个长约 1 厘米的椭圆形无色半透明包囊，内含囊液，囊壁的一侧有一个乳白色的结节，内含一个由囊壁向内嵌入的头节。

通常在嚼肌、心肌、舌肌和肋间肌、腰肌、臂三头肌及股四头肌等处最为多见，严重时可见于眼球和脑内。囊虫包埋在肌纤维间，如散在的豆粒，故常称猪囊虫的肉为“豆猪肉”或“米猪肉”。囊尾蚴在猪肉中的数量，可由数个到成千上万个。甚至多到无法计算。

猪带绦虫的成虫只能寄生于人的小肠前半段内，以其头节深埋在黏膜内。其孕卵节片随人的粪便单独地或数节相连地排出体外。节片自行收缩压挤出或破裂排出大量的卵。

虫卵随着被污染的饲料而被猪吞食，胚膜在胃和小肠内被消化液消化，幼虫借助自身体表所具有的6个小钩，钻入肠壁小血管，随血液散布到全身肌肉，在肌纤维间发育成猪囊虫。猪囊虫在宿主体内可生活3~10年，个别的可达15~17年。

人吃了带有猪囊虫而未煮熟的猪肉时，囊虫的包囊在胃肠内被溶解，翻出头节，并以头节的小钩和吸盘固着于肠壁上，逐渐发育为成虫。经2~3个月又可随粪便排出孕卵节片或虫卵。

如果人食进虫卵，或患绦虫病人小肠内的孕卵节片因小肠的逆蠕动而进入胃，游离的虫卵在胃液的作用下，卵膜被消化，逸出的六钩蚴进入肠壁血管及血流散布到各组织内发育成囊尾蚴，这时人就成为中间宿主。

寄生于人体内的囊尾蚴大多只有1条，偶有寄生2~4条者，成虫在人体内可存活25年之久，多寄生于脑、眼及皮下组织等部位，可给人的身体健康造成严重影响。

2. 流行特点

猪囊尾蚴病呈全球性分布，但主要流行于亚洲、非洲、拉丁美洲的一些国家和地区。在我国有26个省、区市曾有报道，除东北、华北和西北地区及云南与广西部分地区常发生外，其余省、区均为散发，长江以南地区较少，东北地区感染率较高。

猪囊尾蚴主要是猪与人之间循环感染的一种人兽共患病，其唯一感染来源是猪带绦虫的患者，猪囊尾蚴的发生和流行与人的粪便管理和猪的饲养管理方式密切相关。人感染猪带绦虫病主要取决于饮食卫生习惯和烹调以及吃肉方法。人感染猪带绦虫病必须吃进活的猪囊尾蚴才有可能。我国除少数地区外，均无吃生猪肉的习惯，所以，猪带绦虫病人多为散发。如华北和东北地区人们喜食饺子，做肉馅时先尝味道，偶然会吃入囊尾蚴。有时做凉拌菜时用切过肉的同一菜刀或砧板，在切完生的带有囊虫的猪肉后又切凉拌菜，使黏附在菜刀或砧板上的囊尾蚴混于凉菜中。此外，烹调时间过短，快锅爆炒肉片，火锅烫生嫩肉片均有可能获得感染。而云南西部与南部地区该病呈地方性流行，因该地区有吃生猪肉的习惯。

至于猪感染囊虫病主要取决于环境卫生及对猪的饲养管理方法。猪感染囊虫病必须是吃了猪带绦虫的孕节或虫卵，也就是吃了患猪带绦虫病人排出的粪便污染过的饲料、牧草或饮水。因此本病传播完全是人为的。例如，我国北方以及云南、贵州、广西等部分地区，人无厕所，随地大便；养猪无圈，放跑猪；还有采用连茅圈；有的楼上住人，楼下养牲畜，可在楼上便溺，所以，这些地方猪患囊虫病的可能性就大。

3. 临床症状

猪感染少量的猪囊尾蚴时，不呈明显的变化。成熟的猪囊尾蚴的致病作用，很大程度上取决于寄生部位，寄生在脑时可能引起神经机能的某种障碍；寄生在猪肉中时，一般不表现明显的致病作用。

大量寄生的初期，常在一个短时期内引起寄生部位的肌肉发生疼痛、跛行和食欲不振等，但不久即消失。在肉品检验过程中，常在外观体满膘肥的猪只发现严重感染的病例。幼猪被大量寄生时，可能造成生长迟缓，发育不良。寄生于眼结膜下组织或舌部表层时，可见寄生处呈现豆状肿胀。

4. 病理变化

在严重感染猪囊尾蚴的猪肉，呈苍白色而湿润。严重感染时，除寄生于各部分肌肉外，也可寄生在脑、眼、肝、脾、肺等部位，甚至淋巴结与脂肪内也可找到囊尾蚴；在初期囊尾蚴外部被有细胞浸润，继而发生纤维性变，约半年后囊虫死亡逐渐钙化。

猪囊尾蚴病的生前诊断比较困难，至今仍无一个理想特异性的诊断方法，当前多采用“一看、二摸、三检”的办法进行综合诊断。

一看：轻度感染时，病猪生前无任何表现，只有在重度感染的情况下，由于肩部和臀部肌肉水肿而增宽，身体前后比例失调，外观似哑铃形，走路时前肢僵硬，步态不稳，行动迟缓，多喜趴卧，声音嘶哑，采食、咀嚼和吞咽缓慢，睡觉时喜打呼噜，生长发育迟缓，个别出现停滞，视力减退或失明的情况下，翻开眼睑，可见到豆粒大小半透明的包囊突起。

二摸：即采用“撸”舌头验“豆”的办法进行检验，看是否有猪囊虫寄生。首先，将猪保定好，用开口器或其他工具将口扩开，手持一块布料防滑，将舌头拉出仔细观察，用手指反复触摸舌面、舌下、舌根部有无囊虫结节寄生，当摸到感觉有弹性、软骨状感、无痛感、似黄豆大小的结节存在时，即可确认是囊尾蚴病猪，在舌检的同时可用手触摸股内侧肌或其他部位，如有弹性结节存在，可进一步提高诊断的准确性。

三检：应用血清免疫学方法诊断猪囊尾蚴病。近年来，我国许多单位对猪囊尾蚴病的血清学免疫诊断方法进行广泛地试验研究。检验方法：间接血球凝集法（IHA）、炭凝抗原诊断法、皮肤变态反应、环状沉淀反应、SPA 酶标免疫吸附试验等，均取得一定的成果。

（二）治疗

处方 1：丙硫咪唑，100 毫克 / 千克体重。

用法：拌入饲料，内服。间隔 2 天 1 次。

处方 2：吡喹酮，100 毫克 / 千克体重。

用法：内服。7 天后再重复 1 次。

八、猪细颈囊尾蚴病

猪细颈囊尾蚴病是由带科泡状带绦虫的幼虫阶段细颈囊尾蚴所引起的。幼虫虫体俗称“水铃铛”，呈囊泡状，大小如黄豆至鸡蛋大不等，囊壁乳白色，囊内含透明液体和 1 个乳白色头节。寄生数量少时可不显症状，如被大量寄生，则可引起猪生长缓慢、毛粗乱、消瘦、贫血，严重的表现为体温升高、咳嗽、下痢等症状。

细颈囊尾蚴病在畜牧业养殖中是一种常见的传染病，近几年来，猪细颈囊尾蚴病发病率呈上升趋势，特别是在农村散养生猪。此病如不及时排查处理，可能会导致猪循环感染或死亡等严重后果，给养猪场户带来严重的经济损失。

（一）诊断要点

1. 病原

（1）幼虫期　本病的病原体为带科、带属的泡状带绦虫的幼虫细颈囊尾蚴，主要寄生在猪的肝脏和腹腔内。细颈囊尾蚴俗称水铃铛、水疱虫，呈泡囊状，囊壁乳白色，泡内充满透明液。囊体由黄豆大到鸡蛋大；肉眼观察时，可看到囊壁上有一个不透明的乳白色结节，即其颈部及内凹的头节所在。如使小结的内凹部翻转出来，能见到一个相当细长的颈部与其游离端的头节。由于本蚴有一个细长的颈部，所以，称为细颈囊尾蚴。寄生在宿主体内各种脏器中的囊体，体外还有一层由宿主组织反应产生的厚膜包围，故不透明，从外观上常易与棘球蚴相混。

（2）成虫期　泡状带绦虫是一种较大型的虫体，寄生于犬的小肠。白色或稍带黄色，体长 75~500 厘米，链体由 250~300 个节片组成。头节稍宽于颈节，顶突有 30~40 个小钩排成 2 列；前部的节片宽而短，向后逐渐加长，孕节的长度大于宽度。孕节子宫每侧有 5~10 个粗大分支，每支又有小分支，全被虫卵充满。虫卵近似椭圆形，大小为 38~39 微米，内含六钩蚴。

泡状带绦虫寄生于狗、狼、狐狸等肉食动物小肠内，鼬、北极熊甚至家猫也可作为终末宿主。孕节随终宿主的粪便排出体外，孕节及其破裂后散出的虫卵如果污染了牧草、饲料和饮水，被猪等中间宿主吞食，则在消化道内逸出六钩蚴钻入肠壁血管，随血流到肝实质，以后逐渐移行到肝脏表面，并进入腹腔发育。当体积不超过 8.5 毫米 ×5 毫米时，头节还未能形成。头节的充分发育（即囊体成熟，具有感染性）一般要 3 个月时间。成熟的囊尾蚴多寄生在肠系膜和网膜上，也可见于腹腔内任何部分；也有进入胸腔者。此时囊体的直径可达 5 厘米或更多，囊内充满液体。当终宿主吞食了含有细颈囊尾蚴的脏器后，它们即在小肠内发育为成虫。

2. 流行特点

猪细颈囊尾蚴成虫寄生在犬、猫等肉食兽的小肠里，幼虫寄生在猪等的肝脏、肠系膜、网膜等处，严重感染时还可进入胸腔，寄生于肺部。现在农村养犬和猫等很普遍，且管理不严，任其游走，不定期驱虫造成犬和猫等到处散布虫卵，污染草地和水源。

养猪户缺乏对本病的认识，猪宰后将感染内脏喂狗，形成感染循环。猪感染细颈囊尾蚴，是由于感染有泡状带绦虫的犬和狼等动物的粪便中排出有绦虫的节片或虫卵，它们随着终末宿主的活动污染了牧场、饲料和饮水。且每逢农村宰猪时，犬多守立于旁边，凡不宜食用的废弃内脏便会丢弃在地，任犬吞食，这是犬易于感染泡状带绦虫的重要原因；犬的这种感染方式和这种形式的循环，在过去我国农村是很常见的。随着生猪集中屠宰政策的落实，目前，这种状况已经得到了很大改观。

3. 临床症状

本病多呈慢性经过。轻度感染不呈现症状，但有时严重感染，对牲畜可产生严重影响。当猪吞食一个或更多的孕卵节片时，引起大量的幼虫在肝脏移行。最严重的影响与肝片吸虫的严重感染相似。包括急性出血性肝炎，伴发局限性或弥漫性腹膜炎，而大血管被这些幼虫钻入时可发生致死性出血。感染早期，成年猪一般无明显症状，幼猪可能出现急性出血性肝炎和腹膜炎症状。患猪表现为咳嗽、贫血、消瘦、虚弱，可视黏膜黄疸，生长发育停滞，严重病例可因腹水或腹腔内出血而发生急性死亡。肺部的蚴虫可引起支气管炎、肺炎。

4. 病理变化

剖检可见，肝脏肿大，表面有很多小结节和小出血点，肝脏呈灰褐色和黑红色。慢性病例肝脏及肠系膜寄生有大量大小不等的卵泡状细颈囊尾蚴。

细颈囊尾蚴病生前诊断非常困难，可采用血清学方法检验，诊断时需参照其临床症状，并在尸体剖检时发现虫体及相应病变才能确诊。

（二）治疗

目前尚无有效治疗方法。

处方 1：吡喹酮。

用法：剂量：50 毫克 / 千克体重·天，口服，1 次 / 天，连用 3 天；或混以 5 倍液状石蜡做肌内注射，1 次 / 天，连用 2 天。

处方 2：丙硫咪唑（抗蠕敏）。

用法：按 60~65 毫克 / 千克体重，以橄榄油或豆油配成 6% 悬液多点肌内注射；或按每次 90 毫克 / 千克体重用药，口服，隔日 1 次，连服 3 天。

处方 3：槟榔 10 克

用法：研末内服。

九、猪蛔虫病

猪蛔虫病是由猪蛔虫寄生在猪的小肠中而引起的一种常见寄生虫病，主要危害 3~5 月龄的猪，使其生长发育停滞，形成“僵猪”，甚至造成死亡。因此，猪蛔虫病是造成养猪业损失最大的寄生虫病之一。

（一）诊断要点

1. 病原

蛔虫通常为细长的圆柱形，前端钝圆、后端较细。新鲜蛔虫粉红或稍带黄白色，体表光滑，具有厚的角质层。整个虫体可分为头端、尾端、腹面、背面和侧面。头部有口孔，有 3 片唇片围绕，唇片上有感觉乳突。其他天然孔有排泄孔、肛门和生殖孔。雄虫的肛门和生殖孔合为泄殖孔。雄虫长 14~28 厘米，尾端稍弯曲，泄殖腔开口距尾端较近，有交合刺一对。雌虫长 20~40 厘米，虫体较直，尾端较钝，生殖器官为双管型，由后向前延伸，两条子宫合为一个短小的阴道。

受精卵和未受精卵的形态有所不同。受精卵为短椭圆形、黄褐色、卵壳厚，由四层组成，最外一层为凹凸不平的蛋白膜，向内依次为卵黄膜、几丁质膜和脂膜。未受精卵较受精卵狭长，多数没有蛋白质膜，或有而甚薄，且不规则，整个卵壳较薄。

2. 流行特点

感染普遍，分布广泛，世界性流行，集约化饲养的猪和散养猪均广泛发生，危害养猪业极为严重。该病由多重原因引起，特别是在不卫生的猪场和营养不良的猪群中，感染率很高，一般都在 50% 以上。

猪蛔虫病流行甚广，成年猪抵抗力较强，一般无明显症状，对仔猪危害严重。主要原因：第一，蛔虫生活史简单；第二，猪蛔虫繁殖力强，一条蛔虫可于一昼夜排出 11 万 ~28 万个虫卵；第三，蛔虫卵对各种外界因素的抵抗力强，可在土壤中存活几个月至几年。蛔虫卵有四层卵膜，它们保护胚胎不受外界各种化学物质的侵蚀。虫卵的全部发育过程都是在卵壳内进行的，使胚胎或幼虫得到了庇护。

猪蛔虫病一年四季均可发生，其流行与饲养管理、环境卫生关系密切相关。饲养管理不良、卫生条件恶劣和猪只过于拥挤的猪场，在营养缺乏，特别是饲料中缺乏维生素和必需矿物质的情况下，3~5 月龄的仔猪最容易感染蛔虫，症状也较严重，且常发生死亡。

猪感染蛔虫主要是由于采食了被感染性虫卵污染的饮水和饲料，经口感染。母猪的乳房容易沾染虫卵，使仔猪在吸奶时受到感染。

3. 临床症状

患猪咳嗽、呼吸增快、体温升高、食欲减退和精神沉郁。病猪俯卧在地，不愿走动。幼虫移行时还引起嗜酸性白细胞增多，出现荨麻疹和某些神经症状。成虫寄生在小肠时可机械性地刺激肠黏膜，引起腹痛。蛔虫数量多时常聚集成团，堵塞肠道，导致肠破裂。有时蛔虫可进入胆管，造成胆管堵塞，引起黄疸等症状。成虫夺取宿主大量的营养，影响猪的发育和饲料转化。大量寄生时，猪被毛粗乱，常是形成“僵猪”的一个重要原因，但规模猪场较少见。

4. 粪便检查

多采用漂浮集卵法。可用饱和盐水漂浮法检查虫卵。正常的猪蛔虫受精卵为短椭圆形，黄褐色，卵壳内有一个受精卵细胞，两端有半月形空隙，卵壳表面有起伏不平的蛋白质膜，通常比较整齐。有时粪便中可见到未受精卵，偏长，蛋白质膜常不整齐，卵壳内充满颗粒，两端无空隙。1 克粪便中虫卵数达 1 000 个时，可以诊断为蛔虫病。

哺乳仔猪（2 月龄内）患蛔虫病时，其小肠内通常没有发育至性成熟的蛔虫，故不能用粪便检查法做生前诊断，而应仔细观察其呼吸系统的症状和病变。剖检时，在肺部见有大量出血点；将肺组织剪碎，用幼虫分离法处理时，可以发现大量的蛔虫幼虫。如寄生的虫体不多，死后剖检时，需在小肠中发现虫体和相应的病变，但蛔虫是否为直接的致死原因，又必须根据虫体的数量、病变程度、生前症状和流行病学资料以及有否其他原发性或继发性疾病作综合判断。

必须根据流行病学调查、粪便检查、临床症状和病理变化等多方面因素综合判断才能做出。幼虫在肝脏移行时，可造成局灶性损伤和间质性肝炎。严重感染的陈旧病灶，由于结缔组织大量增生而发生肝硬变，形成“乳斑肝”；幼虫在肝内死亡或肝细胞凝固性坏死后，则见有周围环绕上皮样细胞、淋巴细胞和嗜中性白细胞浸润的肉芽肿结节。大量幼虫在肺内移行和发育时，可引起急性肺出血或弥漫性点状出血，进而导致蛔蚴性肺炎；康复后的肺内也常可检出蛔虫性肉芽肿。

（二）治疗

处方 1：左旋咪唑，8 毫克 / 千克体重。

用法：驱虫前禁食 12~18 小时，晚上 7—8 时将药物和食料拌匀，让猪一次食完。若猪不食，可在饲料中加入少量盐水或糖精，以增强适口感。投喂时，应尽量采用单独投喂方式，驱虫期间（一般为 5 天）要在固定地点饲喂、圈养，以

便及时清理粪便和消毒。

说明：也可用丙硫咪唑，剂量：20 毫克 / 千克体重，内服，或用阿维菌素或伊维菌素，0.3 毫克 / 千克体重，皮下注射，或用奥芬达唑，4 毫克 / 千克体重、甲苯咪唑，20 毫克 / 千克体重、醋石酸噻嘧啶，22 毫克 / 千克体重、噻苯达唑，70 毫克 / 千克体重，一次内服。

处方 2：槟榔 20 克，石榴皮 40 克，伪君子 40 克，苦楝皮 40 克，乌梅 5 个。

用法：水煎服。1 剂 / 天，连用 3 天。

十、猪棘头虫病

猪棘头虫病是由巨吻棘头虫寄生于猪小肠（主要是空肠）所引起的疾病。主要侵害放牧的猪。本病是由于猪吞食棘头虫的中间宿主金龟子的幼虫（蛴螬）而感染。

（一）诊断要点

1. 病原

巨吻棘头虫是一种大型虫体，呈灰白色，体长一般为 80~100 厘米。体近蛭形，分吻、颈、躯干 3 部分。吻位于身体前端，能自由伸缩，吻上有 4 枚倒生的小钩，用以附着在组织上。由于吻形似头状，具棘，故名棘头虫。吻后为短的颈部，吻与颈均可缩入吻鞘肉。躯干部表面具环纹的角质层。雌雄异体，雌性生殖系统包括 1~2 个卵巢，雄性个体包括一对精巢，两者均位于韧带囊中。卵椭圆形。生活时，体无色或呈粉红色。

2. 流行特点

本病呈地方性流行，主要感染 8~10 月龄猪，流行严重的地区感染率可高达 60%~80%。虫卵对外界环境的抵抗力很强，在高温、低温以及干燥或潮湿的气候下均可长时间存活。

感染季节与金龟子的活动季节一致。金龟子一般出现在早春至六七月，并存在于 12~15 厘米深的土壤中，仔猪拱土的力度差，故感染机会少；后备猪拱土力强，故感染率高。因此，每年春夏为猪棘头虫病的感染季节。放牧猪比舍饲猪感染率高，后备猪比仔猪感染率高。感染率和感染强度与地理位置、气候条件、饲养管理方式等都有密切关系。如气候温和，适宜于甲虫和棘头虫幼虫的发育，则感染率高并且感染的强度大。

3. 临床症状

轻度感染（虫体少于 15 条）时，一般症状不明显，仅后期出现消瘦，生长受阻。严重感染时（虫体数量 15 条以上），食欲减退，刨地、互相对咬或出现匍匐爬行、不断哼哼、卧地，消化功能障碍，腹痛，下痢，粪便带血，消瘦，贫血，生长发育停滞。若肠穿孔而继发腹膜炎时，体温升高，不食。经1~2个月后，逐渐消瘦和贫血，生长发育迟缓，有的成为僵猪，有的虫体穿通肠壁引起发炎和肠粘连而死亡。

4. 粪便检查

检查虫卵，要用饱和硫代硫酸钠溶液漂浮法检查粪便，其中，以反复沉淀法效果较好。虫卵呈椭圆形，暗棕色，卵壳厚，表面有不规则的沟纹，颇似核桃。

死后剖检，在小肠壁上找到虫体可确诊。可见小肠黏膜有出血性纤维素性炎症。由于虫体吻突深入肠壁肌层，该处组织增生，浆膜面往往有小结节；当肠壁穿孔时，腹膜呈现弥漫性暗红色，混浊，粗糙。并结合临床症状和粪便检查结果，综合判断。实际工作中有时把棘头虫误认为猪蛔虫。两者区别是：蛔虫体表光滑，游离在肠腔中，虫体多时常聚集成团；而棘头虫体表有环状皱纹，以吻突深深地固着在肠壁上，不聚成团。

（二）治疗

处方1：丙硫咪唑（抗蠕敏）。

用法：按20毫克/千克体重，3次口服。

处方2：左旋咪唑。

用法：按8毫克/千克体重，1次口服；或7.5毫克/千克体重，1次肌内注射。

处方3：伊维菌素或阿维菌素。

用法：按0.1~0.2毫克/千克体重，混饲，连用7天。

十一、猪毛首线虫病（鞭虫病）

猪毛首线虫病是毛首科毛首线虫属的线虫寄生于猪的大肠（主要是盲肠）引起的一种感染性极强的寄生虫病。毛首线虫的整体外形比较像鞭子，前部细，像鞭梢，后部粗，像鞭杆，所以又被称为鞭虫，该病常在仔猪中发生，严重时可引发仔猪死亡。

（一）诊断要点

1. 病原

猪毛首线虫虫体呈乳白色，头部细长，尾部短粗，从外表看很像一条鞭子，所以称为鞭虫。虫卵呈棕黄色，腰鼓形，卵壳厚，两端有塞，鞭虫虫卵的抵抗力很强，在受污染的地面上可存活5年。

猪鞭虫的虫卵随粪便排出，约经3周发育成感染性虫卵，感染性能长达6年。猪通过采食饲料、饮水或掘土等摄入有感染性的虫卵后，在小肠和盲肠中孵化发育。从感染到成虫排卵共6~7周，成虫寿命为4~5个月。

猪毛首线虫的雌虫在盲肠产卵，随粪便排出。虫卵在加有木炭末的猪粪中，发育到感染阶段所需的时间为：37℃需18天；33℃需22天；22~24℃需54天。在户外，温度为6~24℃时需210天。感染性虫卵内为第一期幼虫，既不蜕皮又不孵化。猪吞食感染性虫卵后，第一期幼虫在小肠后部孵化，钻入肠绒毛间发育；到第8天后，移行到盲肠和结肠内，固着于肠黏膜上；感染后30~40天发育为成虫，成虫寿命为4~5个月。

2. 流行特点

仔猪寄生较多，1个半月的猪即可检出虫卵，4个月的猪，虫卵数和感染率均急剧增高，以后减少。由于卵壳厚，抵抗力强，感染性虫卵可在土壤中存活5年，在清洁卫生的猪场，多为夏季放牧感染，秋季、冬季出现临床症状，在饲养管理条件差的猪舍内，一年四季均可发生感染，但夏季感染率最高。近年来研究者多认为人鞭虫和猪鞭虫为同种，故有公共卫生方面的重要性。

3. 临床症状

本病幼猪感染较多，1.5月龄的猪即可检出虫卵，4月龄的猪感染率和感染强度急剧增高。轻度感染时，有间歇性腹泻，轻度贫血，生长发育缓慢；严重感染时，食欲减退，消瘦，贫血，腹泻，排水样血色粪便，并有黏液。

4. 病理变化

剖检病变局限于盲肠和结肠。虫体头部深入黏膜，引起盲肠和结肠的慢性炎症。严重感染时，盲肠和结肠黏膜有出血性坏死、水肿和溃疡，还有和结节虫病相似的结节。

鞭虫病应与猪痢疾相鉴别，若用抗生素治疗无效，并结合剖检病理变化则应考虑是鞭虫感染。粪检发现虫卵或剖检发现虫体，即可确诊。

（二）治疗

处方1：丙硫咪唑（抗蠕敏）。

用法：按20毫克/千克体重，3次口服。

处方2：左旋咪唑。

用法：按8毫克/千克体重，1次口服；或按7.5毫克/千克体重，1次肌内注射。

处方3：伊维菌素或阿维菌素。

用法：按0.3毫克/千克体重剂量混饲，连用7天。

说明：酚嘧啶、敌百虫、多拉菌素、奥芬哒唑、芬苯哒唑、丁苯咪唑等药物治疗本病均有效。

十二、仔猪类圆线虫病（杆虫病）

该病是由类圆线虫引起的一种寄生虫病，主要危害3~4周龄的仔猪，也叫猪杆虫病。

（一）诊断要点

1. 病原

该病的病原为兰氏类圆线虫。寄生于猪的小肠黏膜内，多在十二指肠。毛发状小型虫体，寄生期只有雌虫，长3.3~4.5毫米。体长一般小于10毫米。雌虫深埋于消化道黏膜内，主要是小肠黏膜隐窝内。食道长约为体长的1/3。子宫与肠道互相缠绕成麻花样。尾尖偏钝，呈指状。

虫卵呈卵圆形、壳薄、大小仅为典型圆线虫虫卵的1/2。在感染的草食兽、猪、犬、猫，随粪便排出的是含幼虫的卵；在其他动物，随粪便排出的是第1期幼虫。

类圆线虫的发育是以自由生活和寄生生活世代交替的方式进行的。在猪体内寄生的只有雌虫。孤雌生殖的雌虫在小肠中产出含幼虫的卵，卵随粪便排出，在外界很快孵出第1期幼虫。这时的幼虫食道短，有两个膨大部，称为杆状幼虫。杆状幼虫在外界的发育有直接和间接两种类型。当外界环境条件不适宜其发育时杆状幼虫多进行直接发育，发育为具有感染性的丝状幼虫，这种幼虫的食道长，呈柱状，无膨大部。而当外界环境条件适宜时，幼虫多进行间接发育，成为自由生活的雌虫和雄虫，雌虫、雄虫交配后，雌虫产含杆状幼虫的虫卵，幼虫在外界孵出，进行直接或间接发育，重复上述过程。

只有丝状幼虫才对动物具有感染性。幼虫经皮肤钻入或经口摄入而致猪感染。当感染性幼虫通过皮肤侵入时，虫体进入血管内，经血液循环到心、肺、肺泡、支气管、气管，再经咽被吞咽，最后到小肠发育为雌性成虫。当幼虫经口感染时，幼虫从胃黏膜钻入血管，同样经过上述移行过程到小肠发育成熟。

2. 流行特点

主要是仔猪发病，生后即可引起感染，1月龄左右的仔猪感染最严重，感染率可达50%。体弱的成年猪和老年猪也可感染。未孵化的虫卵在适宜的环境中保持其发育能力达6个月以上，在低温中虫卵停止发育，温度达到50℃时和低温到-9℃时虫卵即可死亡。感染性幼虫在潮湿的环境下可生存2个月，对干燥和各种消毒药抵抗力弱，在短时间内便可死亡。

多在温暖的季节，夏季和阴雨天气，特别是猪舍潮湿，卫生不良的情况下易

于流行。经口或经皮肤感染，母猪乳头被感染性幼虫污染时，仔猪吃奶而被感染，人工哺乳可通过未经处理的初乳而感染。在猪圈的土壤中的幼虫可通过仔猪的皮肤感染。

3. 临床诊断

本病主要侵害仔猪，虫体大量寄生时，小肠发生充血、出血和溃疡，其症状为消化障碍、腹痛、下痢，便中带血和黏液，最后多因极度衰弱而死亡。

幼虫穿过皮肤移行到肺时，皮肤上可见到湿疹样病变，还会引起支气管炎、肺炎和胸膜炎，肺炎时体温升高。虫体少量寄生时，临床症状不明显，但影响猪生长发育。丝状幼虫侵入成年猪体内常不能发育至性成熟，但病猪及老年体弱猪有时感染。当移行幼虫误入心肌、大脑或脊髓时，可致猪急性死亡。

4. 粪便检查

实验室可用饱和盐水漂浮法检查虫卵，但必须采用新鲜粪便，夏季不得超过5~6小时。虫卵小，呈椭圆形，卵内有一卷曲的幼虫。陈旧的粪便可采用贝尔曼法分离幼虫。

检查虫体时，由于虫体较细小，又深藏在小肠黏膜内，必须用刀刮取黏膜，并在清水中仔细检查，才能发现虫体。虫体长3.1~4.6毫米，食道较长，占体长的1/3，子宫和肠管相互缠绕，位于虫体后部。

必须根据猪场的生产和用药记录、流行病学调查、粪便检查、临床症状和病理变化等综合判断，才能做出正确的诊断。死后剖检病变主要限于小肠，肠黏膜充血，并间有斑点状出血，有时可见有深陷的溃疡，肠内容物恶臭。

（二）治疗

可参考蛔虫病治疗方法。

十三、猪食道口线虫病（结节虫病）

猪食道口线虫病是由食道口线虫（又称结节虫）寄生在猪的结肠内所引起的一种线虫病。本虫能在宿主肠壁上形成结节，故又称结节虫病。

（一）诊断要点

1. 病原

食道口线虫的口囊呈小而浅的圆筒形，其外周围有一显著的口领，口缘有叶冠，有颈沟，其前部的表皮常膨大形成头囊。颈乳突位于颈沟后方的两侧，有或无侧翼。雄虫的交合伞发达，有1对等长的交合刺。雌虫阴门位于肛门前方附近，排卵器发达，呈肾形。虫卵较大。

在猪体内寄生的食道口线虫共有3种：有齿食道口线虫、长尾食道口线虫和短尾食道口线虫。常见的有两种。

（1）有齿食道口线虫　其虫体呈乳白色。口囊浅，头泡膨大。雄虫的大小为8~9毫米，交合刺长1.15~1.3毫米。雌虫的大小为8~11毫米。尾长350微米，寄生于结肠。

（2）长尾食道口线虫　其虫体呈暗灰色，口领膨大，口囊壁的下部向外倾斜。雄虫的大小为6.5~8.5毫米；交合刺长0.9~0.95毫米，雌虫的大小为8.2~9.4毫米。尾长400~460微米，寄生于盲肠和结肠。

成虫在大肠中产卵，卵随粪便排出体外，经24~48小时孵出幼虫，再经3~6天发育为感染性幼虫，猪在采食或饮水时吞进感染性幼虫后，幼虫即在大肠黏膜下形成结节并蜕皮，经5~6天后，第四期幼虫返回肠腔，再蜕一次皮即发育为成虫。

感染性幼虫可以越冬，虫卵和幼虫对干燥和高温的耐受性较差，潮湿的环境有利于虫卵和幼虫的发育和存活。在室温22~24℃的湿润状态下，可生存达10个月，在 –20~–19℃可生存1个月。虫卵在60℃高温下迅速死亡，干燥也可使虫卵和幼虫死亡。猪在采食或饮水时吞进感染性幼虫而发生感染。

2. 流行特点

本病虽感染较为普遍，但虫体的致病力较轻微，严重感染时可引起结肠炎，是目前我国规模猪场流行的主要线虫病之一。

集约饲养的猪和散养的猪都有发生，成年猪感染较多。放牧猪在清晨、雨后和多雾时易遭感染。潮湿和不勤换垫草的猪舍中，感染率较高。

3. 临床症状

患猪腹痛、腹泻或下痢，高度消瘦，发育障碍。继发细菌感染时，则发生化脓性结节性大肠炎。

幼虫对大肠壁的机械刺激和毒性物质的作用，可使肠壁上形成粟粒状的结节。初次感染很少发生结节，但经3~4次感染后，由于宿主产生了组织抵抗力，肠壁上可产生大量结节，发生结节性肠炎。结节破裂后形成溃疡，引起顽固性肠炎。如结节在浆膜面破裂，可引起腹膜炎；在黏膜面破裂则可形成溃疡，继发细菌感染时可导致弥漫性大肠炎。粪便中带有脱落的黏膜。成虫寄生会影响增重和饲料转化，其致病只有在高度感染时才会出现。由于虫体对肠壁的机械损伤和毒素作用，引起渐进性贫血和虚弱，严重时可引起死亡。

4. 粪便检查

用漂浮法检查有无虫卵。虫卵呈椭圆形，卵壳薄，内有胚细胞，但常与红色猪圆线虫卵混淆，须采用粪便培养至第3期幼虫才可鉴别。食道口线虫幼虫短而粗，尾鞘长；而红色猪圆线虫幼虫长而细，尾鞘短。

（二）治疗

处方1：硫化二苯胺（吩噻嗪）。

用法：按0.2~0.3克/千克体重，混于饲料中喂服，共用2次，间隔2~3天。

说明：猪对此药较敏感，应用时要特别注意剂量，保证安全。

处方2：敌百虫。

用法：按0.1克/千克体重，做成水剂混于饲料中喂服。

处方3：0.5%福尔马林溶液。

用法：灌肠。将患猪后躯抬高，使头下垂，身体与地面垂直，将配好的福尔马林液2升注入直肠，然后把后躯放下，注后患猪很快排便。注入越深，效果越好。

处方4：左噻咪唑。

用法：按10毫克/千克体重，混于饲料，一次喂服。

处方5：四咪唑。

用法：按20毫克/千克体重，拌料喂服；或10~15毫克/千克体重，制成10%溶液，肌内注射。

处方6：丙硫苯咪唑。

用法：按15~20毫克/千克体重，拌料喂服。

处方7：伊维菌素。

用法：0.3毫克/千克体重。一次皮下注射。

处方8：雷丸、榧子、槟榔、使君子、大黄各等份。

用法：共为细末，25克/50千克体重，内服。

十四、猪胃线虫病

该病是由红色猪圆线虫、圆形蛔状线虫和六翼泡首线虫寄生在猪胃内所引起。多发生于散养猪。

（一）诊断要点

1. 病原

猪胃线虫的病原体有3种。

（1）圆形蛔状线虫　圆形蛔状线虫咽长0.083~0.098毫米，咽壁上有三叠或四叠的螺旋形角质厚纹。有一个颈翼膜，在虫体左侧。雄虫长10~15毫米，右侧尾翼膜大，约为左侧的2倍；有4对肛前乳突和1对肛后乳突，配置均不对称。左交合刺长 2.24~2.95 毫米，右交合刺长 0.46~0.62 毫米，形状不同。雌虫长 16~22 毫米，阴门位于虫体中部的稍前方。虫卵呈深黄色，壳厚，外有一层不平整的薄膜，表面有条纹，两端似有小塞。当虫卵排出时，已含有一发育完全的幼虫。显微镜下鉴别：咽壁上有 3~4 套螺旋形角质增厚部分。

（2）六翼泡首线虫 六翼泡首线虫形状与圆形蛔状线虫相似，虫体前部（咽区）角皮略为膨大，其后每侧有 3 个颈翼膜。颈乳突的位置不对称。口小，无齿。咽长 0.263~0.315 毫米，咽壁中部有圆环状增厚，前部、后部则为单线的螺旋形增厚。雄虫长 6~13 毫米，尾翼膜窄，对称。有泄殖孔前乳突和泄殖孔后乳突各 4 对。交合刺 1 对，不等长，左侧的长 2.1~2.25 毫米，右侧的长 0.3~0.4 毫米。雌虫长 13~22.5 毫米，阴门位于虫体中部的后方。虫卵壳厚，内含幼虫。显微镜下鉴别特征为：虫体咽壁呈单弹簧状，中部为环形。

（3）红色猪圆线虫 红色猪圆线虫虫体细小，呈红色，头细小，有一小的口领。有颈乳突。雄虫长 4~7 毫米，交合伞侧叶大，背叶小；交合刺 2 根，等长，呈有脊的膜质构造，端部各有 2 个尖；引器细长，有副引器。雌虫长 5~10 毫米，阴门在肛门稍前。虫卵椭圆形，呈灰色，卵壳很薄。

猪三种胃线虫的生活史不同。

① 圆形蛔状线虫的虫卵随宿主的粪便排到外界，被中间宿主食粪甲虫（蜉金龟属、金龟子属、显壳属、地孔属）所吞食，幼虫便在甲虫体内经 20~36 天以上发育到感染期，猪由于吞食这些甲虫或含有包囊的贮藏宿主而被感染。

② 六翼泡首线虫的发育史与圆形蛔状线虫相似。多种食粪甲虫是它们的中间宿主，猪在吞食这些甲虫（六翼泡首线虫的幼虫在其他动物或鸟粪、爬虫类体内形成包囊）后遭受感染，幼虫深入胃黏膜内生长，约需 6 周发育为成虫。带有感染幼虫的甲虫，如被不适宜的宿主吞食，幼虫就会在该宿主的食道内形成包囊。

③ 红色猪圆线虫的发育史。猪在吞食感染性幼虫后，幼虫到达胃内后，侵入胃腺窝发育生长，约经半个月又重返胃内而变为成虫，经 20~25 天排出虫卵。虫卵随粪便排出后发育为感染性幼虫。

2. 流行特点

各种年龄的猪都可以感染，但主要感染仔猪、架子猪。饲料蛋白不足的猪容易感染此病。哺乳母猪较不哺乳母猪易感。停止哺乳的母猪有自愈现象，但此现象可因体质较差而延缓或受抑制。公猪感染和非哺乳母猪相似。乳猪由于接触感染性幼虫的机会不多，故不易感。感染主要发生于受污染的潮湿的牧场、饮水处、运动场和圈舍。果园、林地、低湿地区都可以成为感染源。猪饲养在干燥环境时，不易发生感染。

3. 临床症状

轻度感染时不显症状，严重感染时，虫体侵入胃黏膜吸血，刺激胃黏膜而造成胃炎；成虫钻入胃黏膜时，可引起溃疡和结节。感染猪精神不振，贫血，营养、发育不良，排混血黑便。食欲不减而增加，有时下痢。感染病猪尤其是幼猪，多数表现为胃黏膜发炎，食欲减少，饮欲增加，腹痛、呕吐、消瘦、贫血，有急性胃炎、慢性胃炎症状，精神不振，营养障碍，发育生长受阻，排粪发黑或混有血色。

4. 粪便检查

采用粪便沉淀法收集虫卵。虫体细小，红色，雄虫长 4~7 毫米，雌虫长 5~10 毫米。虫卵呈灰白色，长椭圆形，卵壳薄。虫卵形态与食道口线虫卵相似，培养到第 3 期幼虫后方可鉴别。不过虫卵数量一般不多，不易在粪中发现，故生前较难确诊。

幼虫侵入胃腺窝时，引起胃底部点状出血，胃腺肥大。成虫可引起慢性胃炎，黏膜显著增厚，并形成不规则的皱褶。胃内容物少，有大量黏液，胃黏膜尤其胃底部黏膜红肿、有小出血点，黏膜上可见扁豆大小的圆形结节，上有黄色伪膜，黏膜增厚并形成不规则皱褶，虫体被有黏液。严重感染时，多在胃底部发生广泛性溃疡，溃疡向深部发展形成胃穿孔。在成年母猪，胃溃疡可向深部发展，引起胃穿孔而死亡。

结合临床症状和粪便检查的结果，再进行剖检。剖检时可见，胃内容物少，但有大量黏液，胃腺扩张肥大，形成扁豆大的扁平突起或圆形结节，胃底部黏膜红肿或覆以痂膜，虫体游离在胃内或部分钻入胃黏膜内。胃壁上有牢固地附着的虫体。

（二）治疗

处方 1：丙硫苯咪唑。

用法：按 5~10 毫克 / 千克体重，内服。

处方 2：伊维菌素。

用法：300 微克 / 千克体重，皮下注射。

说明：红色猪圆线虫病可用。

处方 3：噻苯唑。

用法：按 50~100 毫克 / 千克体重，一次口服。

处方 4：左旋咪唑。

用法：按 8 毫克 / 千克体重，一次口服。

处方 5：阿维菌素。

用法：按 0.3 毫克 / 千克体重，一次颈部皮下注射。

十五、猪后圆线虫病（猪肺线虫）

猪后圆线虫病是由后圆线虫（又称猪肺线虫）寄生于猪的支气管和细支气管而引起的一种呼吸系统线虫病。由于后圆线虫寄生于猪的肺脏，虫体呈丝状，故又称猪肺线虫病或猪肺丝虫病。本病呈全球性分布。我国也常发生此病，往往呈地方性流行，对幼猪的危害很大。严重感染时，可引起肺炎（尤以肺膈叶多见），而且能加重肺部细菌性和病毒性疾病的危害。

（一）诊断要点

1. 病原

本病的病原体主要为后圆科属的刺猪肺虫（长刺后圆线虫），其次为短阴后圆线虫和萨氏后圆线虫。长刺猪肺虫的虫体呈细丝状（又称肺丝虫），乳白色或灰白色，口囊很小，口缘很小，口缘有一对三叶侧唇。雄虫长 12~26 毫米，交合刺 2 根，丝状，长达 3~5 毫米，末端有小钩；雌虫长达 20~51 毫米，阴道长 2 毫米以上，尾端稍弯向腹面，阴门前角皮膨大，呈半球形。

猪肺虫需要蚯蚓做为中间宿主。雌虫在支气管内产卵，卵随痰转移至口腔咽下（咳出的极少），随着粪便到外界。该虫卵的卵壳厚，表面有细小的乳突状隆起，稍带暗灰色，卵在润湿的土地中可吸水而膨胀破裂，孵化出第一期幼虫。虫卵被蚯蚓吞食后，在其体内孵化出第一期幼虫（有时虫卵在外界孵出幼虫，而被蚯蚓吞食），在蚯蚓体内，经 10~20 天蜕皮两次发育成感染性幼虫。猪吞食了此种蚯蚓而被感染，也有的蚯蚓在损伤或死亡之后，在其体内的幼虫逸出，进入土囊，猪吞食了这种污染了幼虫的泥土也可被感染。感染性幼虫进入猪体后，侵入肠壁，钻到肠系膜淋巴结中发育，又经两次蜕皮后，循淋巴系统进入心脏、肺脏。在肺实质、小支气管及支气管内成熟。自感染后约经 24 天发育为成虫，排卵、成虫寄生寿命约为 1 年。

据报道，虫卵对外界的抵抗力强，在粪便中可生存 6~8 个月；在潮湿的灌木地带可生存 9~13 个月，并可冰结越冬（–20~–8℃可生存 108 天）。

2. 流行特点

本病多发生于仔猪和育肥猪。感染源主要是患病猪和带虫猪。雌虫在猪的支气管中产卵，卵随黏液到咽喉部，被猪咽入消化道，并随粪便排出体外。猪因吞食带有感染性幼虫的蚯蚓或是吞食游离在土壤中的感染性幼虫而感染。

本病遍及全国各地，呈地方性流行。低洼、潮湿、疏松和富有腐殖质的土壤中蚯蚓最多，病猪和带虫猪到这样的地方放牧，其虫卵和第一期幼虫被蚯蚓吞食发育为感染性幼虫，健康猪再到这样的地方放牧，极容易受到感染。国外报道，一条蚯蚓体内含感染性幼虫最多可达 4 000 条。而且感染性幼虫在蚯蚓体内保持感染时间可和蚯蚓的寿命一样长，蚯蚓的寿命随种类不同而不同，约为 1.5 年、3 年、4 年，甚至有的种类可活 8~10 年。

3. 临床症状

在猪肺线虫病流行地区，于夏末秋初发现有很多的仔猪和幼猪有阵发性咳嗽，并日渐消瘦，又无明显的体温升高，可怀疑为肺线虫病。

轻度感染的猪症状不明显，但影响生长和发育。瘦弱的幼猪（2~4 月龄）感染虫体较多，而又有气喘病、病毒性肺炎等疾病合并感染时，则病情严重，死亡率较高。病猪食欲减少，消瘦，贫血，发育不良，被毛干燥无光；阵发性咳嗽，特别是早晚运动后或遇冷空气刺激时尤为剧烈，鼻孔流出脓性黏稠分泌物，严重病例呈现呼吸困难；有的病猪发生呕吐和腹泻；在胸下、四肢和眼睑部出现浮肿。

因本病突然死亡，病猪尸体剖检无明显变化，体表淋巴结肿胀。剖检应仔细检查才能在支气管内发现虫体。主要病理变化见于肺脏，可见膈叶腹面边缘有楔状肺气肿区。虫体在支气管多量寄生时，阻塞细支气管，可使该部位发生小叶性肺泡气肿。如继发细菌感染，则发生化脓性肺炎。胃肠、心、肝、肾、脾等器官无明显病理变化。尸体剖检病变多位于膈叶下垂部，切开后如果能发现大量虫体，即可做出确诊。

4. 采集粪便检查虫卵

由于肺线虫虫卵比重较大，可用饱和硫酸镁溶液（硫酸镁 920 克，加水 1 升）或次亚硫酸钠饱和溶液（次亚硫酸钠 1 750 克，溶于 1 升水中）或饱和盐水加等量甘油混合液进行浮集法检查虫卵。

5. 变态反应诊断法

抗原是用患猪气管黏液，加入 30 倍的 0.9% 氯化钠溶液，搅匀；再滴加 3% 醋酸溶液，直至稀释的黏液发生沉淀时为止；过滤，于溶液中缓慢滴加 3% 的碳酸氢钠溶液中和，将酸碱度调整到中性或微碱性，间歇消毒后备用。以抗原 0.2 毫升注射于患病猪耳背的皮内，在 5~15 分钟内，注射部位肿胀超过 1 厘米者为阳性。

（二）治疗

处方 1：左旋咪唑。

用法：按 15 毫克 / 千克体重，1 次肌内注射，间隔 4 小时重用 1 次；或 10 毫克 / 千克体重，均匀混于饲料，1 次喂服。

说明：对 15 日龄幼虫和成虫均有 100% 的疗效。

处方 2：四咪唑。

用法：按 20~25 毫克 / 千克体重，口服或 10~15 毫克 / 千克体重，肌内注射。

处方 3：氰乙酰肼。

用法：按 17.5 毫克 / 千克体重，口服；或 15 毫克 / 千克体重，皮下注射，但总量不超过 1 克，连用 3 天。

处方 4：海群生（乙胺嗪）。

用法：按 100 毫克 / 千克体重，溶于 10 毫升蒸馏水中，皮下注射，1 次 / 天，连用 3 天。

十六、猪冠尾线虫病（猪肾虫病）

猪冠尾线虫病又称猪肾虫病，是由有齿冠尾线虫寄生于猪的肾盂、肾周围脂肪和输尿管等处引起的。虫体偶尔寄生于腹腔和膀胱等处。本病分布广泛，危害性大，常呈地方性流行，是热带和亚热带地区猪的主要寄生虫病。

（一）诊断要点

1. 病原

虫体粗壮，呈灰褐色，形似火柴杆，体壁较透明，其内部器官隐约可见。口囊杯状，囊壁肥厚，口缘有 1 圈细小的叶冠和 6 个角质隆起，口囊底有 6~10 个小齿。雄虫长 20~30 毫米，交合伞小，交合刺两根。雌虫长 30~45 毫米，阴门靠近肛门。虫卵呈长椭圆形，较大，灰白色，两端钝圆，卵壳薄，长 99.8~120.8 微米，宽 56~63 微米。

虫卵随尿排出体外，在适宜的温度与湿度条件下，经 1~2 天孵出第一期幼虫；经 2~3 天，第一期幼虫经过第一次、第二次蜕皮，变为第三期幼虫（即感染性幼虫）。感染性幼虫可以经过两条途径感染猪：一是经口感染，二是经皮肤感染。经口感染往往是猪吞食了感染性幼虫；幼虫钻入胃壁，脱去鞘膜，经 3 天后进行第三次蜕皮变为第四期幼虫，然后随血流进入肝脏。经皮肤感染的幼虫钻进皮肤和肌肉，约经 70 小时变为第四期幼虫，随血流经肺和大循环进入肝脏，幼虫在肝脏停留 3 个月或更长时间，穿过包膜进入腹腔，后移至肾脏或输尿管组织中形成包囊，并发育成成虫。少数幼虫误入脾、脊髓、腰肌等处，不能发育成成虫而死亡。从幼虫侵入猪体到发育成成虫，一般需经 6~12 个月。

2. 流行病学

本病多发生于气候温暖的多雨季节，在我国南方，猪只感染多在每年 3—5

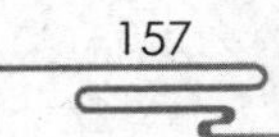

月和9—11月。感染性幼虫多分布于猪舍的墙根和猪排尿的地方，其次是运动场中的潮湿处。猪只在墙根掘土时摄入幼虫，也可在墙根下或其他潮湿的地方躺卧时，感染性幼虫钻入皮肤而受感染 。

虫卵和幼虫对干燥和直射阳光的抵抗力都很弱。卵和幼虫在21℃以下温度中干燥56小时，全部死亡；虫卵在30℃以上，干燥6小时，即不能孵化；虫卵在32~40℃的干燥或潮湿的环境中、处于阳光直射下，经1~3小时均死亡。幼虫在完全干燥的环境中，仅能存活35分钟；在潮湿土壤中的第一期幼虫和感染性幼虫，在36~40℃温度中，于阳光照射下，3~5分钟全部死亡。生活在土壤表层2厘米范围内的幼虫，其向土壤周围和下层迁移的能力较弱，而向表面爬行的能力颇强；在12厘米深处的幼虫，经1周便能迁移到土壤表面；幼虫在32厘米深的疏松而潮湿的土壤中，可生存6个月。

虫卵和幼虫对化学药物的抵抗力很强。在1%浓度的敌百虫、硫酸铜、氢氧化钾、碘化钾、煤酚皂等溶液中，均不能被杀死。只有1%浓度的漂白粉或石炭酸溶液，才具有较高的杀虫力。在海滨可用海水杀灭虫卵和（或）幼虫。

冠尾线虫病在集体猪场流行严重，在分散饲养的情况下较轻。如猪舍空气流通、阳光充足、干燥、经常打扫，猪舍和运动场的地面用石料墁砌，或用水泥或三合土修筑，均可减少感染。反之，猪舍设备简陋、饲养管理粗放时，感染率都会增高。

3. 临床症状

无论幼虫或成虫，致病力都很强。幼虫钻入皮肤时，常引起化脓性皮炎，皮肤发生红肿和小结节，尤以腹部皮肤最常发生。同时，附近体表的淋巴结常肿大。幼虫在猪体内移行时，可损伤各种组织，其中，以肺脏受害最重。

4. 尿检

发现病猪腰背松软无力，后躯麻痹或有不明原因的跛行时，可镜检尿液，发现大量虫卵，即可确诊。有人用皮内变态反应进行早期诊断，即用肾虫的成虫制作抗原，配成1∶100浓度，皮内注射0.1毫升，经5~15分钟检查结果，凡注射部位发生丘疹，其直径大于1.5厘米者为阳性反应；直径1.2~1.49厘米者为可疑；小于1.2厘米者为阴性反应。

（二）治疗

处方1：伊维菌素。

用法：按0.3毫克/千克体重，皮下注射。

处方2：左旋咪唑。

用法：按7毫克/千克体重，肌内注射。

处方3：丙硫咪唑。

用法：按 20 毫克 / 千克体重，口服。

说明：也可用芬苯哒唑 4 毫克 / 千克体重，内服，3 次 / 天，3 天为一个疗程；或敌百虫 0.1 克 / 千克体重，口服；或噻咪唑 50 毫克 / 千克体重，口服。

处方 4：杨梅树皮 25 克，石榴皮 25 克，牛膝 25 克，了哥王 25 克，甘草 100 克。

用法：水煎服，1 剂 / 天，连用 3 天。

十七、猪疥螨病

该病是由猪疥螨所引起的一种以皮肤病变为主的寄生虫病，称为猪疥螨病。也称“疥螨“或“疥疮”，俗称癞。本病临床上以剧痒为主要特征。

5 个月龄以下小猪最易感，主要由病猪与健康猪的直接接触或与被疥螨及其卵污染的圈舍、垫草和用具间接接触而感染。猪舍阴暗、潮湿、环境卫生差、营养不良，均可促进本病发生。幼猪相互挤压或躺卧的习惯是本病传播的重要因素。

（一）诊断要点

1. 病原

猪疥螨的成螨体积小，呈背腹扁平的龟形，体长 0.2~0.5 毫米，灰白色。头、胸、腹融为一体。假头背面后方有 1 对粗短的垂直刚毛或刺。腹面有 4 对足，足粗短，足末端有爪间突吸盘或长刚毛，吸盘位于不分节的柄上。雄虫第 1 对、第 2 对、第 4 对足，雌虫第 1 对、第 2 对足有带柄吸盘。雄螨无性吸盘和尾突。雌疥螨、雄疥螨均无呼吸系统，它们通过薄软的体被呼吸。无爪，取而代之的是跗节的吸盘状结构。虫卵呈椭圆形，两端钝圆，透明，灰白色，大小为 0.15 毫米 × 0.10 毫米，内含卵胚或幼虫。猪疥螨寄生于猪皮肤的表皮层，其发育属不完全变态，一生包括卵、幼虫、若虫和成虫 4 个阶段。

雄螨有 1 个若虫期，而雌螨有 2 个若虫期。受精后的雌螨非常活跃，每分钟能爬行 2.5 厘米，在宿主的表皮寻找适当部位，利用螯肢和前足跗节末端的爪突挖凿隧道，每天能挖凿 2~5 毫米，以后逐渐形成 1 条与皮肤平行的蜿蜒隧道。在隧道中，每隔一段距离即有若干条通向表皮的纵向通道，便于虫卵的孵育和幼虫爬出隧道之用。雌螨经 2~3 天开始在隧道内产卵，每天产卵 1~2 粒。雌螨继续向前掘进，卵就留在虫体后面的隧道中。这样持续 4~5 周，可产卵 40~50 粒。

虫卵在隧道中一般经 3~4 天孵出幼虫。幼虫孵出后很活跃，可离开隧道爬到宿主皮肤表面，然后顺着毛孔或毛囊间的皮肤而钻入，并开凿小穴道，在小穴道内经 3~4 天蜕皮发育为若虫。若虫有大小两型，小型若虫是雄性若虫，在挖凿的浅穴道内蜕皮变为雄螨；大型若虫是雌性第一期若虫，体长约 0.16 毫米，

有4对足，经蜕皮发育为雌性第二期若虫（又称未成熟雌虫或青春期雌虫）。雌性第二期若虫与雄虫在隧道中或宿主体表交配，然后雌性第二期若虫再蜕皮变为雌螨。雌螨又钻入皮内，挖凿永久性隧道，并在其中产卵。雄螨交配后留在隧道中，或自行啮钻1个短隧道而短期生活，很快就会死亡。雌螨的寿命达4~5周。疥螨整个发育过程为8~22天，平均15天。

疥螨离开宿主后，在适宜温湿度下，在畜舍内、墙壁上或各种用具上能存活3周左右；在18~20℃，空气湿度65%时，可存活2~3天；7~8℃，经15~18天死亡。虫卵离开宿主后10~30天，仍保持其发育能力。某种动物寄生的疥螨机械地传给另一种动物时，疥螨能在后一种动物的皮肤内生存数天，甚至能够采食，以后则死亡，因此，认为有宿主特异性。

2. 流行特点

各种年龄、品种的猪均可感染该病。经产母猪过度角化（慢性螨病）的耳部是猪场螨虫的主要传染源。由于对公猪的防治强度弱于母猪，因而种公猪也是一个重要的传染源。该病主要为直接接触传染，也有少数间接接触传染。直接接触传染，如患病母猪传染哺乳仔猪；病猪传染同圈健康猪；受污染的栏圈传染新转入的猪。猪舍阴暗潮湿，通风不良，卫生条件差，咬架殴斗及碰撞摩擦引起的皮肤损伤等都是诱发和传播该病的适宜条件。间接接触传染途径如饲养人员的衣服和手，看守犬等。

3. 临床症状

猪疥螨感染通常起始于头部、眼下窝、面颊及耳部，以后蔓延到背部、躯干两侧及后肢内侧，尤以仔猪的发病最为严重。患猪局部发痒，常在墙角、饲槽、柱栏等处摩擦。可见皮肤增厚，粗糙和干燥，表面覆盖灰色痂皮，并形成皱褶。极少数病情严重者，皮肤的角化程度增强，皮肤干枯，有皱纹或龟裂，龟裂处有血水流出。病猪逐渐消瘦，生长缓慢，成为僵猪。

螨的体表有许多刚毛及鳞片，同时，其口器可分泌毒素，患畜局部发痒，常以肢搔痒或在墙角、柱栏等处摩擦，不但造成局部炎症及损伤，且扩散了病原。

虫体机械刺激、毒素作用及猪体的摩擦可引起患猪皮肤组织损伤，组织液渗出，数日后，患部皮肤上出现针尖大小的结节，随后形成水疱或脓疮。若继发细菌感染就会出现脓疮。当水疱及脓疮破溃后，流出的液体同被毛污垢及脱落的上皮结成痂皮。痂皮被擦伤后，创面出血。有液体流出又重新结痂。如此反复多次，使毛囊及汗腺受损而致皮肤干枯、龟裂。皮肤角质层角化过度而增厚，使局部脱毛。皮肤增厚形成皱褶。

病情严重时，部分体毛脱落，食欲减退，生长停滞，逐渐消瘦，甚至死亡。由于虫体在皮肤内寄生，从而破坏皮肤的完整性，使猪瘙痒不安。病猪逐渐消瘦，生长缓慢，成为僵猪。同时免疫力降低，有时会因继发感染而死亡。

4. 实验室诊断

在病变区的边缘刮取皮屑，镜检有无虫体。从耳内侧皮肤或患部刮取皮屑时，如刮取患部，一定要选择在患病皮肤和健康皮肤交界处，这里的疥螨比较多，而且要刮得深，直到见血为止。将最后刮下的皮屑，滴加少量的甘油水等量混合液或液体石蜡，放在载玻片上，用低倍镜检查，可发现活疥螨。

另外，将刮到的病料装入试管内，加入5%~10%苛性钠（或苛性钾）溶液，浸泡2小时，或煮沸数分钟，即管底沉渣镜检虫体。

还可向上述的方法取得的沉渣中加入60%次亚硫酸溶液，使液体满于管口但不溢出，离心沉淀或静置10余分钟后，取表层液镜检。

根据流行病学、临床症状可做出初步诊断。本病易与猪湿疹及癣病混淆，且多存在隐性感染，确诊需检查是否有疥螨虫体或虫卵存在。还可采用肉眼观察法，用手电筒检查猪耳内侧是否有结痂，取1~2厘米^{2}的痂皮，弄碎，放在黑纸上，几分钟后将痂皮轻轻移走，用肉眼可利用放大镜观察疥螨。

（二）治疗

处方1：伊维菌素或阿维菌素。

用法：按0.3毫克/千克体重用药，1次颈部皮下注射。

处方2：1%敌百虫水溶液（防止与碱性物质接触）。

用法：按上述药物浓度直接涂擦或喷洒患部，间隔7~10日，重复用药1次（除虫菊及速灭杀丁一般1次用药即可）。配合处方1同时治疗，疗效更佳。

说明：供作涂擦、喷洒的药物还可选0.005%~0.008%倍特（溴氰菊酯）乳油水溶液；0.03%林丹乳油水溶液；0.05%特敌克（双甲脒）乳油水溶液；速灭杀丁（氰戊菊酯）乳油水溶液；0.05%蝇毒磷乳油水溶液；0.1%辛硫磷乳油水溶液；0.2%~03%马拉硫磷乳油水溶液；1%~3%除虫菊煤油浸出液。

处方3：硫黄250克，花椒60克，吴茱萸60克。

用法：花椒、吴茱萸研末，加硫黄及植物油调成糊状。隔日涂擦患部1次，连涂3天。

处方4：烟叶、烟梗各1份。

用法：加水20份，浸泡24小时，再煮1小时，以其水液涂擦患部。

处方5：废机油。

用法：涂擦患部，1次/天。

十八、猪虱虫病

猪虱虫病是因猪虱寄生于猪机体表面引起的寄生虫病，本病多在寒冷季节多发。猪虱多寄生于耳基部周围、颈部、腹下、四肢内侧。受害病猪表现为不安、瘙痒、食欲减退、营养不良，不能很好睡眠，导致机体消瘦，尤其仔猪症状表现明显。

（一）诊断要点

1. 病原

虱体背腹扁平，无翅，呈白色或灰黑色。革质膜，触角单节，头部呈长圆锥形，比胸部狭窄，具刺吸式口器，爪强大。分头、胸、腹 3 部分，分界明显，触角 3~5 节。胸部腹面有 3 对粗短的腿。腹部分节。猪血虱个体很大，雌虫长达 5 毫米，腹部末端分叉；雄虫长达 4 毫米，末端钝圆。卵呈黄白色，长椭圆形，长 0.8~1.0 毫米；虫体呈灰黄色；常寄生在猪的耳根、颈部及后肢内侧。除引起猪虱病外，还可成为某些传染病的媒介。此外，还可使皮革质量下降。

猪血虱终生不离猪体，为不完全变态发育，经卵、若虫和成虫 3 个发育阶段。雌雄交配后雄虱即死亡，雌虱于 2~3 天后开始产卵，每虱一昼夜产卵 1~4 枚。卵呈黄白色，长椭圆形，黏附于家畜被毛上。卵经 9~20 天孵化出若虫，若虫分 3 龄，每隔 4~6 天退化 1 次，第三次蜕皮后变为成虫。雌虱产卵期 2~3 周，共产卵 50~80 枚，卵产完后即死亡。

猪血虱对低温的抵抗力很强，对高温与湿热空气抵抗力弱。如离开宿主通常在 1~10 天内死亡；在 35~38℃时经一昼夜死亡；在 0~6℃时可存活 10 天。虱卵的抵抗力也很强，低温 –40℃，高温达 45℃时仍能存活 2~4 小时，高温达 60℃时致死时间需 45 分钟。虱卵孵化最适宜温度为 36~37℃，22℃以下和 40℃以上均不能孵化。

2. 流行特点

猪体表的各阶段虱均是传染源，通过直接接触传播。在场地狭窄、猪只密集、管理不良时最易感染。也可通过垫草、用具等引起间接感染。一年四季都可感染，但以寒冷季节多发。

3. 临床症状

猪血虱吸食血液，刺痒皮肤，致使患猪被毛脱落、皮肤损伤、猪体消瘦。猪血虱寄生于猪体所有部位，但以颈部、颊部、体侧及四肢内侧皮肤皱褶处为多。

4. 鉴别诊断

猪虱吸血时，分泌有毒唾液引起痒觉，病猪到处擦痒，造成皮肤损伤，脱毛。在寄生部位容易发现成虫和虱卵，故易于确诊。

（二）治疗

处方 1：伊维菌素或阿维菌素注射液。

用法：按 0.3 毫克 / 千克体重，皮下注射。

处方 2：多拉菌素注射液。

用法：按 0.3 毫克 / 千克体重，肌内注射。

处方 3：0.5%~1.0% 的兽用精制敌百虫溶液。

用法：直接喷射猪体患部，1 次 / 天，连用 2 天即可杀灭。

处方 4：花生油。

用法：直接擦洗生虱子的地方，短时间内，虱子便掉落下来。

处方 5：生猪油、生姜各 100 克。

用法：混合捣碎成泥状，均匀地涂在生长虱子的部位，1~2 天，虱子就会被杀死。

处方 6：食盐 1 克、温水 2 毫升、煤油 10 毫升。

用法：配成混合液涂擦猪体，虱子立即死亡。

处方 7：百部 250 克，苍术 200 克，雄黄 100 克，菜油 200 克。

用法：先将百部加水 2 千克煮沸后去渣，然后加入细末苍术、雄黄拌匀后加入菜油，充分搅拌均匀后，涂擦猪的患部，1~2 次 / 天，连用 2~3 天可全部除尽猪虱。

处方 8：烟叶 30 克。

用法：加水 1 千克，煎汁涂擦患部，1 次 / 天。

第八章　常见传染病

一、猪瘟

猪瘟俗称“烂肠瘟”，是一种急性、热性和高度接触传染的病毒性疾病。临床特征为发病急，持续高烧，精神高度沉郁，粪便干燥，有化脓性结膜炎，全身皮肤有许多小出血点，发病率和病死率极高。猪瘟流行很广，几乎世界各国均有发生，在我国也极为普遍，造成的经济损失极大。因此，世界动物卫生组织已将本病列入 A 类传染病，并为国际重要检疫对象。

（一）诊断要点

1. 病原特性

猪瘟的病原体是黄病毒科瘟病毒属的猪瘟病毒（HCV）。HCV 虽然有不少的变异性毒株，但目前仍认为只有 1 个血清型，因此，HCV 只有毒力强弱之分。HCV 野毒株的毒力差异很大，所致的病变和临床症状有明显的不同。强毒株可引起典型的猪瘟病变，发病率与死亡率高；中毒株一般是产生亚急性或慢性感染；而弱毒株只引起轻微的症状和病变，或不出现症状，给临床诊断造成一定的困难。

HCV 对外界环境的抵抗力随所处的环境不同而有较大的差异。HCV 在没有污染的或加 0.5% 石炭酸防腐的血液中，于室温下可生存 1 个月以上；在普通冰箱放 10 个月仍有毒力；在冻肉中可生存几个月，甚至数年，并能抵抗盐渍和烟熏；在猪肉和猪肉制品中几个月后仍然有传染性。HCV 对干燥、脂溶剂和常用的防腐消毒药的抵抗力不强，在粪便中于 20℃可存活 6 周左右，4℃可存活 6 周以上；在乙醚、氯仿和去氧胆酸盐等脂溶剂中很快灭活；在 2% 氢氧化钠和 3% 来苏儿等溶液中也能迅速灭活。

2. 流行特点

猪是猪瘟唯一的自然宿主，不同年龄和品种的猪均可感染发病，而其他动物则有较强的抵抗力。病猪和带毒猪是最主要的传染源，易感猪与病猪的直接接触是病毒传播的主要方式。病毒可存在于病猪的各组织器官。感染猪在出现症状前，即可从口、鼻及眼的分泌物、尿和粪中排毒，并延续整个病程。易感猪采食了被病毒污染的饲料和饮水等，或吸入含病毒的飞沫和尘埃时，均可感染发病，所以，病猪尸体处理不当，肉品卫生检查不彻底，运输、管理用具消毒不严格，执行防疫措施不认真，都是传播本病的因素。另外，耐过猪和潜伏期猪也带毒排毒，应注意隔离防范，但康复猪若有大量特异抗体存在则排毒停止。

本病的发生无明显的季节性，但以春秋季较为严重，并有高度的传染性。猪群引进外表健康的感染猪是本病暴发的最常见的原因。一般是先有一至数头猪发病，经 1 周左右，大批量猪跟着发病。在新疫区常呈流行性发生，发病率和病死率极高，各种抗菌药物治疗无效。多数猪呈急性经过而死亡，3 周后病情趋于稳定，病猪多呈亚急性或慢性经过，少数慢性病猪在 1 个月左右恢复或死亡，流行终止。

近年来，猪瘟流行情况发生了变化，出现了非典型猪瘟和温和型猪瘟。它们以散发流行为特点。临床上病猪的症状轻微或不明显，死亡率低，病理变化不典型，必须依赖实验室诊断才能确诊。

3. 临床症状

猪瘟的潜伏期一般为 5~7 天，短者 2 天，长者可达 21 天。根据病程长短，临床症状和特征的不同，常将本病分为最急性、急性、亚急性和慢性型 4 型，但近年来又有温和型及迟发型猪瘟的报道。

（1）最急性型　发病突然，高热稽留，皮肤和黏膜发绀，有出血点，具一般急性败血病的特点。病猪多经 1~8 天死亡。

（2）急性型　此型最为常见，病程一般为 9~19 天。病猪突然体温持续升高至 41℃左右。食欲减退或食欲废绝，精神高度沉郁，常挤卧在一起，或钻入草堆，恶寒怕冷。行动缓慢无力，背腰拱起，摇摆不稳或发抖。眼结膜潮红，眼角有多量黏性或脓性分泌物，清晨可见两眼睑黏封，不能张开。耳、四肢、腹下、会阴等处的皮肤有许多小出血点。公猪包皮内积有尿液，用手挤压时，流出混浊、恶臭白色液体。粪便干硬，呈小球状，带有黏液或血液，后期拉稀。仔猪可出现磨牙、运动障碍、痉挛和后躯麻痹等神经症状。本型后期常并发肺炎或坏死性肠炎。

（3）亚急性型　本型的病程一般为 3~4 周，患猪症状与急性型相似，但较缓和，多见于流行的中后期或老疫区。病猪体温先高后低，以后又升高，反复发生，直至死亡。口腔黏膜发炎，扁桃体肿胀常伴发溃疡，后者也见于舌、唇和齿龈，除耳部、四肢、腹下、会阴等处有出血点外，有些病例的皮肤上还常出现坏死和痘样疹。病猪往往先便秘，后腹泻，逐渐消瘦衰弱，并常伴发纤维素性肺炎和肠炎而终归死亡。

（4）慢性型　本型的病程 1 个月以上，病猪消瘦，贫血，全身衰弱，喜卧地，行走缓慢无力，轻度发烧，便秘和腹泻交替出现，皮肤有紫斑或坏死。耐过本病的猪，生长发育明显减缓，一般成为僵猪。

（5）温和型　又称非典型猪瘟，近年常有报道，系由低毒力的毒株所引起。本型的特点是：症状较轻，病情缓和，病理变化不典型，体温一般在 40~41℃。皮肤很少有出血点，但有的病猪耳、尾、四肢末端皮肤有坏死。病猪后期行走不稳，后肢瘫痪，部分关节肿大。本病的发病率和病死率均较低，对幼猪可致死，大猪一般可以耐过。

（6）迟发型　一般认为，本型是先天性 HCV 感染的结果。当母猪在妊娠期感染弱毒株 HCV 时，即可导致流产、胎儿木乃伊化、畸形和死产；又可产出外表正常且含有高水平病毒血症的仔猪。虽然仔猪在出生后的几个月表现正常，但随后则发生轻度的食欲不振、精神沉郁、结膜炎、皮炎、下痢和运动障碍。病猪的体温正常，大多数能存活 6 个月以上，但最终死亡。

4. 病理变化

最急性型和急性型多呈败血症变化，而亚急性型和慢性型则引起纤维素性肺炎和纤维素性肠炎的发生。病理剖检时，一般根据病变的特点不同而将之分为败血型、胸型、肠型和混合型猪瘟 4 种。对猪瘟具有诊断意义的病变特征是全身性出血、纤维素性肺炎和纤维素性坏死性肠炎的形成。

猪瘟病毒主要损伤小血管内皮细胞，故引起各组织器官的出血。剖检时在皮肤、浆膜、黏膜、淋巴结、肾、脾脏、膀胱和胆囊等处常见程度不同的出血变化。出血一般呈斑点状，有的点少而散在，有的则星罗密布，其中以皮肤、肾脏、淋巴结和脾脏的出血最为常见且具有诊断意义。

皮肤的出血多见于颈部、腹部、腹股沟部和四肢的内侧。出血最初是以小的淡红色充血开始，以后该区域的红色加深，呈现明显的斑点状出血。若病程经过较长，则出血斑点可互相融合成暗紫红色出血斑；有时在出血的基础上继发坏死，形成黑褐色干涸的小痂。

全身性出血性淋巴结炎的变化表现得非常突出，尤以颌下、腮、咽后、支气管、纵隔、胃门、肾门和肠系膜等淋巴结的病变不仅出现得早而且明显。眼观，淋巴结的体积肿大，呈暗红色，切面湿润多汁，隆突，边缘的髓质呈暗红色，围绕淋巴结中央的皮质并向皮质内伸展，以致出血的髓质与未出血的皮质镶嵌，形成大理石样花纹。此种变化对猪瘟的诊断具有一定的意义。镜检的主要病变是淋巴窦出血和淋巴小结萎缩及有不同程度的坏死。

肾脏稍肿大，色泽变淡，表面散布数量不等的点状出血，少者仅有 2~3 个，多则密布肾表面，形似麻雀蛋外观，故有“雀蛋肾”之称。切面不论皮质或髓质都可以见到针尖大至粟粒大的出血点。肾锥体和肾盂黏膜也常散布多量出血点。

镜检，主要病变是肾小管上皮变性、坏死，小管间有大量红细胞，呈局灶性出血性变化；肾小球毛细血管的通透性增大，大量浆液和纤维蛋白及少量红细胞外渗充满肾小囊，引起渗出性急性肾小球肾炎变化；或肾小球的毛细血管极度淤血肿大，充满肾小囊，大量红细胞和纤维蛋白渗入肾小囊，形成急性出血性肾小体肾炎（免疫复合物沉积在毛细血管基膜而引起）变化。

脾脏通常不肿大或轻度肿胀，有35%~40%病例在脾脏的边缘见有数量不等、粟粒大至黄豆或蚕豆大暗红色不规则圆形的出血性梗死灶。这是猪瘟的特征性病变。镜检，梗死灶的发生是由于脾小动脉变性、坏死，使管腔内血栓形成导致闭锁所致。梗死的脾组织坏死，固有结构破坏，渗出的纤维蛋白、红细胞与坏死的组织混杂在一起，形成梗死灶。

此外，各黏膜、浆膜和器官的出血也很明显，包括消化道、呼吸道及泌尿生殖系统的黏膜和心包膜、胸膜和腹膜等；而膀胱、输尿管及肾盂等黏膜和喉头部的出血性病变，在其他传染病所致的败血病比较少见。消化道除常见点状或弥漫性出血外，还常有局灶性溃疡、坏死或卡他性炎症等病变。中枢神经系统也有出血变化，主要在软脑膜下，有时也见于脑实质。在多数情况下脑的眼观变化虽然不太明显，但是显微镜检查时竟有75%~84%的病例呈现出弥漫性非化脓性脑炎变化。

纤维素性肺炎是胸型猪瘟的病变特点，多半是由败血症发展而来，是机体抵抗力减弱继发呼吸道内的猪巴氏杆菌大量繁殖所致。因此，本型猪瘟除具有败血型的病变特点之外，还有典型的出血性纤维素性肺胸膜肺炎及纤维素性心包炎等巴氏杆菌病病变。

纤维素性坏死性肠炎是肠型猪瘟的病变特点，多见于慢性猪瘟，是继发沙门氏菌感染的结果。其病变特点是在回肠末端及盲肠，特别是回盲口可见到一个一个的轮层状病灶，俗称“纽扣状肿”。病变的大小不等，自黄豆大到鸽卵大或更大，呈褐色或污绿色，一般为圆形或椭圆形，坏死脱落后可形成溃疡。病情好转时溃疡可被机化而变为瘢痕组织；反之，病情恶化时坏死性肠炎不仅向周围迅速扩散形成弥漫性纤维素性坏死性肠炎的变化，而且还向深部发展，累及肌层直达浆膜下层，引起局部性腹膜炎。

5. 实验室检查

一般而言，对典型的急性、亚急性和慢性猪瘟根据临床症状、病理变化和流行情况即可以确诊。但是，对温和型和迟发型猪瘟，因其临床症状通常温和，呈间歇性，或感染数月不被发现，故很难做出临床诊断，常需进行实验室检查。

送检的方法：病猪死后，立即采取扁桃体、脾脏和淋巴结等组织，分别装入青霉素瓶，放入装有冰块的保温瓶，迅速送实验室做猪瘟荧光抗体检查，或做免疫酶标试验等，以求最后确诊。其中活体采取扁桃体，再用荧光抗体检查病原体是临床上常用的一种诊断方法。此时，可在扁桃体的上皮细胞和腺管上皮中发现大量阳性反应物。

6. 类症鉴别

在临床上，急性猪瘟与急性猪丹毒、最急性猪肺疫、急性副伤寒、弓形虫病有许多类似之处，其区别要点如下。

（1）急性猪丹毒　多发生于夏季，病程短，发病率和病死率比猪瘟低。体温很高，但仍有食欲。皮肤上的红斑，指压退色，病程较长时，皮肤上有紫红色疹块。死后剖检，胃和小肠有严重的出血；脾肿大，呈樱桃红色，多无梗死变化；淋巴结和肾淤血肿大。青霉素等治疗有显著疗效。

（2）最急性猪肺疫　夏季或气候和饲养条件剧变时多发，发病率和病死率比猪瘟低，咽喉部急性肿胀，呼吸困难，鼻流泡沫，有咳嗽，皮肤发红，或有少数出血点。剖检时，咽喉部皮下有明显的出血性浆液浸润；肺脏呈现出典型的纤维素性肺胸膜炎变化；颌下淋巴结出血，切面呈红色，而其他淋巴结多呈急性浆液性淋巴结炎的变化。用抗菌药治疗时有较好的疗效。

（3）急性猪副伤寒　多见于2~4个月的猪，是一种幼畜病，在阴雨连绵季节多发，一般呈散发。先便秘后下痢，有时粪便带血，有结膜炎，胸腹部皮肤呈蓝紫色。剖检可见，肠系膜淋巴结显著肿大，呈浆液性淋巴结炎变化；肝脏肿大，表面常见散在的灰黄色坏死灶；大肠有局灶性溃疡；脾脏肿大，无出血性梗死灶。

（4）慢性猪副伤寒　呈顽固性下痢，体温不高，皮肤无出血点，有时咳嗽。剖检可见，大肠黏膜的纤维素性坏死性炎为弥漫性溃烂或局灶性浅平溃疡；脾脏增生肿大，质地坚实，切面平滑、干燥；肠系膜淋巴结呈髓样肿大，有灰黄色坏死灶或灰白色结节；有时伴发卡他性肺炎的变化。

（5）弓形虫病　弓形虫病也有持续高热，皮肤有紫斑和出血点，大便干燥等症状，容易与猪瘟相混。但弓形虫病呼吸高度困难，磺胺类药治疗有效。剖检时，肺发生间质性肺炎或水肿，有时为纤维素性肺炎；肝脏散布淡黄色或灰白色局灶性坏死；全身淋巴结，尤其是内脏淋巴结肿大并伴发灶状坏死。采取肝、肺和淋巴结等病料涂片，用瑞氏染液等染色观察，常可检出弓形虫。

（二）治疗

处方1：抗猪瘟血清25毫升，硫酸庆大小诺霉素16万~32万单位。

用法：一次肌内注射或静脉注射，1次/天，连用2~3次。

说明：本方在猪尚未出现腹泻时应用可获良好疗效。

处方 2：猪瘟兔化弱毒疫苗 2 头份。

用法：非猪瘟流行区，仔猪 60~70 日龄时接种 1 次；猪瘟流行区，20 日龄第一次接种，60 日龄以后可再接种 1 次，种猪群以后每年加强免疫 1 次。发现病毒中假定健康猪及其他受威胁猪只，可用此苗作紧急预防接种。

说明：本处方用于预防。有些猪瘟流行区用量更大。

处方 3：① 青霉素 80 万单位，复方氨基比林 10 毫升。

用法：肌内注射，2 次 / 天，连用 3 天。

说明：也可用磺胺嘧啶钠 10 毫升，肌内注射，2 次 / 天，连用 3 天。

② 生石膏 40 克（先煎），知母 20 克，生山栀 10 克，板蓝根 20 克，玄参 20 克，金银花 10 克，大黄 30 克（后下）炒枳壳 20 克，鲜竹叶 30 克，生甘草 10 克。

用法：水煎去渣，候温灌服，1 剂 / 天，连服 2~3 天。

说明：配合①西药治疗。

处方 4：大黄 15 克，厚朴 20 克，枳实 15 克，芒硝 25 克，玄参 10 克，麦冬 15 克，金银花 15 克，连翘 20 克，石膏 50 克。

用法：水煎去渣，早、晚各灌服一剂。此药量为 10 千克重的猪所用药量，大小不同的猪可酌情增减。

说明：本方主要用于恶寒发热，大便干燥，粪便秘结的病猪。配合处方 3 ①西药治疗。

处方 5：黄连 5 克，黄柏 10 克，黄芩 15 克，金银花 15 克，连翘 15 克，白扁豆 15 克，木香 10 克。

用法：水煎去渣，早、晚各灌服一剂。以上药量为 10 千克重的猪所用药量，大小不同的猪可酌情增减。

说明：本方主要用于粪便稀软或出现明显腹泻症状的病猪。配合处方 3 ①西药治疗。

处方 6：仙人掌 5 片，蚯蚓 20~30 条，白砂糖 200 克。

用法：仙人掌去皮，捣成泥状备用；蚯蚓放入盛有白砂糖的容器中；然后倒入仙人掌泥拌和，再拌入麸皮或糠料少许。每天早、晚各喂一次。

说明：本方是民间验方，可供试用。

二、口蹄疫

口蹄疫是口蹄疫病毒感染引起的牛、羊、猪等偶蹄动物共患的一种急性、热性传染病，是一种人兽共患病。本病毒有甲型（A 型）、乙型（O 型）、丙型（C 型）、南非 1 型、南非 2 型、南非 3 型和亚洲 1 型 7 个血清主型，每个主型又有许多亚型。由于本病传播快、发病率高、传染途径复杂、病毒型多易变，成为近年来危害养猪业的主要疫病之一。

（一）诊断要点

1. 病原特性

口蹄疫病毒属微核糖核酸科口蹄疫病毒属，体积最小。口蹄疫病毒对外界环境的抵抗力很强，不怕干燥，在自然条件下，含病毒的组织与污染的饲料、饲草、皮毛及土壤等保持传染性达数周至数月之久。粪便中的病毒，在温暖的季节可存活 29~60 天，在冻结条件下可以越冬。但对酸和碱十分敏感，易被碱性或酸性消毒药杀死。

2. 流行特点

本病主要侵害牛、羊、猪及野生偶蹄动物，人也可感染。主要传染源是患病家畜和带毒动物。通过水疱液、排泄物、分泌物、呼出的气体等途径向外排散感染力极强的病毒，从而感染其他健康家畜。本病发生没有明显的季节性，但是，由于气温和光照强度等自然条件对口蹄疫病毒的存活有直接影响，因此，本病的流行又呈现一定的季节性，表现为冬春季多发，夏秋季节发病较少。单纯性猪口蹄疫的流行特点略有不同，仅猪发病，不感染牛、羊，不引起迅速扩散或跳跃式流行，主要发生于集中饲养的猪场和食品公司的活猪仓库或城郊猪场以及交通密集的铁路、公路沿线，农村分散饲养的猪较少发生。

3. 临床症状

潜伏期 1~2 天，病猪以蹄部水疱为主要特征，病初体温 40~41℃，精神不振，食欲减退或不食，口唇、嘴角、蹄冠、趾间、蹄踵等处出现发红、微热、敏感等症状，不久形成黄豆大、蚕豆大的水疱，水疱破裂后形成出血性烂斑、溃疡，1 周左右恢复。若有细菌感染，则局部化脓坏死，可引起蹄壳脱落，患肢不能着地，常卧地不起，部分病猪的口腔黏膜（包括舌、唇、齿龈、咽、腭）、鼻盘和哺乳母猪的乳头，也可见到水疱和烂斑。仔猪感染时水疱症状不明显，主要表现为胃肠炎和心肌炎，致死率高达 80% 以上。

4. 病理变化

除口腔、蹄部或鼻端（吻突）、乳房等处出现水疱及烂斑外，咽喉、气管、支气管和胃黏膜也有烂斑或溃疡，小肠、大肠黏膜可见出血性炎症。仔猪心包膜有弥散性出血点，心肌切面有灰色或黄色斑点或条纹，心肌松软似煮熟状。组织学检查心肌有病变灶，细胞呈颗粒变性，脂肪变性或蜡样坏死，俗称“虎斑心”。

5. 实验室检查

口蹄疫病毒具有多型性，而其流行特点和临床症状相同，其病毒属于哪一型，需经实验室检查才能确定。另外，猪口蹄疫与猪水疱病的临床症状几乎无差别，要通过实验室检查予以鉴别。首先，将病猪蹄部用清水洗净，用干净剪子剪取水疱皮，装入青霉素（或链霉素）空瓶，最好采 3~5 头病猪的水疱皮，冷藏保管，一并迅速送到有关检验部门检查。常用酶联免疫吸附试验进行诊断。

6. 鉴别诊断

（1）口蹄疫与猪水疱病区别　猪水疱病在症状上与口蹄疫极为相似，但牛、羊等家畜不发病；口蹄疫经常体温升高，水疱病很少，也不严重，这是主要区别；口蹄疫和环境温度有关，温度低就容易出现，水疱病和环境温度关系不大；口蹄疫如果挑破脓疱，触及感染面，猪会很疼，尖叫，水疱病一般不会那么疼。

（2）与猪蹄裂相鉴别　猪口蹄疫在每年的秋冬季节多发，疾病的典型症状发生在蹄部，猪蹄裂病的高发季节也是在秋冬，疾病的临床症状也表现在蹄部，因此，经常有人混淆两种病，把蹄裂当成口蹄疫。猪口蹄疫与猪蹄裂病的区别如下。

① 口蹄疫临床典型症状表现为猪蹄冠、蹄趾间、蹄踵部形成水疱，水疱破溃以后，颜色发白，有些露出黏膜。病情严重的，蹄甲脱落。有些猪鼻镜也出现水疱，母猪乳头附近出现水疱，体温通常都会升高，是一种烈性传染病，传染非常快，通常会大群发病。

② 猪蹄裂病是指生猪蹄壳开裂或裂缝有轻微出血的一种肢蹄病，临床上主要表现为疼痛跛行，不愿走动，但生长受阻，繁殖能力下降。

③ 二者区分：蹄部病变的部位、体温是否升高、是否大群发病。

（二）治疗

根据国家规定，口蹄疫病猪不准治疗，应一律采取扑杀措施，以防散播传染。但在特殊情况下，如某些种猪，可在严格隔离的情况下予以治疗。

处方 1：① 口蹄疫抗血清 25 毫升。

用法：一次肌内注射或静脉注射，0.5 毫升 / 千克体重。

② 0.1% 高锰酸钾溶液，碘甘油或 1%~2% 龙胆紫液，适量。

用法：先以 0.1% 高猛酸钾溶液冲洗患部，然后涂碘甘油或龙胆紫溶液。

处方 2：冰片 5 克，硼砂 5 克，黄连 5 克，明矾 5 克，儿茶 5 克。

用法：患部以消毒水洗净后，研末撒布。

处方 3：贯众 15 克，桔梗 12 克，山豆根 15 克，连翘 12 克，大黄 12 克，赤芍 9 克，生地 9 克，花粉 9 克，荆芥 9 克，木通 9 克，甘草 9 克，绿豆粉 30 克。

用法：共研细末，加蜂蜜 100 克为引，开水冲服，1 剂 / 天，连用 2~3 天。

三、猪圆环病毒病

猪圆环病毒病的病原体是致病性猪圆环病毒（PCV-2）。此病毒主要感染断奶后仔猪，一般集中于断奶后2~3周和5~8周龄的仔猪。PCV-2分布很广，在美、法、英等国流行。猪群血清阳性率可达20%~80%，但是，实际上只有相对较小比例的猪或猪群发病。目前，已知与PCV-2感染有关的有5种疾病：断奶后多系统衰竭综合征、猪皮炎肾病综合征、间质性肺炎、繁殖障碍、传染性先天性震颤。

（一）猪断奶后多系统衰竭综合征（PMWS）

猪断奶后多系统衰竭综合征多发生在5~12周龄断奶猪和生长猪。

1. 诊断要点

（1）流行特点　哺乳仔猪很少发病，主要在断奶后2~3周发病。本病的主要病原是PCV-2，其在猪群血清阳性率达20%~80%，多存在隐性感染。发病时病原体还易与PRRSV（猪繁殖呼吸综合征病毒）、PRV（猪细小病毒）、MH（猪肺炎支原体）、PRV（猪伪狂犬病毒）、APP（猪胸膜炎放线杆菌），以及PM（猪多杀性巴氏杆菌）等混合感染。PMWS的发病往往与饲养密度大、环境恶劣（空气不新鲜、湿度大、温度低、饲料营养差、管理不善等）有密切关联。患病率为3%~50%，致死率80%~90%。

（2）临床症状　患猪主要表现精神不振、食欲下降、进行性呼吸困难、消瘦、贫血、皮肤苍白、肌肉无力、黄疸、体表淋巴结肿大。被毛粗乱，怕冷，可视黏膜黄疸，下痢，嗜睡，腹股沟浅淋巴结肿大。由于细菌、病毒的多重感染而使症状复杂化与严重化。

（3）病理变化　皮肤苍白，有20%出现黄疸。淋巴结异常肿胀，切面呈均匀的苍白色，肺呈弥漫性间质性肺炎；肾脏肿大，外观呈蜡样，其皮质和髓质有大小不一的点状或条状白色坏死灶；肝脏外观呈现浅黄色到橘黄色；脾稍肿大、边缘有梗死灶；胃肠道呈现不同程度的炎症损伤，结肠和盲肠黏膜充血或瘀血；肠壁外覆盖一层厚的胶冻样黄色膜；胰损伤、坏死。死后，其全身器官组织表现炎症变化，出现多灶性间质性肺炎、肝炎、肾炎、心肌炎以及胃溃疡等病变。

（4）实验室检查　主要是在病变部位检测到PCV-2抗原或核酸。应用PCR检测方法和病毒的分离。

2. 治疗

处方1：排疫肽0.25毫升，0.25毫升白介素-4。

用法：混合，肌内注射，1次/天，连用7天。

处方 2：聚肌胞 2 毫克。

用法：肌内注射，1 次 /2 天。

处方 3：氟苯尼考粉 5 克，复合维生素 B 粉 10 克，甘草粉 30 克，黄芪 50 克，乳清粉 2 000 克。

用法：混合于饲料 50 千克，连喂 10 天。

处方 4：维生素 B_{12} 500 微克 / 支，3 支；10% 维生素 C 5 毫升；肌苷 0.2 克 / 支，2 支；黄芪多糖针 5 毫升。

用法：混合分 2 点肌内注射，1 次 / 天。

处方 5：生石膏 90 克，连翘 30 克，板蓝根 30 克，大青叶 30 克，黄芪 30 克，玄参 30 克，黄芩 20 克，桔梗 20 克，栀子 20 克，丹皮 20 克，熟地 10 克，甘草 10 克。

用法：煎后拌料，10 头小猪用量。

处方 6：支原净 125 克，强力霉素 125 克，阿莫西林 125 克，黄芪多糖 200 克。

用法：上述剂量加入 1 吨饲料中，连用 15 天。

处方 7：支原净 50 毫克，强力霉素 0.05 千克，阿莫西林 0.05 千克

用法：上述药物添加到 1 千克日粮中，拌匀喂服。

说明：仔猪断奶前 1 周和断奶后 2~3 周，可用。

（二）猪皮炎和肾病综合征

1. 诊断要点

（1）流行特点　英国于 1993 年首次报道此病，随后美国、欧洲和南非均有报道。通常只发生在 8~18 周龄的猪。发病率为 0.5%~2%，有的可达到 7%，通常病猪在 3 天内死亡，有的在出现临床症状后 2~3 周发生死亡。

（2）临床症状　病猪皮肤出现散在斑点状的丘疹，病发初期为红色小点，继而发展为红色、紫红色的圆形或不规则的隆起，并逐步由中心点变黑扩展为丘疹，病灶常呈现斑块状，有时这些斑块相互融合。尤其在会阴部和四肢最明显。体温有时升高。病变主要发生在背部、臀部和身体躯干两侧，并可延伸至腹部以及四肢，发病严重的患猪病变遍布全身各部位。体外寄生虫（疥螨）感染严重的猪场该病的症状相对较明显；个别猪出现发热、常堆聚在一起、跛行、食欲减退、逐渐消瘦、结膜炎，排黄色水样粪便、呼吸急促、甚至继发其他疾病而衰竭死亡。

（3）病理变化　主要是出血性坏死性皮炎和动脉炎，以及渗出性肾小球性肾炎和间质性肾炎。因此，出现皮下水肿、胸水增多和心包积液。病原检测：送检血清和病料中，可查出 PCV-2 病毒，又能查出猪繁殖和呼吸综合征病毒、细小

病毒，并且都存在相应的抗体。

2. 治疗

处方 1：电解多维 200 克，维生素 C 200 克，氨苯维他 200 克。

用法：上述药物加入 1 吨水中，饮水 15 天。

处方 2：维生素 B_{12} 500 微克 / 支，3 支；黄芪多维 5 毫升；三磷酸腺苷 0.1 克 / 支，3 支。

用法：混合，肌内注射，1 次 /2 天，连用 5 次。

处方 3：排疫肽 0.2 毫升；聚肌胞 2 毫升，2 支。

用法：混合，肌内注射，1 次 /2 天，连用 5 次。

处方 4：阿莫西林 0.5 克，清开灵 5 毫升，鱼腥草 5 毫升，地塞米松磷酸钠 2 毫克。

用法：混合，肌内注射。

说明：感染猪用。

（三）猪间质性肺炎

本病主要危害 6~14 周龄的猪，发病率 2%~3%，死亡率为 4%~10%。眼观病变为弥漫性间质性肺炎，肺呈灰红色。实验室检查：肺部存在 PCV-2 型病毒，其存在于肺细胞增生区和细支气管上皮坏死细胞碎片区域内，肺泡腔内有时可见透明蛋白。

处方 1：强的松 30~40 毫克。

用法：分 3~4 次 / 天，口服。

处方 2：硫唑嘌呤 100 毫克。

用法：1 次 / 天，口服。

说明：也可用环磷酰胺 100 毫克 / 天，1 次口服；或雷公藤多甙 10~20 毫克/次，3 次 / 天，口服。

皮质激素疗效不理想时，可改用免疫抑制剂或联合用药，但效果待定。

（四）繁殖障碍

繁殖障碍可与 PCV-2 型病毒相关。该病毒可引起返情率增加，子宫内感染、木乃伊胎，孕期流产，以及死产和产弱仔等。母猪生产的仔猪发生 PCV-2 型病毒血症。

在有很高比例新母猪的猪群中，可见到非常严重的繁殖障碍。急性繁殖障碍，如发情延迟和流产增加，通常可在 2~4 周后消失。但其后就在断奶后发生多系统衰竭综合征。用 PCR 技术对猪进行血清 PCV-2 型病毒检测，结果表明，有些母猪有延续数月时间的病毒血症。

猪繁殖障碍的治疗方法可参考猪断奶后多系统衰竭综合征。

（五）仔猪先天性震颤

多在仔猪出生后第 1 周内发生，震颤由轻变重，卧下或睡觉时震颤消失，受外界刺激（如突发的噪声或寒冷等）时可以引发或是加重震颤，严重的影响吃奶，以致死亡。每窝仔猪受病毒感染的发病数目不等。大多是新引入的头胎母猪所产的仔猪。在精心护理 1 周后，存活的病仔猪多数于 3 周逐渐恢复。但是，有的猪直至肥育期仍然不断发生震颤。

处方 1：乳猪用白细胞干扰素 1 支，维生素 B_1 100 毫克。

用法：混合肌内注射，1 次 / 天，连用 4 天。

处方 2：25% 硫酸镁 2~5 毫升。

用法：肌内注射。

处方 3：维丁胶性钙 1~2 支。

用法：肌内注射。5 天后再用 1 次。

处方 4：维生素 B_{12} 500 微克。

用法：肌内注射。

处方 5：① 25% 硫酸镁 5 毫升；0.1% 亚硒酸钠 2 毫升；复合维生素 B 2 毫升。

用法：分别肌内注射。

② 50% 葡萄糖 20 毫升。

用法：口服，1 次 / 天，连用 3 天。

处方 6：阿托品 5 毫克，10% 樟脑磺酸钠 1 毫升。

用法：肌内注射，2 次 / 天，连用 2 天。

处方 7：复方磺胺嘧啶 5 毫升，25% 硫酸镁 3 毫升。

用法：混合，肌内注射，1 次 / 天。

处方 8：维生素 B_6 200 毫克，维生素 B_{12} 500 微克。

用法：混合，肌内注射，1 次 / 天。

处方 9：苍术粉 100 克，磷酸氢钙 100 克。

用法：拌料喂母猪。

处方 10：苍术粉 5 克，磷酸氢钙 5 克，食母生 5 克。

用法：蜂蜜调成糊状，涂仔猪舌根，2 次 / 天。

处方 11：钙粉 60 克（或蛋壳粉 60 克），何首乌 60 克。

用法：混合喂母猪，1 次 / 天。

处方 12：冰片 9 克，白矾 12 克，鸡蛋 2 个取清。

用法：先将冰片、白矾研末，用鸡蛋清调和，涂于耳尖。

四、猪流感

猪流行性感冒简称猪流感，是由猪流行性感冒病毒引起的一种急性呼吸系统传染病。临床特征为突然发病，并迅速蔓延全群，表现为呼吸道炎症。

（一）诊断要点

1. 流行特点

不同年龄、性别和品种的猪对猪流感病毒均有易感性。传染源是病猪和带毒猪。病毒存在于呼吸道黏膜，随分泌物排出后，通过飞沫经呼吸道侵入易感猪体内，在呼吸道上皮细胞内迅速繁殖，很快致病，又向外排出病毒，以至于迅速传播，往往在2~3天内波及全群。康复猪和隐性感染猪，可长时间带毒，是猪流感病毒的重要宿主，往往是以后发生猪流感的传染源，猪流感呈流行性发生。在常发生本病的猪场可呈散发性。大多发生在天气骤变的晚秋和早春以及寒冷的冬季。一般发病率高，病死率却很低。如继发巴氏杆菌、肺炎链球菌等感染，则使病情加重。

2. 临床症状

潜伏期为2~7天。病猪突然发热、精神不振、食欲减退或废绝，常挤卧一起，不愿活动，呼吸困难、咳嗽，眼、鼻有黏液性分泌物，病程很短，一般2~6天可完全恢复。如果并发支气管肺炎、胸膜炎等，则猪群病死率增加。普通感冒与之区别在于前者体温稍高，散发，病程短，发病缓，其他症状无多大差别。

3. 病理变化

病变主要在呼吸器官，鼻、喉、气管和支气管黏膜充血，表面有多量泡沫状黏液，有时混有血液。肺部病变轻重不一，有的只在边缘部分有轻度炎症，严重时，病变部呈紫红色。

4. 实验室检查

用灭菌棉拭子采取鼻腔分泌物，放入适量生理盐水中洗涮，加青霉素、链霉素处理，然后接种于10~12日龄鸡胚的羊膜腔和尿囊腔内，在35℃孵育72~96小时后，收集尿囊液和羊膜腔液，进行血凝试验和血凝抑制试验，鉴定其病毒。

5. 鉴别诊断

在临床诊断时，应注意与猪肺疫、猪传染性胸膜肺炎相区别。

猪流感与猪肺疫两者在体温、食欲、呼吸等方面症状较为相似，很难鉴别。但猪肺疫有明显的败血症和消化系统的临床症状，猪流感主要体现在呼吸系统症状上。在病理剖检上猪流感没有肺的肝样变。

猪传染性胸膜肺炎肺部症状比较严重，口鼻常流泡沫性分泌物，胸部肋间肌触诊疼痛反应比较明显，而猪流感主要是咳嗽，眼、鼻分泌物较多。病理变化上，猪传染性胸膜肺炎主要表现为出现急性弥散性出血性坏死，特别是膈叶背侧最为突出。

（二）治疗

目前尚无特效治疗药物。

处方 1：30% 安乃近针剂 10 毫升，青霉素 320 万单位，双黄连注射液 10 毫升。

用法：混合，肌内注射，2 次 / 天。

处方 2：10% 复方氨基比林注射液 5~20 毫升，氨苄青霉素 2 克。

用法：混合，肌内注射，2 次 / 天。

处方 3：紫苏 10 克，防风 10 克，荆芥 10 克，桔梗 15 克，杏仁 15 克，款冬花 6 克，紫菀 6 克，甘草 6 克。

用法：水煎，候温灌服。

说明：本方为 25~30 千克猪用量。

处方 4：金银花 30 克，连翘 30 克，桔梗 30 克，薄荷 15 克，荆芥 15 克，豆豉 15 克，牛蒡子 15 克，淡竹叶 15 克，鲜芦根 50 克，甘草 10 克。

用法：加水适量，共煎。一次灌服，1 剂 / 天，连服 3 剂。

说明：本方辛凉解表，用于风热型感冒，流感，为 100 千克猪用量。

处方 5：桂枝 12 克，麻黄 6 克，芍药 10 克，杏仁 10 克，陈皮 12 克。

用法：加水适量共煎。一次灌服，1 剂 / 天，连服 3 剂。

说明：本方辛温解表，用于风寒型感冒，流感。

五、猪繁殖与呼吸综合征（蓝耳病）

猪繁殖与呼吸综合征是 1987 年新发现的一种接触性传染病。主要特征是母猪发热、流产，产木乃伊胎、死产、弱仔等；仔猪表现异常呼吸症状和高死亡率。

（一）诊断要点

1. 流行特点

本病主要侵害种猪、繁殖母猪及其仔猪，而肥育猪发病比较温和。本病的传染源是病猪、康复猪及临床健康带毒猪，病毒在康复猪体内至少可存留 6 个月。病毒可从鼻分泌物、粪尿等途径排出体外，经多种途径进行传播，如空气传播、接触传播、胎盘传播和交配传播等。卫生条件不良，气候恶劣，饲养密度过高，可促进本病发生。

2. 临床症状

本病的症状在不同感染猪群中有很大的差异，潜伏期各地报道也不一致。病的经过通常为 3~4 周，最长可达 6~12 周。感染猪群的早期症状类似流行性感冒，出现发热、嗜睡、食欲不振、疲倦、呼吸困难、咳嗽等症状。发病数日后，少数病猪的耳朵、外阴部、腹部及口鼻皮肤呈青紫色，以耳尖发绀最常见。部分猪感染后没有任何症状（40%~50%），或症状很轻微，但长期携带病毒，成为猪场持久的传染源。

（1）母猪　反复出现食欲不振、发热、嗜睡，继而发生流产（多发生于妊娠后期）、早产、死胎或木乃伊胎。活产的仔猪体重小而且衰弱，经 2~3 周后，母猪开始康复，再次配种时受精率可降低 50%，发情期推迟。

（2）公猪　表现厌食、沉郁、嗜睡、发热，并有异常呼吸症状。精液质量暂时下降，精子数量少，活力低。

（3）肥育猪　症状较轻，仅表现 5~7 天厌食、呼吸增数、不安、易受刺激、体温升高、皮肤瘙痒，发育迟缓。患猪耳尖坏死脱落。发生慢性肺炎或有继发感染时，死亡率明显增高。

（4）哺乳仔猪　呼吸困难，甚至出现哮喘样的呼吸障碍（由间质性肺炎所致），张口呼吸、流鼻涕、不安、侧卧、四肢划动，有时可见呕吐、腹泻、瘫痪、平衡失调、多发性关节炎及皮肤发绀等症状。仔猪的病死率可达 50%~60%。

2. 病理变化

病毒主要侵害肺脏，大多数病例如无继发感染，肺部看不到明显的肉眼病变。病理组织学检查肺部见有特征性的细胞性间质性肺炎，肺泡壁间隔增厚，充满巨噬细胞。鼻甲骨的纤毛脱落，上皮细胞变性，淋巴细胞和浆细胞积聚。

3. 实验室检查

采取有急性呼吸异常症状的弱仔猪、死产及流产胎儿的肺、脾和淋巴结，送实验室进行病毒分离、鉴定，病毒可在猪巨噬细胞或 CL2621 和 Marc145 传代细胞上繁殖。耐过猪可采取血清，做间接免疫荧光试验或酶联免疫吸附试验。猪感染本病后 1~2 周可出现血清抗体，且可持续 1 年左右。

4. 鉴别诊断

应注意与猪细小病毒病、猪伪狂犬病、猪乙型脑炎、猪衣原体病相鉴别。

（二）治疗

处方 1：30% 安乃近注射液 20~30 毫升，地塞米松磷酸钠 25 毫克，青霉素 320 万 ~480 万单位，链霉素 2 克。

用法：混合，一次肌内注射。2 次 / 天。

说明：用于体温升高的病猪。

处方 2：胃复安 1 毫克 / 千克体重，维生素 B_1 20 毫升。

用法：1 次肌内注射。1 次 / 天。

说明：对于食欲不振的病猪，可以使用。对于食欲废绝但呼吸平稳的病猪，可以使用 5% 葡萄糖盐水 500 毫升、维生素 B_1 10 毫升，配合适当的抗生素混合静脉注射，另外，肌内注射维生素 C 10 毫升。

处方 3：利高霉素 15 毫克 / 千克体重。

用法：肌内注射，5 天为一个疗程，连用 2 个疗程。

说明：对于继发支原体肺炎的仔猪，可以使用。也可以用壮观霉素。对于继发胸膜肺炎的仔猪，可选用氨苄青霉素、庆大霉素、土霉素等治疗。

处方 4：白细胞干扰素 1 万 ~5 万单位，排疫肽 2~4 毫克，清开灵 10~20 毫升。

用法：混合肌内注射。1 次 / 天，连用 5 天。

处方 5：① 头孢噻呋 0.5~1 克，黄芪多糖 10~20 毫升，柴胡注射液 5~10 毫升。

用法：混合，肌内注射，1 次 / 天，连用 5 天。

说明：黄芪多糖可以用双黄连 5~10 毫升代替。

② 磺胺间甲氧嘧啶 15~20 毫升，庆大霉素 10~20 万单位。

用法：混合肌内注射，2 次 / 天，连用 5 天。

处方 6：拌料用处方，可任选一个。

① 黄芪多糖 300 克，抗菌肽 250 克，穿心莲 300 克，阿莫西林 300 克，强力霉素 250 克（或土霉素 600 克）。拌料 1 吨，连用 15 天。

② 黄芪多糖 500 克，80% 支原净 150 克，10% 氟苯尼考 1 000 克，黄连解毒散 1 000 克。拌料 1 吨，连用 15 天。

③ 黄芪多糖 500 克，阿莫西林 400 克，恩诺沙星 2 000 克，葡萄糖粉 6 000 克，清瘟败毒散 1 000 克。拌料 1 吨，连用 10 天。

处方 7：葡萄糖盐水 1 000 毫升，10% 维生素 C 注射液 20 毫升，三磷酸腺苷 100 毫克，乙酰辅酶 A 300 单位，肌苷 0.6 克，5% 碳酸氢钠 200 毫升。

用法：混合，一次静脉注射，1 次 / 天，连用 5 天。

说明：病情严重的母猪可用。

处方 8：黄芪多糖 10 毫升，10% 维生素 C 注射液 10 毫升，复合维生素 B 注射液 10 毫升。

用法：混合，肌内注射，1 次 / 天，连用 5 天。

说明：可用于饮食欲废绝的猪。

处方 9：黄连 20 克，黄柏 20 克，黄芩 20 克，大黄 20 克，连翘 20 克，栀子 20 克，二花 30 克，知母 40 克，豆根 40 克，桔梗 40 克，生石膏 20 克，甘草 20 克。

用法：煎服，1 剂 / 天，连用 5 天。

处方 10：柴胡 40 克，黄芩 40 克，栀子 40 克，连翘 40 克，丹皮 40 克，地骨皮 40 克，青蒿 40 克，知母 40 克，元参 40 克，水牛角 40 克，黄芪 40 克，石膏 60 克，桔梗 30 克，槟榔 20 克，泽泻 20 克，甘草 20 克。

用法：煎后分 2 份，早晚各服 1 份，连用 4 天。

处方 11：穿心莲 30 克，黄芪 30 克，党参 25 克，金银花 25 克，连翘 25 克，大青叶 25 克，板蓝根 25 克，甘草 10 克。

用法：水煎服，1 剂 / 天，连用 4 天。

六、猪伪狂犬病

猪伪狂犬病是多种哺乳动物和鸟类的急性传染病。在临床上以中枢神经系统障碍、发热、局部皮肤持续性剧烈瘙痒为主要特征。

（一）诊断要点

1. 流行病学

猪伪狂犬病是由伪狂犬病毒引起的家畜及野生动物的急性传染病，其中，对猪的危害较大。病猪、带毒猪以及带毒鼠类为本病的重要传染源。病毒主要通过消化道侵入机体。当黏膜、皮肤有损伤时，更易感染发病。本病的发生无季节性，但以夏秋季多发，初期死亡率高。伪狂犬病毒对外界抵抗力较强，在不清洁的畜舍内或干草上能存活 1 个月以上，在生肉中可存活 5 周以上，对碱性物质敏感，高温可杀死该病毒。

2. 临床症状

母猪不发情，配不上种，返情率高达 90%。妊娠母猪发生流产、产死胎、木乃伊胎，以产死胎为主。公猪感染后，表现不育、睾丸肿胀、萎缩、丧失种用能力。成年猪仅表现增重减慢等轻微温和症状。育肥猪表现为咳嗽，反复发病。新生仔猪、哺乳仔猪发病症状明显，病猪高热、呕吐、食欲废绝、呼吸急促、昏睡、鸣叫、流涎、呕吐、拉稀、抑郁、震颤，并有兴奋、叫声嘶哑、无目的前进或转圈等神经症状，继而出现肌肉痉挛、四肢麻痹、卧地、四肢做游泳状运动、运动失调、间歇性抽搐、昏迷以至衰竭死亡，一旦发病，1~2 天内死亡，发病率在 20%~40%，死亡率 100%。

3. 剖检变化

剖检病死仔猪，一般无特征性肉眼可见的变化。外观皮肤无出血斑点，耳朵稍暗红，鼻孔有分泌物，有些有腹泻表现，喉头充血，气管有黏液，肺水肿有出血点，全身淋巴结肿胀、出血，肾可能有出血小点，脑膜充血水肿，脑脊髓液增加等变化。

4. 实验室检查

实验检验简单易行又可靠的方法是动物接种试验。采取病猪脑组织，磨碎后，加生理盐水，制成10%悬液，同时，每毫升加青霉素1 000单位、链霉素1毫克，放入4℃冰箱过夜，离心沉淀，取上清液于后腿外侧部皮下注射家兔1~2毫升，接种后2~3天死亡。死亡前，注射部位的皮肤发生剧痒。患兔抓咬患部，以致呈现出血性皮炎，局部脱毛出血。同时，可用免疫荧光试验、琼脂扩散试验、酶联免疫吸附试验和间接血凝试验等进行检查。

5. 鉴别诊断

对有神经症状的病猪，应与链球菌性脑膜炎、水肿病、食盐中毒等鉴别。

猪伪狂犬病所有年龄猪均可发生，小猪严重，整群感染，死亡率高，表现肌痉挛，共济失调，昏迷，咳嗽，便秘，呕吐，流涎，母猪流产。

链球菌性脑膜炎乳猪多发，多呈散发，死亡率高。主要表现体温高，前躯虚弱，步态僵直，甚至运动不平衡，划动，角弓反张。剖检，脑和脑膜充血，有炎症变化。

猪水肿病多发于20~30千克重的猪，发病率15%左右，死亡率高。病猪多突然死亡，走路不平衡，步态摇摆，共济失调，麻痹，划动，震颤。剖检腹部皮肤发红，皮下和胃水肿。

猪食盐中毒可发于任何年龄的猪，整圈发生，死亡率高。病猪表现失明，肌肉无力，迟钝，厌食，呕吐，腹泻，口渴，角弓反张。剖检，胃炎、肠炎，便秘等。

母猪发生流产、死胎时，应与猪细小病毒病、猪繁殖与呼吸综合征、猪乙型脑炎、猪衣原体病等相区别。

猪伪狂犬病母猪主要表现喷嚏，咳嗽，便秘，流涎，厌食，呕吐，中枢神经系统症状；胎儿常死在不同的发育阶段；木乃伊，死胎，产仔数少，坏死性胎盘炎。

猪细小病毒病母猪无症状，胎儿常死在不同的发育阶段；母猪产仔数少，木乃伊胎常见。

猪繁殖与呼吸综合征母猪一般无明显临床症状，仅见轻度呼吸困难，食欲不振，发热；胎儿常死在怀孕后期；死胎、木乃伊胎、早产、头部水肿，胸腹腔积液。

猪乙型脑炎母猪无症状，年龄可能不同、都为同一年龄；死胎或生下虚弱、无眼畸形、小眼畸形、失明、全身水肿的弱胎。

（二）治疗

处方 1：猪伪狂犬病灭活苗或基因缺失弱毒苗。

用法：不同的猪只采用不同的疫苗、不同的剂量。

① 后备猪在配种前实施至少 2 次伪狂犬疫苗的免疫接种，2 次均可使用基因缺失弱毒苗。

② 经产母猪应根据本场感染程度在怀孕后期（产前 20~40 天或配种后 75~95 天）实行 1~2 次免疫。母猪免疫使用灭活苗或基因缺失弱毒苗均可，2 次免疫中至少有 1 次使用基因缺失弱毒苗，产前 20~40 天实行 2 次免疫的妊娠母猪，第一次使用基因缺失弱毒苗，第二次使用蜂胶灭活苗较为稳妥。

③ 哺乳仔猪免疫根据本场猪群感染情况而定。本场未发生过或周围也未发生过伪狂犬疫情的猪群，可在 30 天以后免疫 1 头份灭活苗；若本场或周围发生过疫情的猪群应在 19 日龄或 23~25 日龄接种基因缺失弱毒苗 1 头份；频繁发生的猪群应在仔猪 3 日龄用基因缺失弱毒苗滴鼻。

④ 疫区或疫情严重的猪场，保育和育肥猪群应在首免 3 周后加强免疫 1 次。

说明：预防猪伪狂犬病用。

处方 2：伪狂犬病高免血清 10 毫升。

用法：肌内注射，6 天后再用一次。

说明：若同时应用黄芪多糖中药制剂配合治疗，效果更好。

处方 3：白细胞干扰素 2 支。

用法：仔猪肌内注射，1 次 / 天，连用 4 天。

七、猪细小病毒病

猪细小病毒病可引起猪的繁殖障碍，故又称猪繁殖障碍病。其特征为受感染的母猪，特别是初产母猪产出死胎、畸形胎和木乃伊胎，而母猪本身无明显症状。

（一）诊断要点

1. 病原体

猪细小病毒病病原体为细小病毒科的猪细小病毒，病毒粒子呈圆形或六角形，无囊膜，直径约为 20 纳米，核酸为单股 DNA。本病毒对热、消毒药和酸碱的抵抗力均很强。病毒能凝集豚鼠、鸡、大鼠和小鼠等动物的红细胞。

2. 流行特点

猪是唯一已知的易感动物。不同品种、性别、年龄猪均可发病，病猪和带病毒猪是传染源。急性感染猪的排泄物和分泌物中含有较多的病毒，子宫内感染的胎儿至少出生后9周仍可带毒排毒。一般经口、鼻和交配感染，出生前经胎盘感染。本病毒对外界环境的抵抗力很强，可在被污染的猪舍内生存数月之久，容易造成长期连续传播。精液带病毒的种公猪配种时，常引起本病的扩大传播。猪场的老鼠感染后，其粪便带有病毒，可能也是本病的传染源和媒介。本病发生无季节性。

3. 临床症状

仔猪和母猪的急性感染，通常没有明显症状，但在其体内很多组织器官（尤其是淋巴组织）中均有病毒存在。

怀孕母猪被感染时，主要临床表现为母源性繁殖障碍，如多次发情而不受孕或产出死胎、木乃伊胎，或只产出少数仔猪。在怀孕早期感染时，则因胚胎死亡而被吸收，使母猪不孕和不规则地反复发情。怀孕中期感染时，则胎儿死亡后，逐渐木乃伊化，在1窝仔猪中有木乃伊胎儿存在时，可使怀孕期或胎儿娩出间隔时间延长，这样就易造成外表正常的同窝仔猪的死产。50~60日感染，母猪多产死胎，60~70日多表现流产症状，怀孕后期（70天后）感染时，则大多数胎儿能存活下来，并且外观正常，但是长期带毒、排毒。本病最多见于初产母猪，母猪首次受感染后可获较坚强的免疫力，甚至可持续终生。细小病毒感染对公猪的性欲和受精率没有明显影响。

4. 病理变化

怀孕母猪感染后本身没有病变。胚胎的病变是死后液体被吸收，组织软化。受感染而死亡的胎儿可见充血、水肿、出血、体腔积液、脱水（木乃伊化）等病变。组织学检查可见大脑灰质、白质和软脑膜有以增生的外膜细胞、组织细胞和浆细胞形成的血管周围管套为特征的脑膜炎变化。

5. 实验室检查

对于流产、死产或木乃伊胎儿的检验可根据胎儿的不同胎龄采用不同的检验方法。大于70日龄的木乃伊胎儿、死产仔猪和初生仔猪，应采取心脏血液或体腔积液，测定其中抗体的血凝抑制滴度。对70日龄以下的感染胎儿，则可采取体长小于16厘米的木乃伊胎的肺脏送检。方法是将组织磨碎、离心后，取其上清液与豚鼠的红细胞进行血球凝集反应。此外，也可用荧光抗体技术检测猪细小病毒抗原。

6. 鉴别诊断

猪伪狂犬病、猪乙型脑炎、猪繁殖与呼吸综合征和猪布鲁氏菌病也可引起流产和死胎，应注意鉴别。

猪伪狂犬病母猪出现喷嚏、咳嗽、呕吐等症状，窝产仔猪数少、木乃伊化、死胎，弱仔发生于不同的发育阶段。胎儿的肝、脾出现灰白色坏死灶，并出现坏死性胎盘炎。

母猪患乙型脑炎时无症状，年龄可能不同，都为同一年龄；死胎或生下虚弱、无眼畸形、小眼畸形、失明、全身水肿的弱胎。胎儿皮下水肿，胸腹腔积液，并有小出血点，肝、脾有坏死点（灶）。

猪繁殖与呼吸障碍综合征母猪突然出现厌食、嗜眠和呼吸急促症状，胎儿脐带坏死、动脉炎。

猪布鲁氏菌病母猪妊娠任何时期均可发生流产，但常为同一胎龄，胎儿自溶或皮下水肿，腹腔积液，有化脓性胎盘炎。

（二）治疗

目前，对本病尚无有效的治疗方法，只能预防。

为了防止本病传入猪场，应从无病猪场引进种猪。若从本病阳性猪场引种猪时，应隔离观察 14 天，进行 2 次血凝抑制试验，当血凝抑制滴度在 1∶256 以下或阴性时，才可以混群。

在本病流行的猪场，可采取自然感染免疫或免疫接种的方法，控制本病发生。即在后备种猪群中放进一些血清阳性的母猪，使其受到自然感染而产生主动免疫力。

我国自制的猪细小病毒灭活疫苗或弱毒疫苗，对初产母猪在配种前进行两次疫苗接种，每次间隔 2~3 周，注射后可产生较好的预防效果。

八、猪流行性乙型脑炎

猪流行性乙型脑炎简称“乙脑”，是由流行性乙型脑炎病毒（JEV）引起的一种人畜共患传染病。该病属于自然疫源性疾病，多种动物均可感染，猪群感染最为常见，且大多不表现临床症状，发病率 20%~30%，死亡率较低，怀孕母猪可表现为高热、流产、死胎和木乃伊胎，公猪则出现睾丸炎。

（一）诊断要点

1. 病原体

JEV 属于黄病毒科黄病毒属，JEV 可分成 4 类，也可分成 5 类，不同的基因型基于编码衣壳、PRM 和 E 蛋白的核苷酸序列。基因型 1 在整个亚洲分布最广，基因型Ⅰ和Ⅲ与最常见的流行病有关，基因型Ⅱ和Ⅳ发生在东南亚，且与常见的地方性疾病有关（目前JEV的两个主要的免疫型通过动态中和试验、单克隆抗体反应和其他血清学方法而认识）。

2. 流行特点

本病在热带地区没有明显的季节性，但在其他地区有明显的季节性，主要发生于蚊虫生长繁殖的季节。蚊虫是本病流行的重要传播媒介，其中，三带喙库蚊是主要的带毒蚊种，在日本乙型脑炎的自然循环中和传播中起着重要的作用。人也可以感染本病，饲养人员及与猪接触多的人员要做好防护工作。

3. 临床症状

病猪多出现高热（体温可达40~41℃），精神沉郁或有神经症状，食欲减退，粪干呈球状，表面附着灰白色黏液；有的出现后肢麻痹、视力减退、摆头、乱冲撞等。妊娠母猪会突然发生流产，产死胎、弱胎、木乃伊胎等。公猪常发生睾丸炎，多为单侧性，初期肿胀有热痛感，数日后炎症消退，睾丸萎缩变硬，性欲减退，精液带毒，失去配种能力。

4. 病理变化

流产母猪子宫内膜充血，并覆有黏稠的分泌物，少数有出血点。体温升高，产死胎的母猪子宫黏膜下组织水肿，胎盘呈炎性反应水肿或见出血。出现神经症状的病猪，可见到脑膜和脊髓膜充血。流产胎儿脑水肿，皮下血样浸润，肌肉似水煮样，腹水增多；木乃伊胎儿从拇指大小到正常大小；肝、脾、肾有坏死灶；全身淋巴结出血；肺瘀血、水肿。公猪睾丸实质充血、出血和小坏死灶；睾丸硬化者，体积缩小，与阴囊粘连，实质结缔组织化。

5. 实验室诊断

JEV的感染可以通过免疫组织化学方法检测胎儿组织和胎盘的病毒抗原而确定。应用黄病毒特异性单克隆抗体可提高试验的特异性。日本脑炎病毒特异性抗体在流产胎儿、弱胎和仔猪的体液中通过血凝抑制、血清病毒中和试验和ELISA检测到对诊断具有重要作用。

6. 鉴别诊断

JEV引起猪生殖疾病的确诊是基于胎儿、死胎、新生仔猪和青年猪病毒的分离与鉴定，鉴别诊断必须考虑猪细小病毒、猪繁殖与呼吸障碍综合征病毒、伪狂犬病病毒、猪瘟病毒、巨细胞病毒、肠道病毒、弓形体病和钩端螺旋体病。在感染母猪和小猪的季节性发病和缺乏临床症状是排除许多疾病的有利标准。

（二）治疗

处方1：① 康复猪血清40毫升。

用法：一次肌内注射。

② 10% 磺胺嘧啶钠注射液 20~30 毫升，25% 葡萄糖注射液 40~60 毫升，10% 维生素 C 注射液 10 毫升，2.5% 维生素 B_1 注射液 25 毫升。

用法：一次静脉注射，1 次 / 天，连用 3 天。

③ 10% 水合氯醛 20 毫升。

用法：一次静脉注射。注意不要漏出血管外。

④ 板蓝根注射液 20~40 毫升。

用法：一次肌内注射，1 次 / 天，连用 3 天。

说明：持续高温时，可配合肌内注射 30% 安乃近注射液 20 毫升，2 次 / 天。

处方 2：生石膏 120 克，板蓝根 120 克，大青叶 60 克，生地 30 克，连翘 30 克，紫草 30 克，黄芩 20 克。

用法：水煎，一次灌服，1 剂 / 天，连用 3 天以上。

处方 3：生石膏 80 克，大黄 10 克，元明粉 20 克，板蓝根 20 克，生地 20 克，连翘 20 克。

用法：共研细末，开水冲调，候温灌服。1 剂 / 天，连用 3~5 天。

说明：防蚊灭蚊，根除传染媒介，是预防本病的关键措施。夏季圈舍每周 2 次喷杀虫剂可有效减少本病的发生。

九、猪传染性胃肠炎

猪传染性胃肠炎是由冠状病毒中的猪传染性胃肠炎病毒引起的一种急性、高度接触性肠道传染病，临床上以呕吐、严重水样腹泻和迅速脱水为特征。不同日龄的猪均可发病，哺乳仔猪发病、死亡率高；10 日龄以内的仔猪最为敏感，致死率可达 100%。本病呈地方性流行，有明显的季节性，以冬春换季、天气骤变和产仔季节发病最多。

（一）诊断要点

1. 发病原因

饲养管理不当，如圈舍潮湿，温度低，湿度大，昼夜温差大，猪舍通风不良，舍内空气污浊；防疫、免疫不规范，消毒措施不力，免疫程序不合理，不能进行有效免疫；生物安全措施不到位，应激因素多；日粮营养不全价等，都是诱发本病的重要因素。

2. 流行特点

病原体只引起猪发病，各种年龄的猪均可感染。病猪和带毒猪是本病的主要传染源，它们通过粪便、呕吐物、乳汁、鼻分泌物以及呼出气体排泄病毒，污染饲料、饮水、空气等，通过消化道和呼吸道而传染，传播速度很快。约 50% 康复猪带毒、排毒达2~8周。10日龄以内的仔猪死亡率较高，断奶、肥育猪和成年猪发病后都为良性经过。呈散发性或流行性，全年都可发生，但以寒冷季节（冬季、早春）和产仔季节发病最多。

3. 临床症状

潜伏期很短，一般为12~18小时。传播迅速。仔猪发生呕吐，继而发生频繁水样腹泻，粪便黄色、绿色或白色。病猪极度口渴，明显脱水，体重迅速减轻。日龄越小，病程越短，病死率越高。病程短的可在48小时内死亡，长的可延续5~7日。成年猪症状轻重不一，有的症状不明显，有的出现食欲不振、呕吐、腹泻。

4. 病理变化

剖检可见，尸体脱水明显，胃底黏膜轻度充血，仔猪胃内充满凝乳块。肠壁变薄，内充黄绿色或灰白液体，含有气泡。小肠系膜淋巴管内缺乏乳糜。将空肠剪开，用生理盐水冲掉肠内容物，平铺在玻璃平皿内，加少量生理盐水，低倍显微镜观察，可见到空肠绒毛变短、萎缩及上皮细胞变性、坏死和脱落。

（二）治疗

处方1：①0.1%高锰酸钾溶液。2毫升/千克体重。

用法：一次喂服。

②痢菌净。20毫克/千克体重。

用法：一次肌内注射，2次/天。内服剂量加倍。

处方2：①硫酸庆大小诺霉素注射液24万单位，25%葡萄糖注射液100毫升。

用法：一次静脉注射。

②山莨菪碱10毫克，5%维生素B_1注射液2毫升。

用法：两侧足三里穴一次注射。1次/天，连用3天。

处方3：口服补液盐27.5克（氯化钠3.5克，氯化钾1.5克，碳酸氢钠2.5克，葡萄糖粉20克）。

用法：对温开水1 000毫升，供病猪自由饮用。

处方4：地塞米松磷酸钠3毫克/千克体重，5%葡萄糖氯化钠注射液75毫升，维生素B_{12}5毫克，维生素C 50毫克，磺胺间甲氧嘧啶钠250毫克。

用法：混合一次静脉注射，1次/天。

说明：对严重脱水和不能饮水的患病仔猪应用此处方。

处方5：黄连40克，三颗针40克，白头翁40克，苦参40克，胡黄连40克，白芍30克，地榆炭30克，棕榈炭30克，乌梅30克，诃子30克，大黄30

克，车前子 30 克，甘草 20 克。

用法：共研细末，均分 6 包，3 次 / 天，病仔猪，1 包 / 次 · 头。

说明：可在应用西药治疗的同时使用本处方。

十、猪轮状病毒病

猪轮状毒感染是由猪轮状病毒引起的幼龄猪急性肠道传染病，其主要症状为厌食、呕吐、下痢、脱水、体重减轻，中猪和大猪为隐性感染，没有症状。病原体除猪轮状病毒外，从犊牛、羔羊、马驹分离的轮状病毒也可感染仔猪引起不同程度的症状。

（一）诊断要点

1. 病原体

本病的病原体为呼肠孤病毒科、轮状病毒属的猪轮状病毒。人和各种动物的轮状病毒在形态上无法区别。本属病毒略呈圆形，由 11 个双股 RNA 片断组成，有双层衣壳，直径 65~75 纳米。其中央为核酸构成的核心，内衣壳由 32 个呈放射状排列的圆柱形壳粒组成，外衣壳为连接于壳粒末端的光滑薄膜状结构，使该病毒形成车轮状外观，故命名为轮状病毒。各种动物和人的轮状病毒内衣壳具有共同的抗原，即群特异性抗原，可用补体结合、免疫荧光、免疫扩散和免疫电镜检查出来。轮状病毒可分为 A、B、C、D、E、F 6 个群，其中，C 群和 E 群主要感染猪，而 A 群和 B 群也可感染猪。

轮状病毒对外界环境和理化因素的抵抗力较强。它在 18~20℃的粪便和乳汁中，能存活 7~9 个月；在室温中能保存 7 个月；加热 60℃时，需 30 分钟才能灭活，但在 63℃条件下，30 分钟即可失活；对 pH 值在 3~9 之间较稳定，能耐超声振荡和脂溶剂；但 0.01% 碘、1% 次氯酸钠和 70% 酒精则可使之丧失感染力。

2. 流行特点

轮状病毒主要存在于病猪及带毒猪的消化道，随粪便排到外界环境后，污染饲料、饮水、垫草及土壤等，经消化道途径使易感猪感染。排毒时间可持续数天，可严重污染环境，加之病毒对外界环境有顽强的抵抗力，使轮状病毒在成猪、中猪之间反复循环感染，长期扎根猪场。另外，人和其他动物也可散播传染。本病多发生于晚秋、冬季和早春。各种年龄的猪都可感染，在流行地区由于大多数成年猪都已感染而获得免疫。因此，发病猪多是 8 周龄以下的仔猪，日龄越小的仔猪，发病率越高，发病率一般为 50%~80%，病死率一般为 10% 以内。

3. 临床症状

潜伏期一般为 12~24 小时。呈地方性流行。患猪初期精神沉郁，食欲不振，不愿走动，有些吃奶后发生呕吐，继而腹泻，粪便呈黄色、灰色或黑色，为水样或糊状。症状的轻重决定于发病的日龄、免疫状态和环境条件，缺乏母源抗体保护的生后几天的仔猪症状最重，环境温度下降或继发大肠杆菌病时，常使症状加重，病死率增高。通常 10~21 日龄仔猪的症状较轻，腹泻数日即可康复，3~8 周龄仔猪症状更轻，成年猪为隐性感染。

4. 病理变化

病变主要在消化道，胃壁弛缓，充满凝乳块和乳汁，肠管变薄，小肠壁薄呈半透明，内容物为液状，呈灰黄色或灰黑色，小肠绒毛缩短，有时小肠出血，肠系淋巴结肿大。

5. 鉴别诊断

诊断本病应与猪传染性胃肠炎、猪流行性腹泻和大肠杆菌等病进行鉴别。

（1）猪传染性胃肠炎　由冠状病毒引起，各种年龄的猪均易感染，并出现程度不同的症状；10 日龄以内的乳猪感染后，发病重剧，呕吐、腹泻、脱水严重，死亡率高。剖检可见胃肠变化均较重，整个小肠的绒毛均呈不同程度的萎缩；而轮状病毒感染所致小肠损害的分布是可变的，经常发现肠壁的一侧绒毛萎缩而邻近的绒毛仍然是正常的。

（2）猪流行性腹泻　由类冠状病毒所致，常发生于 1 周龄的乳猪，病毒腹泻严重，常排出水样稀便，腹泻 3~4 天后，病猪常因脱水而死亡；死亡率高，可达 50%~100%；剖检可见，小肠最明显的变化是肠绒毛萎缩和急性卡他性肠炎变化；组织学检查上皮细胞脱落出现在发病的初期，据称于发病后的 2 小时就开始；肠绒毛的长度与肠腺隐窝深度的比值由正常的 7：1，降到 2：1 或 3：1。

（3）仔猪白痢　由大肠杆菌引起，多发于 10~30 日龄的乳猪，呈地方性流行，无明显的季节性；病猪无呕吐，排出白色糊状稀便，带有腥臭的气味；剖检可见小肠呈卡他性炎症变化，肠绒毛有脱落变化，多无萎缩性变化，用革兰氏染色时，常能在肠腺腔或绒毛检出大量大肠杆菌。本病具有较好的治疗效果。

（4）仔猪黄痢　由大肠杆菌所致，常发生于 1 周内的乳猪，发病率和死亡率均高；少有呕吐，排黄色稀便；剖检可见呈现出急性卡他性胃肠炎变化，其中以十二指肠的病变最为明显，胃内含有多量带酸臭的白色、黄白色甚至混有血液的乳凝块；组织学检查可检出大量大肠杆菌。发病仔猪的病程较短，一般来不及治疗。

（5）仔猪副伤寒　由沙门氏菌引起，主要发生于断奶后的仔猪，1 个月以内的乳猪很少发病。病猪的体温多升高，呕吐较轻，病初便秘，后期下痢。剖检可见，急性病例呈败血症变化；慢性病例有纤维素性坏死性肠炎变化，与本病有明显的区别。

6. 实验室检查

采取病发后 25 小时内的粪便，装入青霉素空瓶，送实验室检查。世界卫生组织推荐的方法是夹心酶联免疫吸附试验，也可做电镜检查或免疫电镜检查，均可迅速得出结果。还可采取小肠前、中、后各一段，冷冻，供荧光抗体检查。

（二）治疗

处方 1：硫酸庆大小诺霉素注射液，24 万单位；地塞米松磷酸钠注射液，3 毫克 / 千克体重。

用法：一次肌内注射或后海穴注射，1 次 / 天，连用 3 天。

处方 2：葡萄糖粉 43.2 克，氯化钠 9.2 克，甘氨酸 6.6 克，柠檬酸 0.52 克，枸橼酸钾 0.13 克，无水磷酸钾 4.35 克，水 2 000 毫升。

用法：均匀混合后，让病猪自由饮用。

十一、猪大肠杆菌病

猪的大肠杆菌病按其发病日龄和病原菌血清型的差异，以及引起的仔猪疾病可分为仔猪黄痢、仔猪白痢和仔猪水肿病。成年猪感染后主要表现乳房炎、尿路感染和子宫内膜炎。

（一）诊断要点

1. 病原

本属菌为革兰氏染色阴性，无芽胞，一般有数根鞭毛，常无荚膜的、两端钝圆的短杆菌。在普通培养基上易于生长，于 37℃ 24 小时形成透明浅灰色的湿润菌落；在肉汤培养中生长丰盛，肉汤高度浑浊，并形成浅灰色易摇散的沉淀物，一般不形成菌膜。生化反应活泼，在鉴定上具有意义的生化特性是：MR 试验阳性和 VP 试验阴性，不产生尿素酶、苯丙氨酸脱氢酶和硫化氢；不利用丙二酸钠，不液化明胶，不能利用枸橼酸盐，也不能在氰化钾培养基上生长。由于能分解乳糖，因而在麦康凯培养基上生长可形成红色的菌落，这一点可与不分解乳糖的细菌相区别。

本菌对外界因素抵抗力不强，60℃ 15 分钟即可死亡，一般消毒药均易将其杀死。大肠杆菌有菌体抗原（O）、表面（荚膜或包膜）抗原（K）和鞭毛抗原（H）3 种。O 抗原在菌体胞壁中，属多糖、磷脂与蛋白质的复合物，即菌体内毒素，耐热。抗 O 血清与菌体抗原可出现高滴度凝集。K 抗原存在于菌体表面，多数为包膜物质，有些为菌毛，如 K_{88} 等。有 K 抗原的菌体不能被抗 O 血清凝集，且有抵抗吞噬细胞的能力。可用活菌制备抗血清，以试管或玻片凝集作鉴定。在菌毛抗原中已知有 4 种对小肠黏膜上皮细胞有固着力，不耐热、有血凝性，称为吸着因子。引起仔猪黄痢的大肠杆菌的菌毛，以 K_{88} 为最常见。H 抗原为不耐热的蛋白质，存在于有鞭毛的菌株，与致病性无关。病原性大肠杆菌与肠道内寄居和大量存在的非致病性大肠杆菌，在形态、染色、培养特性和生化反应等无任何差别，但在抗原构造上有所不同。

2. 流行病学

（1）易感性

① 仔猪黄痢。常发生于出生后 1 周龄以内，以 1~3 日龄最常见，随日龄增加而减少，7 日龄以上很少发生，同窝仔猪发病率 90% 以上，死亡率很高，甚至全窝死亡。

② 仔猪白痢。多发于 10~30 日龄，以 10~20 日龄多发，1 月龄以上的猪很少发生，其发病率约 50%，而病死率低。一窝仔猪中发病常有先后，此愈彼发，拖延时间较长，有的猪场发病率高，有的猪场发病率低或不发病，症状也轻重不一。

③ 猪水肿病。主要见于断乳后 1~2 周的仔猪，以体况健壮、生长快的肥胖仔猪最易发病，育肥猪和 10 日龄以下的猪很少见。在某些猪群中有时散发，有时呈地方流行性，发病率一般在 30% 以下，但病死率很高，约 90%。

（2）传染源　主要是带菌母猪。无病猪场从有病猪场引进种猪或断奶仔猪，如不注意卫生防疫工作，使猪群受感染，易引起仔猪大批发病和死亡。

（3）传播途径　主要经消化道传播。带菌母猪由粪便排出病原菌，污染母猪皮肤和乳头，仔猪吮乳或舔母猪皮肤时，被感染。

（4）流行特点　仔猪出生后，猪舍保温条件差猪易受寒，是新生仔猪发生黄痢的主要诱因。初产母猪和经产母猪相比，所产仔猪黄痢发病严重。高蛋白饲养及肥胖的猪容易发生水肿病，去势和转群应激也容易诱发水肿病。

3. 临床症状

（1）仔猪黄痢　仔猪出生时体况正常，12 小时后突然有 1~2 头全身衰弱，迅速消瘦、脱水，很快死亡，其他仔猪相继发生腹泻，粪便呈黄色糨糊状，并迅速消瘦，脱水，昏迷而死亡。同窝仔猪几乎全部发病，死亡率高，母猪健康无异常。

（2）仔猪白痢　病猪突然发生腹泻，排出糨糊状稀粪，灰白或黄白色，气味腥臭，体温和食欲无明显改变，病猪逐渐消瘦，弓背，皮毛粗糙不洁，发育迟缓，病程 3~9 天，多数能自行康复。

（3）仔猪水肿病　突然发病，表现精神沉郁，食欲下降至废绝，脉搏加快，呼吸浅表，病猪四肢无力，共济失调，静卧时肌肉震颤，不时抽搐，四肢划动如游泳状，触摸敏感，发出呻吟或鸣叫，后期麻痹而死亡。体温不升高，部分猪表现出特征症状，眼睑和脸部水肿，有时波及颈部、腹部皮下，而有些猪体表没有水肿变化。病程1~2天，个别达7天以上，病死率90%。

4. 病理变化

（1）仔猪黄痢　最急性剖检无明显病变，有的表现为败血症。一般可见尸体脱水严重，肠道膨胀，有多量黄色液体内容物和气体，肠黏膜呈急性卡他性炎症变化，以十二指肠最严重，空肠、回肠次之，肝、肾有时有小的坏死灶。

（2）仔猪白痢　剖检可见尸体外表苍白消瘦，肠黏膜有卡他性炎症变化，有多量黏液性分泌液，胃食滞。

（3）仔猪水肿病　最明显的是胃大弯部黏膜下组织高度水肿，其他部位如眼睑、脸部、肠系膜及肠系膜淋巴结、胆囊、喉头、脑及其他组织也可见水肿。水肿范围大小不一，有时还可见全身性瘀血。

5. 实验室诊断

主要是进行大肠杆菌的分离鉴定。

（二）治疗

1. 仔猪黄痢

处方1：① 丁胺卡那霉素注射液。20万单位。

用法：一次肌内注射或灌服。2次/天，连用3天。

② 磺胺嘧啶，20毫克/千克体重；三甲氧苄氨嘧啶，6毫克/千克体重；活性炭，1克/头。

用法：混匀，一次喂服。2次/天。

③ 土霉素。0.2克。

用法：口服。3次/天，连用3天。

④ 0.5%恩诺沙星液。2毫升.

用法：口服。1次/天，连用3天。

注意：应用上述药物的同时，可补充口服补液盐（配制方法同猪传染性胃肠炎处方3）。.

处方2：白头翁2克，龙胆末1克。

用法：共研细末，一次喂服。2次/天，连用3天。

处方3：黄连5克，黄柏20克，黄芩20克，金银花20克，诃子20克，乌梅20克，草豆蔻20克，泽泻15克，茯苓15克，神曲15克，山楂10克，甘草5克。

用法：共研细末，分2次喂给母猪，早晚各1次。连用2天。

说明：应用西药治疗的同时，可用中药治疗。

2. 仔猪白痢

处方 1：① 硫酸庆大小诺霉素注射液 24 万单位，5% 维生素 B_1 注射液 2 毫升。

用法：肌内注射。2 次 / 天，连用 3 天。

② 黄连素片 2 克，矽炭银 2 克。

用法：一次喂服，2 次 / 天，连用 3 天。

处方 2：① 磺胺脒 0.5 克，苏打 0.5 克，乳酸钙 0.5 克。

用法：加淀粉和水适量，调匀，一次口服。

② 土霉素 0.2 克。

用法：口服。3 次 / 天，连用 3 天。

③ 0.2% 亚硒酸钠溶液。

用法：体重 2.5 千克以下的乳猪 1 毫升，2.5~5 千克乳猪 1.5 毫升，7.5 千克以上的乳猪 2 毫升，肌内注射。

说明：缺硒地区发病仔猪有较好疗效。

处方 3：白头翁 50 克，黄连 50 克，生地 50 克，黄柏 50 克，青皮 25 克，地榆炭 25 克，青木香 25 克，山楂 25 克，当归 25 克，赤芍 20 克。

用法：加水适量，煎熬 2 次，混合后候温，可供 10 头病猪喂服。1 剂 / 天，连用 2~3 天。

说明：应用西药治疗的同时，可用中药治疗。

3. 仔猪水肿病

处方 1：① 20% 葡萄糖注射液 20 毫升，硫酸卡那霉素注射液 30 万单位，地塞米松磷酸钠注射液 1 毫克，10% 维生素 C 注射液 10 毫升。

用法：一次静脉注射，1 次 / 天，连用 1~2 天。

② 安钠咖注射液 1~2 毫升。

用法：一次皮下注射，视情况可第 2 日再注射 1 次。

③ 呋喃苯胺酸注射液 1~2 毫升。

用法：一次肌内注射，可于第 2 日酌情再注射 1 次。

④ 大蒜泥 10 克。

用法：分 2 次喂服，2 次 / 天，连用 3 天。

处方 2：① 抗血清 5~10 毫升，硫酸庆大霉素 8 万 ~16 万单位。

用法：一次肌内注射，视情况可于第 2 日再注射 1 次。

② 20% 磺胺嘧啶钠注射液 20~40 毫升，维生素 B_1 注射液 2~4 毫升，20% 葡萄糖注射液 40~60 毫升。

用法：一次静脉或腹腔注射，1 次 / 天，连用 2~3 天。

③ 10% 葡萄糖酸钙注射液 5~10 毫升，40% 乌洛托品注射液 10 毫升。

用法：一次静脉注射，1 次 / 天，连用 2~3 天。

处方 3：白术 9 克，木通 6 克，茯苓 9 克，陈皮 6 克，石斛 6 克，冬瓜皮 9 克，猪苓 6 克，泽泻 6 克。

用法：水煎分 2 次喂服，1 剂 / 天，连用 2 天。

十二、仔猪红痢

猪梭菌性肠炎又名仔猪传染性坏死性肠炎、仔猪肠毒血症，俗称仔猪红痢。主要发生于 1 周龄以内的新生仔猪，以泻出红色带血的稀粪为特征。本病发生快，病程短，病死率高，损失较大。世界上许多国家和地区都有本病的报道，我国各地都有发生，个别猪场危害较重。

（一）诊断要点

1. 病原

本病的病原为 C 型产气荚膜梭菌（或称 C 型魏氏梭菌），革兰氏染色阳性，为有荚膜、无鞭毛的厌氧大杆菌，菌体两端钝圆，芽孢呈卵圆形，位于菌体中央和近端。C 型菌株主要产生 α 毒素和 β 毒素，其毒素可引起仔猪肠毒血症和坏死性肠炎。本菌需在血琼脂厌氧环境下培养，呈 β 溶血，溶血环外围有不明显的溶血晕。菌落呈圆形，边缘整齐，表面光滑、稍隆起。

本菌广泛存在于猪和其他动物的肠道、粪便、土壤等处，发病的猪群更为多见，病原随粪便污染猪圈、环境和母猪的乳头，当仔猪出生后（几分钟或几小时），吞下本菌芽孢而感染。

2. 流行特点

本病多发生于 1~3 日龄的新生仔猪，4~7 日龄的仔猪即使发病，症状也较轻微。1 周龄以上的仔猪很少发病。本病一旦侵入种猪场后，如果扑灭措施不力，可顽固地在猪场内扎根，不断流行，使一部分母猪所产的全部仔猪发病死亡。在同一猪群内，各窝仔猪的发病率高低不等。

3. 临床症状

（1）最急性型　常发生在新疫区，新生仔猪突然排出血便，后躯沾满血样稀粪，病猪精神沉郁，行走摇晃，很快呈现濒死状态，少数病猪未见血痢，却已昏迷倒地，在出生的当天或次日死亡。

（2）急性型　病程在 1 天以上，病猪排出含有灰色坏死组织碎片的红褐色液状粪便，迅速消瘦和虚弱，一般在 2~3 天内死亡。

（3）亚急性或慢性型　主要见于 1 周龄左右的仔猪，病猪呈现持续的非出血性腹泻，粪便呈黄灰色糊状，内含有坏死组织碎片，病猪极度消瘦、脱水而死亡，或因无饲养价值被淘汰。

4. 病理变化

本病的特征性病理变化主要在空肠，外表呈暗红色，肠腔内充满含血的液体，肠系膜淋巴结呈鲜红色，空肠病变部分的绒毛坏死。有时病变可扩展到回肠，但十二指肠一般不受损害。

5. 实验室诊断

病原体的分离并不困难，但仅分离出病原，诊断意义不大，因外界环境普遍存在本菌，关键是要查明病猪的肠道内是否存在 C 型产气荚膜梭菌的毒素。应作血清中和试验才能确诊。方法如下。

取病猪肠内容物，加等量灭菌生理盐水搅拌均匀后，以 3 000 转 / 分钟离心沉淀 30~60 分钟，经细菌滤器过滤，取滤液 0.2~0.5 毫升，静脉注射一组 18~22 克的小鼠。同时用上述滤液与 C 型产气荚膜梭菌抗毒素血清混合，作用 40 分钟后注射另一组小鼠，如仅注射滤液的小鼠迅速死亡，而后一组小鼠健活，即可确诊为本病。

（二）治疗

处方 1：C 型魏氏梭菌灭活菌苗 10 毫升。

用法：母猪产前 1 个月和半个月，分别肌内注射 1 次。

说明：用于预防。

处方 2：磺胺嘧啶 20 毫克 / 千克体重，三甲氧苄氨嘧啶 6 毫克 / 千克体重，活性炭 1 克 / 头。

用法：混匀，一次喂服。2 次 / 天。

处方 3：链霉素粉 1 克，胃蛋白酶 3 克。

用法：混匀，可喂服 5 头病猪。2 次 / 天，连用 3 天。

十三、猪痢疾

猪痢疾是由密螺旋体引起的猪的一种肠道传染病，临床表现为黏液性或黏液出血性下痢，主要病变为大肠黏膜发生卡他性出血性炎症，进而发展为纤维素性坏死性肠炎。

本病自 1921 年美国首先报道以来，目前已遍及世界各主要养猪国家。近年来，我国一些地区种猪场已证实有本病的流行。本病一旦侵入猪场，则不易根除，幼猪的发病率和病死率较高，生长率下降，饲料利用率降低，加上药物治疗的耗费，给养猪业带来一定的经济损失。

（一）诊断要点

1. 病原

病原为猪痢疾密螺旋体，革兰氏染色阴性。新鲜病料在暗视野显微镜下可见到活泼的蛇样活动。对苯胺染料或姬姆萨染液着色良好，为严格厌氧菌。对培养基要求严格，在鲜血琼脂上可见明显的 β 型溶血。在 β 溶血区内，不见菌落，有时可见云雾状表面生长成针尖状透明菌落。生化反应不活泼，仅能分解少数糖类。本菌可产生溶血素，对培养细胞具有毒性。该菌热酚水提取物中，有蛋白质抗原（酚层中），为种特异性抗原；脂多糖抗原（在水层中）与细菌内毒素相似，可能与病变的产生有关，为型特异性抗原。用琼扩试验可将该菌分为 1~7 个血清型。

在健康猪大肠中还存有其他类型的螺旋体，其中，一种称为小螺旋体或称猪粪螺旋体，有 2~4 条轴丝，螺旋不规则，一般只有 1 个弯曲，不溶血或弱 β 溶血，无致病性。另外，还发现一种从形态上无法与猪痢疾密螺旋体区别的非致病性密螺旋体，称无害密螺旋体。本菌对外界环境有较强的抵抗力，在 5℃的粪便中存活 61 天，在土壤中可存活 18 天。本菌对高温、缺氧、干燥等敏感，常用浓度的消毒药都有杀灭作用。

2. 流行特点

在自然情况下，只有猪发病，各种年龄、品种的猪都可感染，但主要侵害的是 2~3 月龄的仔猪；小猪的发病率和死亡率都比大猪高；病猪及带菌者是主要的传染来源，康复猪还能带菌 2 个多月，这些猪通过粪便排出病原体，污染周围环境、饲料、饮水和用具，经消化道传播。此外，鼠类、鸟类和蝇类等经口感染后均可从粪便中排菌，也不能忽视这些传播媒介。

本病的发生无明显季节性；由于带菌猪的存在，经常通过猪群调动和买卖猪只将病散开。带菌猪，在正常的饲养管理条件下常不发病，当有降低猪体抵抗力的不利因素、饲养不足、缺乏维生素和应激因素时，便可促进引起发病。本病一旦传入猪群，很难根除，用药可暂时好转，停药后往往又会复发。

3. 临床症状

急性型病例较为常见。病初体温升高至 40℃以上，精神沉郁，食欲减退，排出黄色或灰色的稀粪，持续腹泻，不久粪便中混有黏液、血液及纤维碎片，呈棕色、红色或黑红色。病猪弓背吊腹，脱水消瘦，共济失调，虚弱而死，或转为慢性型，病程 1~2 周。

慢性型病例突出的症状是腹泻，但表现时轻时重，甚至粪便呈黑色。生长发育受阻，病程 2 周以上。保育猪感染后则成为僵猪；哺乳仔猪通常不发病，或仅有卡他性肠炎症状，并无出血；成年猪感染后病情轻微。

4. 病理变化

本病的主要病变在大肠（结肠和盲肠），回盲瓣为明显分界。病变肠段肿胀，黏膜充血和出血，肠腔充满黏液和血液。病程稍长者，出现坏死性炎症，但坏死仅限于黏膜表面，不像猪瘟、猪副伤寒那样深层坏死。组织学检查，在肠腔表面和腺窝内可见到数量不一的猪痢疾密螺旋体，但以急性期较多，有时密集呈网状。

5. 病原学诊断

① 取病猪新鲜粪便或大肠黏膜涂片，用姬姆萨、草酸铵结晶紫或复红色液染色、镜检，高倍镜下每个视野见 3 个以上具有 3~4 个弯曲的较大螺旋体，即可怀疑此病。

② 分离培养，需在厌氧条件下进行。

本病实验室诊断的方法很多，如病原的分离鉴定、动物感染试验、血清学检查等。对猪场来讲，最实用而又简便易行的方法是显微镜检查，取急性病猪的大肠黏膜或粪便抹片，用美蓝染色或暗视野检查，如发现多量猪痢疾密螺旋体（≥ 3~5 条 / 视野），可作为诊断的依据。但对急性后期、慢性及使用抗菌药物后的病例，检出率较低。

（二）治疗

处方 1：丁胺卡那霉素 120 万单位。

用法：一次喂服，2 次 / 天，连用 3 天。

处方 2：0.5% 痢菌净注射液 25 毫升。

用法：按 0.5 毫升 / 千克体重，一次肌内注射。2 次 / 天，连用 3 天。

处方 3：黄柏 15 克，黄连 10 克，黄芩 10 克，白头翁 20 克。

用法：加水适量，煎熬 2 次，混合，候温一次灌服。连用 3 天。

说明：在使用西药治疗的同时，可用中药治疗。

十四、仔猪副伤寒

猪副伤寒又称猪沙门氏菌病，由于它主要侵害 2~4 月龄仔猪，也称仔猪副伤寒。是一种较常见的传染病。临床上分为急性和慢性两型。急性型呈败血症变化，慢性型在大肠发生弥漫性纤维素性坏死性肠炎变化，表现慢性下痢，有时发生卡他性或干酪性肺炎。

（一）诊断要点

1. 病原

猪副伤寒病原体是猪霍乱沙门氏菌和猪伤寒沙门氏菌，属革兰氏阴性杆菌，不产生芽孢和荚膜，大部分菌有鞭毛，能运动。此类菌常存在于病猪的各脏器及粪便中，对外界环境的抵抗力较强，在粪便中可存活 1~2 个月，在垫草上可存活 8~20 周，在冻土中可以过冬，在 10%~19% 食盐腌肉中能生存 75 天以上。但对消毒药的抵抗力不强，用 3% 来苏儿水、福尔马林等能将其杀死。

2. 流行特点

本病主要发生于密集饲养的断奶后的仔猪，成年猪及哺乳仔猪很少发生。其传染方式有两种：一种是由于病猪及带菌猪排出的病原体污染了饲料、饮水及土壤等，健康猪吃了这些污染的食物而感染发病；另一种是病原体存在于健康猪体内，但不表现症状，当饲养管理不当，寒冷潮湿，气候突变，断乳过早，有其他传染病或寄生虫病侵袭，使猪的体质减弱，抵抗力降低时，病原体即乘机繁殖，毒力增强而致病。本病呈散发，若有恶劣因素的严重刺激，也可呈地方流行。

3. 临床症状

潜伏期 3~30 天。临床上分为急性型和慢性型。

（1）急性型（败血型） 多见于断奶后不久的仔猪。病猪体温升高（41~42℃）、食欲不振、精神沉郁、病初便秘、以后下痢，粪便恶臭，有时带血，常有腹部疼痛症状，弓背尖叫。耳部、腹部及四肢皮肤呈深红色，后期呈青紫色。最后病猪呼吸困难、体温下降、偶尔咳嗽、痉挛，一般经 4~10 天死亡。

（2）慢性型（结肠炎型） 此型最为常见，多发生于 3 月龄左右猪，临床表现与肠型猪瘟相似。体温稍高、精神不振、食欲减退、反复下痢、粪便呈灰白色、淡黄色或暗绿色，形同粥状，有恶臭，有时带血和坏死组织碎片，以后逐渐脱水消瘦，皮肤上出现弥漫性湿疹。有些病猪发生咳嗽，病程 2~3 周或更长，最后衰竭死亡。

4. 病理变化

（1）急性型 主要是败血症变化。耳及腹部皮肤有紫斑。淋巴结出现浆液性和充血出血性肿胀；心内膜、膀胱、咽喉及胃黏膜出血；脾肿大，呈橡皮样暗紫色；肝肿大，有针尖大至粟粒大灰白色坏死灶；胆囊黏膜坏死；盲肠、结肠黏膜充血、肿胀，肠壁淋巴小结肿大；肺水肿，充血。

（2）慢性型 主要病变在盲肠和大结肠。肠壁淋巴小结先肿胀隆起，以后发生坏死和溃疡，表面被覆有灰黄色或淡绿色麸皮样物质，以后许多小病灶逐渐扩大融合在一起，形成弥漫性坏死，肠壁增厚。肝、脾及肠系膜淋巴结肿大，常见到针尖大至粟粒大的灰白色坏死灶，这是猪副伤寒的特征性病变。肺偶尔可见卡他性或干酪样肺炎病变。

5. 实验室诊断

对急性型病例诊断有困难时，可采取肝、脾等病料做细菌分离培养鉴定，也可做免疫荧光试验。

6. 鉴别诊断

应与猪瘟、猪痢疾相区别。

猪瘟由猪瘟病毒引起，感染不分品种、年龄、性别，无季节性，病死率高，流行广、流行期长，易继发或混合感染。病猪表现体温升高到40~41℃，先便秘，粪便呈算盘珠样，带血和黏液，后腹泻，后腿交叉步，后躯摇摆，颈部、腹下、四肢内侧发绀，皮肤出血，公猪包皮积尿，眼部有黏脓性眼眵，个别有神经症状。剖检，皮肤、黏膜、浆膜广泛性出血，雀斑肾，脾梗死，回、盲肠扣状肿，淋巴结周边出血，黑紫，切面大理石状；孕猪流产、死胎、木乃伊等。无法治疗，主要依靠疫苗预防和紧急接种。

猪痢疾由螺旋体引起，2~4月龄猪多发，传播慢，流行期长，发病率高，病死率低 。体温正常，病初可略高，粪便混有多量黏液及血液，常呈胶冻状。剖检，大肠出血性、纤维素性、坏死性肠炎。使用痢菌净和磺胺类药物治疗有效。

（二）治疗

处方1：仔猪副伤寒弱毒冻干苗1头份。

用法：仔猪断奶前后1次喂服或肌内注射。

说明：预防用。

处方2：① 丁胺卡那霉素40万单位。

用法：一次肌内注射。2次/天，连用3天。

② 大蒜20克。

用法：捣碎加水成汁后，一次灌服。1次/天，连用3天。

处方3：① 磺胺嘧啶，20毫克/千克体重，三甲氧苄氨嘧啶，6毫克/千克体重，活性炭，1克/头。

用法：混匀，一次喂服。2次/天。

② 10%磺胺嘧啶钠注射液，5毫升/10千克体重，25%葡萄糖注射液，50毫升。

用法：一次静脉注射。1次/天，连用3天。

处方4：① 1%盐酸强力霉素注射液，0.5毫升/千克体重。

用法：一次肌内注射。1次/天，连用3天。

② 盐酸土霉素100毫克/千克体重。

用法：3 次 / 天，喂服。连用 3 天。

处方 5：黄连 15 克，木香 15 克，白芍 20 克，茯苓 20 克，槟榔 10 克，滑石 25 克，甘草 10 克。

用法：加水适量，共煎 2 次，混合后候温，3 次 / 天，口服。连用 3 天。

说明：在使用西药治疗的同时，可用中药治疗。

十五、猪丹毒

猪丹毒是人兽共患传染病。临床特征：急性型多呈败血症症状，高热；亚急性型表现在皮肤上出现紫红色疹块；慢性型表现纤维素性关节炎和疣状心内膜炎。该病是威胁养猪业的一种重要传染病。

（一）诊断要点

1. 病原

猪丹毒杆菌为革兰氏阳性菌，呈小杆状或长丝状，不形成芽孢和荚膜，不能运动。病原体分为许多血清型，各型的毒力差别很大。猪丹毒杆菌的抵抗力很强，在掩埋的尸体内能活 7 个多月，在土壤内能存活 35 天。但对 2% 福尔马林、3% 来苏儿、1% 火碱、1% 漂白粉等消毒剂都很敏感。

2. 流行特点

各种年龄猪均易感，但以 3 个月以上的生长猪发病率最高，3 个月以下和 3 年以上的猪很少发病。牛、羊、马、鼠类、家禽及野鸟等也能感染本病，人类可因创伤感染发病。病猪、临床康复猪及健康带菌猪都是传染源。病原体随粪、尿、唾液和鼻分泌物等排出体外，污染土壤、饲料、饮水等，尔后经消化道和损伤的皮肤而感染。带菌猪在不良条件下抵抗力降低时，细菌也可侵入血液，引起自体内源性传染而发病。猪丹毒的流行无明显季节性，但夏季发生较多，冬季、春季只有散发。猪丹毒经常在一定的地方发生，呈地方性流行或散发。

3. 临床症状

人工感染的潜伏期为 3~5 天，短的 1 天发病，长的可在 7 天发病。临床症状一般分急性型、亚急性型和慢性型 3 种。

（1）急性型（败血症型） 见于流行初期。有的病例可能不表现任何症状突然死亡。多数病例症状明显。体温高达 42℃以上，恶寒颤抖，食欲减退或有呕吐，常躺卧地上，不愿走动，若强行赶起，站立时背腰拱起，行走时步态僵硬或跛行。结膜充血，眼睛清亮，很少有分泌物。大便干硬，有的后期发生腹泻。发病 1~2 日后，皮肤上出现大小和形状不一红斑，以耳、颈、背、腿外侧较多见，开始指压时退色，指去复原。病程 2~4 日，病死率 80%~90%。

怀孕母猪发生猪丹毒时可引起流产。哺乳仔猪和刚断奶小猪发生猪丹毒时，往往有神经症状，抽搐。病程不超过 1 天。

（2）亚急性型（疹块型）　败血症症状轻微，其特征是在皮肤上出现疹块。病初食欲减退，精神不振，不愿走动，体温 42℃，在胸、腹、背、肩及四肢外侧出现大小不等的疹块，先呈淡红，后变为紫红，以至黑紫色，形状为方形、菱形或圆形，坚实，稍凸起，少则几个，多则数 10 个，以后中央坏死，形成痂皮。经 1~2 周恢复。

（3）慢性型　一般由前两型转变而来。常见浆液性纤维素性关节炎、疣状心内膜炎和皮肤坏死 3 种。皮肤坏死一般单独发生，而浆液性纤维素性关节炎和疣状心内膜炎往往共存。食欲变化不明显，体温正常，但生长发育不良，逐渐消瘦，全身衰弱。浆液性纤维素性关节炎常发生于腕关节和肘关节，受害关节肿胀，疼痛，僵硬，步态呈跛行。疣状心内膜炎表现呼吸困难，脉搏增速，听诊有心内杂音。强迫快速行走时，易发生突然倒地死亡。皮肤坏死常发生于背、肩、耳及尾部。局部皮肤变黑，硬如皮革，逐渐与新生组织分离，最后脱落，遗留一片无毛瘢痕。

4. 病理变化

急性型皮肤上有大小不一和形状不同的红斑或弥漫性红色；淋巴结充血肿大，有小出血点；胃及十二指肠充血、出血；肺瘀血、水肿；心肌出血；脾肿大充血，呈樱桃红色，肾瘀血肿大，呈暗红色，皮质部有出血点；关节液增加。亚急性型的特征是皮肤上有方形和菱形的红色疹块，内脏的变化比急性型轻。慢性型的房室瓣常有疣状心内膜炎。瓣膜上有灰白色增生物，呈菜花状。其次是关节肿大，在关节腔内有纤维素性渗出物。

5. 实验室检查

急性型采取肾、脾为病料；亚急性型在生前采取疹块部的渗出液；慢性型采取心内膜组织和患病关节液，制成涂片后，革兰氏染色法染色、镜检，如见有革兰氏阳性（紫色）的细长小杆菌，在排除李氏杆菌后，即可确诊。也可进行免疫荧光试验。

6. 鉴别诊断

应与猪瘟、猪链球菌病、最急性猪肺疫、急性猪副伤寒相鉴别。

（二）治疗

处方 1：2.5% 恩诺沙星，10 毫升，先锋 5 号，1 克，穿心莲，10 毫升。

用法：混合肌内注射，2 次 / 天。

说明：直至体温和食欲恢复正常后 24 小时停药，以防复发或转为慢性。

处方 2：青霉素，400 万单位，链霉素，100 万单位，注射用水，20 毫升。

用法：肌内注射，2 次 / 天。

处方 3：林可霉素 3 克。

用法：肌内注射，2~3 次 / 天。

处方 4：氨苄青霉素，2~4 克，5% 糖盐水，500 毫升。

用法：一次静脉注射。

处方 5：头孢噻呋，0.5 克；双黄连，10 毫升。

用法：混合肌内注射，2 次 / 天。

处方 6：抗猪丹毒血清，10~50 毫升。

用法：皮下分点注射或静脉注射。小猪，10 毫升，中猪，30 毫升，大猪，50~70 毫升。

处方 7：石膏 30 克，知母 20 克，连翘 15 克，葛根 15 克，金银花 25 克，柴胡 10 克，甘草 15 克。

用法：水煎服。1 剂 / 天，连用 3 天。

处方 8：黄连 10 克，黄柏 15 克，黄芩 15 克，栀子 15 克，丹皮 15 克，生地 20 克，玄参 20 克，大黄 25 克，芒硝 30 克，石膏 30 克，甘草 10 克。

用法：水煎服。1 剂 / 天，连用 3 天。

处方 9：葛根 10 克，蝉蜕 10 克，牛蒡子 10 克，丹皮 10 克，连翘 10 克，石膏 15 克，金银花 15 克，僵蚕 15 克，赤芍 5 克。

用法：共研细末，开水冲调，候温灌服。1 剂 / 天，连用 3 天。

处方 10：大青叶 120 克，生石膏 40 克，贝母 40 克，板蓝根 40 克。

用法：共研细末，开水冲调，候温灌服。1 剂 / 天，连用 3 天。

处方 11：连翘 12 克，金银花 12 克，地骨皮 12 克，滑石 12 克，大黄 12 克，黄芩 20 克，蒲公英 15 克，紫地丁 15 克，木通 10 克，生石膏 30 克。

用法：水煎服。1 剂 / 天，连用 3 天。

十六、猪链球菌病

猪链球菌病是一种人兽共患传染病。猪常发生化脓性淋巴结炎、败血症、脑膜脑炎及关节炎。败血症型和脑膜脑炎型的病死率较高，对养猪业的发展有较大的威胁。

（一）诊断要点

1. 病原

猪链球菌病的病原体为多种溶血性链球菌。它呈链状排列，为革兰氏阳性球菌。不形成芽孢，有的可形成荚膜。需氧或兼性厌氧，多数无鞭毛。本菌抵抗力不强，对干燥、湿热均较敏感，常用消毒药都易将其杀死。

2. 流行特点

链球菌广泛分布于自然界。人和多种动物都有易感性，猪的易感性较高。各种年龄的猪均可感染，但败血症型和脑膜脑炎型多见于仔猪；化脓性淋巴结炎型多见于中猪。病猪、临床康复猪和健康猪均可带菌，当它们互相接触时，可通过口、鼻、皮肤伤口传染，一般呈地方流行性。

3. 临床症状

本病临床上可分为 4 型。

（1）败血症型　初期常呈最急性流行，往往头晚未见任何症状，次晨已死亡；或者停食，体温 41.5~42.0℃，精神委顿，腹下有紫红斑，也往往死亡。急性病例常见精神沉郁，体温 41℃左右，呈稽留热，食欲减退或废绝，眼结膜潮红，流泪，有浆液性鼻液，呼吸浅表而快。有些病猪在患病后期，耳尖、四肢下端、腹下有紫红色或出血性红斑，有跛行，病程 2~4 天。

（2）脑膜脑炎型　病初体温升高，不食，便秘，有浆液性或黏液性鼻液。继而出现运动失调，转圈，空嚼，磨牙，仰卧，直至后躯麻痹，侧卧于地，四肢抽搐，做游泳状划动等神经症状，甚至昏迷不醒，部分猪出现多发性关节炎，病程 1~2 天。

（3）关节炎型　由前两型转来，或者原发性关节炎症状。表现一肢或几肢关节肿胀，疼痛，有跛行，甚至不能起立，病程 2~3 周。

值得注意的是，上述 3 型很少单独发生，常常混合存在或相伴发生。

（4）化脓性淋巴结炎（淋巴结脓肿）型　多见于颌下淋巴结、咽部和颈部淋巴结肿胀，坚硬，热痛明显，影响采食、咀嚼、吞咽和呼吸。有的咳嗽、流鼻液。至化脓成熟，肿胀中央变软，皮肤坏死，自行破溃流脓，以后全身症状好转，局部逐渐痊愈。病程一般为 3~5 周。

4. 病理变化

剖检可见，鼻黏膜充血及出血，喉头、气管充血，常有大量泡沫。肺充血肿胀。全身淋巴结有不同程度的肿大、充血和出血。脾肿大 1~3 倍，呈暗红色，边缘有黑红色出血性梗死区。胃和小肠黏膜有不同程度的充血和出血，肠系膜淋巴结肿大，呈紫红色，肾肿大、充血和出血，脑膜充血和出血，有的脑切面可见针尖大的出血点。脑膜充血、出血甚至溢血，个别脑膜下积液，脑组织切面有点状出血，其他病变与败血型相同。关节腔内有黄色胶冻样或纤维素性、脓性渗出物，淋巴结脓肿。有些病例心瓣膜上有菜花样赘生物。

败血症型死后剖检可见，呈现败血症变化，各器官充血、出血明显，心包液增量，脾肿大，表面有纤维素性渗出。

脑膜脑炎型死后剖检可见，脑膜充血、出血，脑脊髓液浑浊、增量，有多量的白细胞，脑实质有化脓性脑炎变化等关节炎型死后剖检，关节囊内有黄色胶脓样液体或纤维素性脓性物质。

5. 实验室检查

根据不同的病型采取相应的病料，如脓肿、化脓灶、肝、脾、肾、血液、关节囊液、脑脊髓液及脑组织等，制成涂片，用碱性美蓝染色液和革兰氏染色液染色，显微镜检查，见到单个、成对、短链或呈长链的球菌，革兰氏染色呈紫色（阳性），可以确认为本病。也可进行细菌分离培养鉴定。

6. 鉴别诊断

败血症型猪链球菌病易与急性猪丹毒、猪瘟相混淆，应注意区别。

（二）治疗

处方 1：头孢噻呋钠，0.5 克（亦可用头孢唑啉 2 克），30% 安乃近，10 毫升，地塞米松磷酸钠，10 毫克。

用法：肌内注射，3 次 / 天，连用 3 天。

处方 2：青霉素，240 万单位，地塞米松磷酸钠注射液，4 毫克。

用法：一次肌内注射。

说明：用于急性败血症。

处方 3：① 青霉素 240 万单位。

用法：肌内注射。

② 0.2% 高猛酸钾溶液适量，5% 碘酊适量。

用法：局部脓肿切开后，以高锰酸钾溶液冲洗干净并涂擦碘酊。

说明：用于淋巴结脓肿型。

处方 4：磺胺嘧啶钠注射液 20~40 毫升。

用法：一次肌内注射，2 次 / 天，连用 3~5 天。

说明：用于脑膜炎型。

处方 5：蒲公英 30 克，紫花地丁 30 克。

用法：煎水拌料饲喂，2 次 / 天，连服 3 天。

处方 6：菊花 100 克，忍冬藤 100 克，夏枯草 100 克，紫地丁 50 克，七叶一枝花 25 克。

用法：水煎服。1 剂 / 天，连用 3 天。

处方 7：金银花 15 克，麦冬 15 克，连翘 10 克，蒲公英 10 克，紫地丁 10 克，大黄 10 克，射干 10 克，甘草 10 克。

用法：水煎服。1 剂 / 天，连用 3 天。

十七、猪附红细胞体病

猪附红细胞体病是由附红细胞体寄生于猪的红细胞表面或游离于血浆、组织液及脑脊液中引起的一种人畜共患病，会造成病畜黄疸、贫血等症状。

（一）诊断要点

1. 病原

猪附红细胞体属于单细胞原虫的一种，属寄生虫，也有人认为猪附红细胞体属于立克次体目、无浆体科、附红细胞体属的成员。目前尚未形成共识。一般以寄生宿主命名，但病原的种类与宿主之间的关系不甚清楚，有待进一步研究。

猪附红细胞体是一种多形态微生物，多呈环形、球形和椭圆形，少数呈杆状、月牙状、顿号形、串珠状等不同形态。平均直径为0.2~2.5微米，单独、成对或成链状附着于红细胞表面。在电镜下，猪附红细胞体呈圆盘状，有一层膜包被，无明显的细胞壁和细胞核结构，在胞浆膜下有直径为10纳米的微管，有类核糖体颗粒。暗视野和相差显微镜下，在水浸片或血浆中可见到附红细胞体做进退、曲伸、多方向扭转等自由运动。附红细胞体对苯胺色素易着色，革兰氏染色阴性，姬姆萨染色呈淡红或紫红色，瑞氏染色为淡蓝色。在红细胞上以二分裂方式进行增殖。迄今尚无法在非细胞培养基上培养附红细胞体。

附红细胞体对干燥和化学药品比较敏感，0.5%石炭酸于37℃经3小时可将其杀死，一般常用浓度的消毒药在几分钟内即可将其杀死；猪附红细胞体可耐低温，在加15%甘油的血液中于–37℃感染力可保存80天；在加枸橼酸盐的抗凝血中，置5℃能保存15天，在脱纤血中–30℃保存83天仍有感染力，冻干保存可存活2年。

2. 流行特点

猪附红细胞体只感染家养猪，不感染野猪。各种品种、性别、年龄的猪均易感染，但以仔猪和母猪多见，其中，哺乳仔猪的发病率和死亡率较高，被阉割后几周的仔猪尤其容易感染发病。猪附红细胞体在猪群中的感染率很高，可达90%以上。

病猪和隐性感染带菌猪是主要传染源。隐性感染带菌猪在有应激因素存在时，如饲养管理不良、营养不良、温度突变、并发其他疾病等，可引起血液中附红细胞体数量增加，出现明显临诊症状而发病。耐过猪可长期携带该病原，成为传染源。猪附红细胞体可通过接触、血源、交配、垂直及媒介昆虫（如蚊子）叮咬等多种途径传播。动物之间可通过舔伤口、互相斗咬或喝血液污染的尿液以及被污染的注射器、手术器械等媒介物而传播；交配或人工授精时，可经污染的精液传播；感染母猪能通过子宫、胎盘使仔猪受到感染。

猪附红细胞体病一年四季都可发生，但多发生于夏、秋和雨水较多的季节，以及气候易变的冬、春季节。气候恶劣、饲养管理不善、疾病等应激因素均能导致病情加重，疫情传播面积扩大，经济损失增加。猪附红细胞体病可继发于其他疾病，也可与一些疾病合并发生。

3. 临床症状

猪附红细胞体病因畜种和个体体况的不同，临床症状差别很大。主要引起仔猪体质变差，贫血，肠道及呼吸道感染增加；育肥猪日增重下降，急性溶血性贫血；母猪生产性能下降等。

哺乳仔猪：5 日内发病症状明显，新生仔猪出现身体皮肤潮红，精神沉郁，哺乳减少或废绝，急性死，一般 7~10 日龄多发，体温升高，眼结膜皮肤苍白或黄染，贫血症状，四肢抽搐、发抖、腹泻、粪便深黄色或黄色黏稠，有腥臭味，死亡率在 20%~90%，部分很快死亡，大部仔猪临死前四肢抽搐或划地，有的角弓反张，部分治愈的仔猪会变成僵猪。

育肥猪：根据病程长短不同可分为 3 种类型。急性型病例较少见，病程 1~3 天。亚急性型病猪体温升高，达 39.5~42℃。病初精神委顿，食欲减退，颤抖转圈或不愿站立，离群卧地。出现便秘或拉稀，有时便秘和拉稀交替出现。病猪耳朵、颈下、胸前、腹下、四肢内侧等部位皮肤红紫，指压不褪色，成为“红皮猪”，是本病的特征之一。有的病猪两后肢发生麻痹，不能站立，卧地不起。部分病畜可见耳廓、尾、四肢末端坏死。有的病猪流涎，心悸，呼吸加快，咳嗽，眼结膜发炎，病程 3~7 天，或死亡或转为慢性经过。慢性型患猪体温在 39.5℃左右，主要表现贫血和黄疸。患猪尿呈黄色，大便干如栗状，表面带有黑褐色或鲜红色的血液。生长缓慢，出栏延迟。

母猪：症状分为急性和慢性两种。急性感染的症状为持续高热（体温可高达 42℃），厌食，偶有乳房和阴唇水肿，产仔后奶量少，缺乏母性。慢性感染猪呈现衰弱，黏膜苍白及黄疸，不发情或屡配不孕，如有其他疾病或营养不良，可使症状加重，甚至死亡。

剖检病变有黄疸和贫血，全身皮肤黏膜、脂肪和脏器显著黄染，常呈泛发性黄疸。全身肌肉色泽变淡，血液稀薄呈水样，凝固不良。全身淋巴结肿大，潮红、黄染、切面外翻，有液体渗出。胸腹腔及心包积液。肝脏肿大、质脆，细胞呈脂肪变性，呈土黄色或黄棕色。胆囊肿大，含有浓稠的胶冻样胆汁。脾肿大，质软而脆。肾肿大、苍白或呈土黄色，包膜下有出血斑。膀胱黏膜有少量出血点。肺肿胀，瘀血水肿。心外膜和心冠脂肪出血黄染，有少量针尖大出血点，心肌苍白松软。软脑膜充血，脑实质松软，上有针尖大的细小出血点，脑室积液。

可能是附红细胞体破坏血液中的红细胞，使红细胞变形，表面内陷溶血，使其携氧功能丧失而引起猪抵抗力下降，易并发感染其他疾病。也有人认为变形的红细胞经过脾脏时溶血，也可能导致全身免疫性溶血，使血凝系统发生改变。

4. 血液镜检

附红细胞体感染后 7~8 天，猪主要表现为高热和溶血性贫血，这时血液内有大量附红细胞体，血液检查很容易发现。取高热期的病猪血一滴涂片，生理盐水 10 倍稀释，混匀，加盖玻片，放在 400~600 倍显微镜下观察，发现红细胞表面及血浆中有游动的各种形态的虫体，附着在红细胞表面的虫体大部分围成一个圆，呈链状排列。红细胞呈星形或不规则的多边形。

5. 血片染色

血涂片用姬姆萨染色，放在油镜暗视野下检查发现多数红细胞边缘整齐，变形，表面及血浆中有多种形态的染成粉红色或紫红色的折光度强的虫体。但要注意染料沉着而产生的假阳性。镜检应当与临床症状和病理变化相联系才能对该病进行正确诊断。

6. 血清学检查

诊断方法包括 IHA 试验、补体结合试验（CFT）或 ELISA 方法，但抗体的产生与病原数量的增多（而不是与感染发生的时间）有暂时的相关性。这意味着抗体的产生呈波浪形，即使数次急性发作后，抗体滴度也只能在一定时间内维持较高水平，之后便会下降到阈值以下，这表明假阴性是常见的。血清学诊断方法只适用于群体检查。

（二）治疗

处方 1：血虫净（贝尼尔、三氮脒）。

用法：①7 毫克 / 千克体重，用生理盐水稀释成 5% 溶液，肌内注射。1 次 / 天，连用 3 天。

② 将血虫净用生理盐水 10 毫升稀释后加入 10% 葡萄糖 250 毫升中，再加入维生素 C 1 克后缓慢静脉注射，连用 3 天。

说明：两种用法任选其一。

处方 2：20% 长效土霉素 10~15 毫升。

用法：肌内注射，1 次 /2 天，连用 3 次。

处方 3：土霉素 1 000 克（或强力霉素 300 克），阿散酸 200 克（亦可用尼克苏）。

用法：上述药物掺拌 1 000 千克饲料中，混匀混合，可喂 7 天；之后，将土霉素、阿散酸两药各减半，再喂 7 日。

说明：若加上叶酸 10 毫克 / 头，维生素 B_{12} 0.1 毫克 / 头，1 次 / 天，效果更好。

处方 4：复方 914 A 注射液。

用法：0.2 毫升 / 千克体重，肌内注射。1 次 / 天，连用 3 天。

处方 5：50% 葡萄糖注射液 20 毫升，维生素 B_1 300 毫克，四环素 1 克。

用法：混合静脉注射，1 次 / 天，连用 3 次。

处方 6：当归 20 克，柴胡 20 克，黄芩 20 克，赤芍 15 克，茵陈 30 克，板蓝根 50 克，龙胆草 30 克，炒三仙各 20 克，甘草 10 克。

用法：煎服，1 剂 / 天，连用五天。

说明：便秘加大黄 30 克、芒硝 80 克。

处方 7：柴胡 10 克，半夏 10 克，黄芩 10 克，丹皮 10 克，茵陈 10 克，枳壳 10 克，鱼腥草 8 克，竹叶 6 克，槟榔 6 克，常山 6 克。

用法：煎服，1 剂 / 天，连用 5 天。

十八、猪肺疫

猪肺疫又称猪巴氏杆菌病、锁喉风，是猪的一种急性传染病，主要特征为败血症，咽喉及其周围组织急性炎性肿胀或表现为肺、胸膜的纤维蛋白渗出性炎症。本病分布很广，发病率不高，常继发于其他传染病。

（一）诊断要点

1. 病原

猪肺疫病原体是多杀性巴氏杆菌，呈革兰氏染色阴性，有两端浓染的特性，能形成荚膜，有许多血清型。多杀性巴氏杆菌的抵抗力不强，干燥后 2~3 天内死亡，在血液及粪便中能生存 10 天，在腐败的尸体中能些存 1~3 个月，在日光和高温下 10 分钟即死亡，1% 火碱及 2% 来苏尔水等能迅速将其杀死。

2. 流行特点

大小猪均有易感性，小猪和中猪的发病率较高。病猪和健康带菌猪是传染源，病原体主要存在于病猪的肺脏病灶及各器官，存在于健康猪的呼吸道及肠管中，随分泌物及排泄物排出体外，经呼吸道、消化道及损伤的皮肤而传染。带菌猪受寒、感冒、过劳、饲养管理不当，使抵抗力降低时，可发生自体内源性传染。猪肺疫常为散发，一年四季均可发生，多继发于其他传染病之后。有时也可呈地方性流行。

3. 临床症状

潜伏期 1~14 天，临床上分 3 个型。

（1）最急性型　又称锁喉风，呈现败血症症状，突然发病死亡。病程稍长的，体温升高到41℃以上，呼吸高度困难，食欲废绝，黏膜蓝紫色，咽喉部肿胀，有热痛，重者可延至耳根及颈部，口鼻流出泡沫，呈犬坐姿势。后期耳根、颈部及下腹部皮肤变成蓝紫色，有时见出血斑点，最后窒息死亡，病程1~2天。

（2）急性型　主要呈现纤维素性胸膜肺炎症状，败血症症状较轻。病初体温升高，发生痉挛性干咳，呼吸困难，有鼻液和脓性眼屎。先便秘后腹泻。后期皮肤有紫斑，最后衰竭而死，病程4~6天。如果不死则转成慢性。

（3）慢性型　多见于流行后期，主要表现为慢性肺炎或慢性胃肠炎症状。持续性的咳嗽，呼吸困难，体温时高时低，精神不振，食欲减退，逐渐消瘦，有时关节肿胀，皮肤湿疹。最后发生腹泻。如果治疗不及时，多经2周以上因衰弱而死亡。

4. 病理变化

主要病变在肺脏。

（1）最急性型　全身浆膜、黏膜及皮下组织大量出血，咽喉部及周围组织呈出血性浆液性炎症，喉头气管内充满白色或淡黄色胶冻样分泌物。皮下组织可见大量胶冻样淡黄色的水肿液。全身淋巴结肿大，切面呈一致红色。肺充血水肿，可见红色肝变区（质硬如蜡样）。各实质器官变性。

（2）急性型　败血症变化较轻，以胸腔内病变为主。肺有大小不等的肝变区，切开肝变区，有的呈暗红色，有的呈灰红色，肝变区中央常有干酪样坏死灶，胸腔积有含纤维蛋白凝块的混浊液体。胸膜附有黄白色纤维素，病程较长的，胸膜发生粘连。

（3）慢性型　高度消瘦，肺组织大部分发生肝变，并有大块坏死灶或化脓灶，有的坏死灶周围有结缔组织包裹，胸膜粘连。

5. 实验室检查

采取病变部的肺、肝、脾及胸腔液，制成涂片，用碱性美蓝液染色后镜检，均见有两端浓染的长椭圆形小杆菌时，即可确诊。如果只在肺脏内见有极少数的巴氏杆菌，而其他脏器没有见到，并且肺脏又无明显病变时，可能是带菌猪，而不能诊断为猪肺疫。有条件时可做细菌分离培养。

6. 鉴别诊断

应与急性咽喉型炭疽、气喘病、猪传染性胸膜肺炎等病鉴别。

（二）治疗

处方1：庆大霉素，1~2毫克/千克，氨苄青霉素，4~11毫克/千克体重。

用法：2次/天，肌内注射，直到体温下降，食欲恢复为止。

处方2：① 抗血清25毫升。

用法：一次皮下注射，剂量：0.5 毫升 / 千克体重，次日再注射一次。

② 青霉素 480 万单位。

用法：一次肌内注射，1 次 / 天，至愈。

说明：也可用杆菌肽、硫酸丁胺卡那霉素、10% 磺胺嘧啶钠注射液等治疗。

处方 3：① 盐酸强力霉素，150~250 毫克。

用法：一次肌内注射，剂量：3~5 毫克 / 千克体重，1 次 / 天，连用 2~3 天。

② 氟哌酸粉 4 克。

用法：一次喂服，剂量：80 毫克 / 千克体重，2 次 / 天，连用 3 天以上。

处方 4：白芍 9 克，黄芩 9 克，大青叶 9 克，知母 6 克，连翘 6 克，桔梗 6 克，炒牵牛子 9 克，炒葶苈子 9 克，炙枇杷叶 9 克。

用法：水煎加鸡蛋清两个为引，一次喂服，2 次 / 天，连用 3 天。

处方 5：金银花 30 克，连翘 24 克，丹皮 15 克，紫草 30 克，射干 12 克，山豆根 20 克，黄芩 9 克，麦冬 15 克，大黄 20 克，元明粉 15 克。

用法：水煎分 2 次喂服，1 剂 / 天，连用 2 天。

十九、猪传染性萎缩性鼻炎

猪传染性萎缩性鼻炎（AR）又称慢性萎缩性鼻炎或萎缩性鼻炎，是由支气管败血波氏杆菌和产毒素多杀性巴氏杆菌引起的猪的一种慢性接触性呼吸道传染病。它以鼻炎、鼻中隔扭曲、鼻甲骨萎缩和病猪生长迟缓为特征，临诊表现为打喷嚏、鼻塞、流鼻涕、鼻出血、颜面部变形或歪斜，常见于 2~5 月龄猪。目前，已将这种疾病归类于两种表现形式：非进行性萎缩性鼻炎（NPAR）和进行性萎缩性鼻炎（PAR）。

（一）诊断要点

1. 病原

大量研究证明，产毒素多杀性巴氏杆菌（T+Pm）和支气管败血波氏杆菌（Bb）是引起猪萎缩性鼻炎的病原。

2. 流行特点

各种年龄的猪均易感，但以仔猪最为易感，主要是带菌母猪通过飞沫，经呼吸道传播给仔猪。不同品种的猪易感性有差异，外种猪易感性高，而国内土种猪发病较少。本病在猪群中流行缓慢，多为散发或呈地方流行性。饲养管理不当和环境卫生较差等，常使发病率升高。本病无季节性，任何年龄的猪都可以感染，仔猪症状明显，大猪较轻，成年猪基本不表现临床症状。病猪和带菌猪是本病的主要传染源，病原体随飞沫通过接触经呼吸道传播。

3. 临床症状

猪传染性萎缩性鼻炎早期临诊症状，多见于6~8周龄仔猪。表现鼻炎，打喷嚏、流涕和吸气困难。流涕为浆液、黏液脓性渗出物，个别猪因强烈喷嚏而发生鼻衄。病猪常因鼻炎刺激黏膜而表现不安，如摇头、拱地、搔抓或摩擦鼻部直至摩擦出血。发病严重猪群可见患猪两鼻孔出血不止，形成两条血线。圈栏、地面和墙壁上布满血迹。吸气时鼻孔开张，发出鼾声，严重的张口呼吸。由于鼻泪管阻塞，泪液增多，在眼内眦下皮肤上形成弯月形的湿润区，被尘土沾污后黏结成黑色痕迹，称为“泪斑”。

继鼻炎后常出现鼻甲骨萎缩，致使鼻梁和面部变形，此为猪传染性萎缩性鼻炎特征性临诊症状。如两侧鼻甲骨病理损伤相同时，外观可见鼻短缩，此时因皮肤和皮下组织正常发育，使鼻盘正后部皮肤形成较深皱褶；若一侧鼻甲骨萎缩严重，则使鼻弯向同一侧；鼻甲骨萎缩，额窦不能正常发育，使两眼间宽度变小和头部轮廓变形。病猪体温、精神、食欲及粪便等一般正常，但生长停滞，有的成为僵猪。

鼻甲骨萎缩与猪感染时的周龄、是否发生重复感染以及其他应激因素有非常密切的关系。周龄越小，感染后出现鼻甲骨萎缩的可能性就越大越严重。一次感染后，若无发生新的重复或混合感染，萎缩的鼻甲骨可以再生。有的鼻炎延及筛骨板，则感染可经此而扩散至大脑，发生脑炎。此外，病猪常有肺炎发生，可能是因鼻甲骨结构和功能遭到损坏，异物或继发性细菌侵入肺部造成，也可能是主要病原（Bb或T+Pm）直接引发肺炎的结果。因此，鼻甲骨的萎缩促进肺炎的发生，而肺炎又反过来加重鼻甲骨萎缩。

4. 病理变化

病理变化一般局限于鼻腔和邻近组织，特征病理变化是鼻腔的软骨和鼻甲骨的软化和萎缩，特别是下鼻甲骨的下卷曲最为常见。另外，也有萎缩限于筛骨和上鼻甲骨的。有的萎缩严重，甚至鼻甲骨消失，而只留下小块黏膜皱褶附在鼻腔的外侧壁上。

鼻腔常有大量的黏液脓性甚至干酪性渗出物，随病程长短和继发性感染的性质而异。急性时（早期）渗出物含有脱落的上皮碎屑。慢性时（后期），鼻黏膜一般苍白，轻度水肿。鼻窦黏膜中度充血，有时窦内充满黏液性分泌物。病理变化转移到筛骨时，当除去筛骨前面的骨性障碍后，可见大量黏液或脓性渗出物的积聚。

病理解剖学诊断是目前最实用的方法。一般在鼻黏膜、鼻甲骨等处可以发现典型的病理变化。沿两侧第一、第二对前臼齿间的连线锯成横断面，观察鼻甲骨的形状和变化。正常的鼻甲骨明显地分为上下两个卷曲。上卷曲呈现两个完全的

弯转，而下卷曲的弯转则较少，仅有一个或1/4弯转，有点像钝的鱼钩，鼻中隔正直。当鼻甲骨萎缩时，卷曲变小而钝直，甚至消失。但应注意，如果横切面锯得太前，因下鼻甲骨卷曲的形状不同，可能导致误诊。也可以沿头部正中线纵锯，再用剪刀把下鼻甲骨的侧连接剪断，取下鼻甲骨，从不同的水平做横断面，依据鼻甲骨变化，进行观察和比较做出诊断。这种方法较为费时，但采集病料时不易污染。

5. 微生物学诊断

目前，主要是对T+Pm及Bb两种主要致病菌的检查，尤其是对T+Pm的检测是诊断AR的关键。鼻腔拭子的细菌培养是常用的方法。先保定好动物，清洗鼻的外部，将带柄的棉拭子（长约30厘米）插入鼻腔，轻轻旋转，把棉拭子取出，放入无菌的PBS中，尽快地进行培养。

T+Pm分离培养可用血液、血清琼脂或胰蛋白大豆琼脂。出现可疑菌落，移植生长后，根据菌落形态、荧光性、菌体形态、染色与生化反应进行鉴定。是否为产毒素菌株可用豚鼠皮肤坏死试验和小鼠致死试验，也可用组织细胞培养病理变化试验、单克隆抗体ELISA或PCR方法。

Bb分离培养一般用改良麦康凯琼脂（加1%葡萄糖，pH值7.2）、5%马血琼脂或胰蛋白胨琼脂等。对可疑菌落可根据其形态、染色、凝集反应与生化反应进行鉴定，再用抗K抗原和抗O抗原血清作凝集试验来确认该菌。Bb有抵抗呋喃妥因（最小抑菌浓度大于200微克/毫升）的特性，用滤纸法（300微克/纸片）观察抑菌圈的有无，可以鉴别本菌与其他革兰氏阴性球杆菌。取分离培养物0.5毫升腹腔接种豚鼠，如为本菌可于24~48小时内发生腹膜炎而致死。剖检见腹膜出血，肝、脾和部分大肠有黏性渗出物并形成假膜。用培养物感染3~5日龄健康猪，经1个月临诊观察，再经病理学和病原学检查，结果最为可靠。

6. 血清学诊断

猪感染T+Pm和Bb后2~4周，血清中即出现凝集抗体，至少维持4个月，但一般感染仔猪需在12周龄后才可检出。有些国家采用试管血清凝集反应诊断本病。

此外，尚可用荧光抗体技术和PCR技术进行诊断。已经有双重PCR同时检测T+Pm和Bb，其灵敏度和特异性比其他方法更高。

应注意本病与传染性坏死性鼻炎和骨软病的区别。前者由坏死杆菌所致，主要发生外伤后感染，引起软组织及骨组织坏死、腐臭，并形成溃疡或瘘管；骨软病表现头部肿大变形，但无喷嚏和流泪临诊症状，有骨质疏松变化，鼻甲骨不萎缩。

（二）治疗

处方 1：① 链霉素 200 万单位，注射用水 2 毫升。

用法：一次肌内注射，2 次 / 天，连用 3 天。

② 磺胺二甲嘧啶 100 克，金霉素 100 克，青霉素 50 克。

用法：拌料 1 000 千克喂服，连用 4~5 周。

处方 2：硫酸卡那霉素注射液。

用法：每千克体重 10~15 毫克（一次量），肌内注射，2 次 / 天，连用 3~5 天。

说明：还可用泰乐菌素、磺胺类药物等治疗。

二十、猪支原体肺炎

猪气喘病又称猪支原体肺炎，又名猪地方流行性肺炎，是猪的一种慢性肺病。主要临床症状是咳嗽和气喘。本病分布很广，我国许多地区都有发生。

（一）诊断要点

1. 病原

猪肺炎支原体曾经称为霉形体，是一群介于细菌和病毒之间的多形态微生物。它与细菌的区别在于没有细胞壁，呈多形性，可通过滤器；它不同于病毒之处是能在无生命的人工培养基上生长繁殖，形成细小的集落，菌体革兰氏染色阴性。它能在各种支原体培养基中生长。分离用的液体培养基为无细胞培养平衡盐类溶液，必须加入乳清蛋白水解物、酵母浸液和猪血清。支原体也能在鸡胚卵黄囊中生长，但胚体不死，也无特殊病变。本病原存在于病猪的呼吸道及肺内，随咳嗽和打喷嚏排出体外。本病原对外界环境的抵抗力不强，在体外的生存时间不超过 36 小时，在温热、日光、腐败和常用的消毒剂作用下都能很快死亡。猪肺炎支原体对青霉素及磺胺类药物不敏感，但对四环素族、卡那霉素敏感。

2. 流行特点

大小猪均有易感性。其中，哺乳仔猪及幼猪最易发病，其次是妊娠后期及哺乳母猪。成年猪多呈隐性感染。主要传染源是病猪和隐性感染猪，病原体长期存在于病猪的呼吸道及其分泌物中，随咳嗽和喘气排出体外后，通过接触经呼吸道而使易感猪感染。因此，猪舍潮湿，通风不良，猪群拥挤，最易感染发病。

本病的发生没有明显的季节性，但以冬春季节较多见。新疫区常呈暴发性流行，症状重，发病率和病死率均较高，多呈急性经过。老疫区多呈慢性经过，症状不明显，病死率很低，当气候骤变、阴湿寒冷、饲养管理和卫生条件不良时，可使病情加重，病死率增高。如有巴氏杆菌、肺炎双球菌、支气管败血波氏杆菌等继发感染，可造成较大的损失。

3. 临床症状

潜伏期 10~16 天。主要症状为咳嗽和气喘，病初为短声连咳，在早晨出圈后受到冷空气的刺激，或经驱赶运动和喂料的前后最容易听到，同时流少量清鼻液，病重时流灰白色黏性或脓性鼻液。在病的中期出现气喘症状，呼吸 60~80 次 / 分钟，呈明显的腹式呼吸，此时咳嗽少而低沉。体温一般正常，食欲无明显变化。后期则气喘加重，甚至张口喘气，同时，精神不振，猪体消瘦，不愿走动。这些症状可随饲养管理和生活条件的变化而减轻或加重，病程可拖延数月，病死率一般不高。

隐性型病猪没有明显症状，有时发生轻咳，全身状况良好，生长发育几乎正常，但 X 线检查或剖检时，可见到气喘病病灶。

4. 病理变化

病变局限于肺和胸腔内的淋巴结。病变由肺的心叶开始，逐渐扩展到尖叶、中间叶及膈叶的前下部。病变部与健康组织的界限明显，两侧肺叶病变分布对称，呈灰红色或灰黄色、灰白色，硬度增加，外观似肉样，俗称“胰样”或“虾肉样”变，切面组织致密，可从小支气管挤出灰白色、混浊、黏稠的液体，支气管淋巴结和纵隔淋巴结肿大，切面黄白色，淋巴组织呈弥漫性增生。急性病例，有明显的肺气肿病变。

5. 实验室诊断

对早期的病猪和隐性病猪进行 X 线检查，可以达到早期诊断的目的，常用于区分病猪和健康猪，以培育健康猪群。目前，临床上应用较多的是凝集试验和琼脂扩散试验，主要用于猪群检疫。

6. 鉴别诊断

应与猪流行性感冒、猪肺疫、猪传染性胸膜肺炎、猪肺丝虫病和蛔虫病相鉴别。

（二）治疗

处方 1：硫酸卡那霉素注射液，200 万单位，盐酸土霉素，3 克，注射用水，3 毫升。

用法：按 1 千克体重卡那霉素 4 万单位、土霉素 60 毫克，一次肌内注射，1 次 / 天，连用 3~5 天。用时先以注射用水稀释好土霉素后再吸入卡那霉素并混匀再注射。

处方 2：泰乐菌素，0.5 克。

用法：10 毫克 / 千克体重，一次肌内注射，1 次 / 天，连用 5~7 天。

处方 3：盐酸强力霉素注射液 150~250 毫升。

用法：一次肌内注射，3~5 毫克 / 千克体重，1 次 / 天至愈。

处方 4：葶苈子 25 克，瓜蒌 25 克，麻黄 25 克，金银花 50 克，桑叶 15 克，白芷 15 克，白芍 10 克，茯苓 10 克，甘草 25 克。

用法：水煎一次喂服，1 剂 / 天，连用 2~3 天。

处方 5：麻黄 9 克，杏仁 9 克，桂枝 9 克，芍药 9 克，五味子 9 克，干姜 9 克，细辛 6 克，半夏 19 克，甘草 9 克。

用法：研末，30~45 克 / 天 · 头，拌料喂服，连用 3~5 天。

二十一、副猪嗜血杆菌病

副猪嗜血杆菌病是由副猪嗜血杆菌（H.PS）引起的主要危害断奶仔猪和保育猪的一种多发性浆膜炎和关节炎性传染病，又称多发性纤维素性浆膜炎和关节炎。

本病在临诊上主要以关节肿胀、疼痛、跛行、呼吸困难以及胸膜、心包、腹膜、脑膜和四肢关节浆膜的纤维素性炎症为特征。本病目前呈世界性分布，已成为影响养猪业典型的细菌性传染病，在养猪业发达国家均有此病的流行和发生。

近年来，我国的数个省、地区都有此病发生和流行的报道，成为一些病毒性疾病（如猪繁殖与呼吸综合征、猪断奶后多系统衰竭综合征）的继发病，给我国养猪业造成了较严重的经济损失。

（一）诊断要点

1. 病原

本病菌广泛存在于自然环境和养猪场中，健康猪鼻腔、咽喉等上呼吸道黏膜上也常有本病菌存在，属于一种条件性常在菌。当猪体健康良好、抵抗力强时，病原不呈致病作用。而一旦猪体健康水平下降、抵抗力弱时，病原就会大量繁殖而导致发病。属革兰氏阴性短小杆菌，形态多变，有 15 个以上血清型，其中血清型 5、4、13 最为常见（占 70% 以上）。本菌对外界环境的抵抗力不强，干燥环境中易死亡，对热抵抗力低，一般 60℃，5~20 分钟可被杀死，在 4℃下通常只能存活 7~10 天。对消毒药较敏感，常用消毒药即可杀灭该菌。一般条件下难以分离和培养，尤其是应用抗生素治疗过病猪的病料，因而给本病的诊断带来困难。

2. 流行特点

一般在早春和深秋天气变化较大的时候，2 周至 4 月龄的断奶前后的仔猪和保育初期的架子猪多发生本病，5~8 周龄的猪最为多发。还可继发一些呼吸道及胃肠道疾病。发病率一般在 10%~25%，严重时可达 60%，病死率可达 50%。

本病主要通过呼吸道和消化道传播。本病常是在受到以下应激因素刺激时而发生和流行：① 饲料营养失调、日粮不够、饮水少或吃霉变饲料等；② 栏舍环境卫生差、猪只密度大、通风不好、氨气含量高、高温高湿或阴冷潮湿等；③ 断奶、转群、突然变换环境、频密调栏、不当的阉割注射和引种长途运输等；④ 天气突然变化等；⑤ 疾病诱发，特别是在猪群发生了呼吸道疾病，如猪喘气病、流感、蓝耳病、伪狂犬病和呼吸道冠状病毒感染的猪场。

3. 临床症状

副猪嗜血杆菌病可分为急性和慢性两种临床类型。急性型临床症状包括发热、食欲不振、厌食、反应迟钝、呼吸困难、关节肿胀、跛行、颤抖、共济失调、眼睑肿大、可视黏膜发绀、侧卧、随后可能死亡。母猪急性感染后，能够引起流产，或者母性行为弱化。

保育后期或者生长早期，猪群表现中枢神经症状，疾病通常是由 H.PS 感染脑膜，引起脑膜炎所致。发病猪尖叫，一侧躺卧或表现“划水”症状或急性死亡。慢性经过多表现胸膜炎、腹膜炎及心包炎。病变导致猪不适，疼痛，不愿移动，采食减少或者拒食。

急性感染通常伴随发高烧。应尽早选择敏感抗生素进行肌内注射。如果治疗不及时，死亡率高。

副猪嗜血杆菌持续感染的长期影响可能比急性死亡引起的损失更大，细菌感染发生胸膜炎、腹膜炎后，食欲降低，生长缓慢，表现被毛粗糙，皮肤苍白，关节肿大甚或耳朵发绀。饲料消耗增加，上市时间延长。在炎热的夏天或者在应激条件下，心包炎容易导致急性死亡。

4. 病理变化

一般有明显胸膜炎（包括心包炎和肺炎），关节炎次之，腹膜炎和脑膜炎相对少一些。以浆液性、纤维素性渗出炎症为特征。肺可有间质水肿、黏连，肺表面和切面大理石样病变。心包积液、粗糙、增厚，心脏表面有大量纤维素渗出。腹腔积液，肝、脾肿大，与腹腔粘连。前、后肢关节切开有胶冻样物。发病时因个体差异和病程长短不同，上述病变不一定同时全部表现出来，其中以心包炎和胸膜肺炎发生率最高。

5. 细菌学检查

因为副猪嗜血杆菌十分娇嫩，所以，副猪嗜血杆菌很难分离培养。因此，在诊断时不仅要对有严重临诊症状和病理变化的猪进行尸体剖检，还要对处于疾病急性期的猪在应用抗生素之前采集病料进行细菌的分离鉴定。根据副猪嗜血杆菌 16S rRNA 序列设计引物对原代培养的细菌进行 PCR 可以快速而准确地诊断出副猪嗜血杆菌病。另外，还可通过琼脂扩散试验、补体结合试验和间接血凝试验等血清学方法进行确诊。

6. 鉴别诊断

应注意与其他败血性细菌感染相区别。能引起败血性感染的细菌有链球菌、巴氏杆菌、胸膜肺炎放线杆菌、猪丹毒丝菌、猪放线杆菌、猪霍乱沙门氏菌以及大肠埃希菌等。另外，3~10 周龄猪的支原体多发性浆膜炎和关节炎也往往出现与副猪嗜血杆菌感染相似的损伤。

（二）治疗

处方 1：头孢噻呋，0.2 克，双黄连注射液，10 毫升，冰蟾熊胆注射液，5 毫升。

用法：混合肌内注射，2 次 / 天，连用 5 天。

处方 2：纽氟罗注射液，5 毫升，硫酸丁胺卡那霉素注射液，0.4 克，柴胡注射液，5 毫升。

用法：肌内注射，2 次 / 天，连用 5 天。

处方 3：林可霉素注射液，0.6 克，阿莫西林，1 克，清开灵注射液，10 毫升。

用法：混合肌内注射，1 次 / 天，连用 5 天。

处方 4：硫酸卡那霉素注射液。

用法：肌内注射，每次 20 毫克 / 千克体重，1 次 / 天，连用 5~7 天。

二十二、猪传染性胸膜肺炎

猪传染性胸膜肺炎是由胸膜肺炎放线杆菌所致的一种高度接触传染性呼吸道疾病。主要发生于育肥猪，临床上急性型以突然发病、肺部纤维性出血为特征，慢性型以肺部局部坏死和肺炎为特征。所有年龄的猪均易感染，断奶猪与架子猪发病率最高。本病主要由空气传播和与猪接触而传播。应激因素，如拥挤、不良气候、气温突变、相对湿度增高和通风不良、猪的转栏和并群等有助于疾病的发生和传播，并影响发病率和死亡率，本病的发生具有明显的季节性，多发生于 4—5 月和 9—11 月。本病已成为规模化猪场最常见的传染病之一。

（一）诊断要点

1. 病原

胸膜肺炎放线杆菌为革兰氏阴性小球杆菌，具有多形性，有荚膜，不形成芽孢。无运动性，为兼性厌氧菌，常需在有二氧化碳的大气中生长，本菌抵抗力不强，易被一般杀菌药杀灭。

2. 流行病学

各种年龄的猪对本病均易感，但由于初乳中母源抗体的存在，本病最常发生于育成猪和成年猪（出栏猪）。急性期死亡率很高，与毒力及环境因素有关，其发病率和死亡率还与其他疾病的存在有关，如伪狂犬病及蓝耳病。另外，转群频繁的大猪群比单独饲养的小猪群更易发病。

主要传播途径通过空气、猪与猪之间的接触、污染排泄物或人员传播。猪群的转移或混养，拥挤和恶劣的气候条件（如气温突然改变、潮湿以及通风不畅）均会加速该病的传播和增加发病的危险。

3. 临床症状

人工感染猪的潜伏期为1~7天或更长。由于动物的年龄、免疫状态、环境因素以及病原的感染数量的差异，临诊上发病猪的病程可分为最急性型、急性型、亚急性型和慢性型。

（1）最急性型　突然发病，病猪体温升高至41~42℃，心率增加，精神沉郁，废食，出现短期的腹泻和呕吐症状，早期病猪无明显的呼吸道症状。后期心衰，鼻、耳、眼及后躯皮肤发绀，晚期呼吸极度困难，常呆立或呈犬坐式，张口伸舌，咳喘，并有腹式呼吸。临死前体温下降，严重者从口鼻流出泡沫血性分泌物。病猪于出现临诊症状后24~36小时内死亡。有的病例见不到任何临诊症状而突然死亡。此型的病死率高达80%~100%。

（2）急性型　病猪体温升高达40.5~41℃，严重的呼吸困难，咳嗽，心衰。皮肤发红，精神沉郁。由于饲养管理及其他应激条件的差异，病程长短不定，所以在同一猪群中可能会出现病程不同的病猪，如亚急性或慢性型。

（3）亚急性型和慢性型　多于急性期后期出现。病猪轻度发热或不发热，体温在39.5~40℃，精神不振，食欲减退。不同程度的自发性或间歇性咳嗽，呼吸异常，生长迟缓。病程几天至1周不等，或治愈或当有应激条件出现时，症状加重，猪全身肌肉苍白，脉搏加快而突然死亡。

4. 病理变化

主要病变存在于肺和呼吸道内，肺呈紫红色，肺炎多是双侧性的，并多在肺的心叶、尖叶和膈叶出现病灶，其与正常组织界线分明。最急性死亡的病猪气管、支气管中充满泡沫状、血性黏液及黏膜渗出物，无纤维素性胸膜炎出现。发病24小时以上的病猪，肺炎区出现纤维素性物质附于表面，肺出血、间质增宽、有肝变。气管、支气管中充满泡沫状、血性黏液及黏膜渗出物，喉头充满血性液体，肺门淋巴结显著肿大。随着病程的发展，纤维素性胸膜炎蔓延至整个肺脏，使肺和胸膜粘连。常伴发心包炎，肝、脾肿大，色变暗。病程较长的慢性病例，可见硬实肺炎区，病灶硬化或坏死。发病的后期，病猪的鼻、耳、眼及后躯皮肤出现发绀，呈紫斑。

（1）最急性型 病死猪剖检可见气管和支气管内充满泡沫状带血的分泌物。肺充血、出血和血管内有纤维素性血栓形成。肺泡与间质水肿。最急性型肺肿、充血出血，病变区界清，胸腔积有血色液体。

（2）急性型 急性期死亡的猪可见到明显的剖检病变。喉头充满血样液体，双侧性肺炎，常在心叶、尖叶和膈叶出现病灶，病灶区呈紫红色，坚实，轮廓清晰、肺间质积留血色胶样液体。随着病程的发展，纤维素性胸膜肺炎蔓延至整个肺脏，心包炎。

（3）亚急性型 肺脏可能出现大的干酪样病灶或空洞，空洞内可见坏死碎屑。如继发细菌感染，则肺炎病灶转变为脓肿，致使肺脏与胸膜发生纤维素性粘连。肺门淋巴结肿大，其他部位淋巴结也会肿大与出血。

（4）慢性型 肺脏上可见大小不等的结节（结节常发生于膈叶），结节周围包裹有较厚的结缔组织，结节有的在肺内部，有的突出于肺表面，并在其上有纤维素附着而与胸壁或心包粘连，或与肺之间粘连。心包内可见到出血点。

在发病早期可见肺脏坏死、出血，中性粒细胞浸润，巨噬细胞和血小板激活，血管内有血栓形成等组织病理学变化。肺脏大面积水肿并有纤维素性渗出物。急性期后则主要以巨噬细胞浸润、坏死灶周围有大量纤维素性渗出物及纤维素性胸膜炎为特征。

5. 实验室诊断

包括直接镜检、细菌的分离鉴定和血清学诊断。

（1）直接镜检 从鼻、支气管分泌物和肺脏病变部位采取病料涂片或触片，革兰氏染色，显微镜检查，如见到多形态的两极浓染的革兰氏阴性小球杆菌或纤细杆菌，可进一步鉴定。

（2）病原的分离鉴定 将无菌采集的病料接种在7%马血巧克力琼脂、划有表皮葡萄球菌十字线的5%绵羊血琼脂平板或加入生长因子和灭活马血清的牛心浸汁琼脂平板上，于37℃含5%~10%二氧化碳条件下培养。如分离到可疑细菌，可进行生化特性、CAMP试验、溶血性测定以及血清定型等检查。

（3）血清学诊断 包括补体结合试验、2-巯基乙醇试管凝集试验、乳胶凝集试验、琼脂扩散试验和酶联免疫吸附试验等方法。国际上公认的方法是改良补体结合试验，该方法可于感染后10天检查血清抗体，可靠性比较强，但操作繁琐，目前认为酶联免疫吸附试验较为实用。

6. 鉴别诊断

本病应注意与猪肺疫、猪气喘病进行鉴别诊断。猪肺疫常见咽喉部肿胀，皮肤、皮下组织、浆膜以及淋巴结有出血点；而传染性胸膜肺炎的病变常局限于肺

和胸腔。猪肺疫的病原体为两极染色的巴氏杆菌，而猪传染性胸膜肺炎的病原体为小球杆状的放线杆菌。猪气喘病患猪的体温不升高，病程长，肺部病变对称，呈胰样或肉样病变，病灶周围无结缔组织包裹。

（二）治疗

处方 1：青霉素 320 万单位，链霉素 200 万单位。

用法：一次肌内注射，2~3 次 / 天。

处方 2：当归 20 克，冬花 30 克，知母 30 克，贝母 25 克，大黄 40 克，木通 20 克，桑皮 30 克，陈皮 30 克，紫菀 30 克，马兜铃 20 克，天冬 30 克，百合 30 克，黄芩 30 克，桔梗 30 克，赤芍 30 克，苏子 15 克，瓜蒌 50 克，生甘草 15 克。

用法：共研细末，开水冲服。

说明：在用此方的时候，可根据病猪的不同体质，不同的发病时期，出现的不同症状而对方剂中的药物进行调整。

病初，可加杏仁 15 克、苏叶 10 克、防风 20 克和荆芥 20 克等。

中期，病猪发热时，加栀子、丹皮、杷叶；热盛气喘者，加生地、黄柏，重用桑皮、苏子、赤芍；流脓性鼻涕时，减天冬、百合，加金银花、连翘、栀子，重用桔梗、贝母、瓜蒌等；粪便干燥时，加蜂蜜 100 克；口内流涎时，加枯矾 15 克；胸内积水时，重用木通、桑皮，加滑石、车前、旋覆花、猪苓、泽泻等；对老龄体弱的病猪，应酌减寒性药物，重用百合、天冬、贝母，加秦艽和鳖甲等。

后期，肺胃虚弱的病猪，减寒性药物，重用当归、百合、天冬，加苍术、厚朴、枳壳、榔片、半夏等；血气虚弱者，减寒性药物，重用当归、百合、天冬，加白术、党参、山药、五味子、白芍、熟地、秦艽、黄芪和首乌等。

二十三、猪钩端螺旋体病

猪钩端螺旋体病是由致病性钩端螺旋体引起的一种人兽共患和自然疫源性传染病。该病的临诊症状表现形式多样，猪钩端螺旋体病一般呈隐性感染，也时有暴发。急性病例以发热、血红蛋白尿、贫血、水肿、流产、黄疸、出血性素质、皮肤和黏膜坏死为特征。猪的带菌率和发病率较高。该病呈世界性分布，在热带、亚热带地区多发。我国许多省、市都有该病的发生和流行，长江流域和南方各地发病较多。近年来猪钩端螺旋体病的发生和流行有所升高，在福建、黑龙江、新疆等地都有报道。

（一）诊断要点

1. 病原

本病的病原属于细螺旋体属的钩端细螺旋体。钩端细螺旋体对人、畜和野生动物都有致病性。钩端螺旋体有很多血清群和血清型，目前全世界已发现的致病性钩端螺体有25个血清群，至少有190个不同的血清型。引起猪钩端螺旋体病的血清群（型）有波摩那群、致热群、秋季热群、黄疸出血群，其中波摩那群最为常见。

钩端螺旋体形态呈纤细的圆柱形，身体的中央有一根轴丝，螺旋丝从一端盘旋到另一端（12~18个螺旋），长6~20微米，宽为0.1~0.2微米，细密而整齐。暗视野显微镜下观察，呈细小的珠链状，革兰氏染色为阴性，但着色不易。常用的染色方法是姬姆萨氏染色和镀银染色。钩端螺旋体在宿主体内主要存在于肾脏、尿液和脊髓液里，在急性发热期，广泛存在于血液和各内脏器官。钩端螺旋体能人工培养，但培养基的成分较特殊（如需新鲜灭活的兔血清、吐温-80、林格氏液等）。常用的培养基如柯索夫培养基和希夫纳培养基等。钩端螺旋体是严格需氧，最适培养温度28~30℃，最适pH值为7.2~7.5。钩端螺旋体的生化特性不活泼，不能发酵糖类。

钩端螺旋体对外界环境有较强的抵抗力，可以在水田、池塘、沼泽和淤泥里至少生存数月。在低温下能存活较长时间。对酸、碱和热较敏感。一般的消毒剂和消毒方法都能将其杀死。常用漂白粉对污染水源进行消毒。

2. 流行病学

各种年龄的猪均可感染，但仔猪发病较多，特别是哺乳仔猪和断奶仔猪发病最严重，中猪、大猪一般病情较轻，母猪不发病。传染源主要是发病猪和带菌猪。钩端螺旋体可随带菌猪和发病猪的尿、乳和唾液等排于体外污染环境。猪的排菌量大，排菌期长，而且与人接触的机会最多，对人也会造成很大的威胁。人感染后，也可带菌和排菌。人和动物之间存在复杂的交叉传播，这在流行病学上具有重要意义。鼠类和蛙类也是很重要的传染源，它们都是该菌的自然贮存宿主。鼠类能终生带菌，通过尿液排菌，造成环境的长期污染。蛙类主要是排尿污染水源。

本病通过直接或间接传播方式，主要传播途径为皮肤，其次是消化道、呼吸道以及生殖道黏膜。吸血昆虫叮咬、人工授精以及交配等均可传播本病。该病的发生没有季节性，但在夏秋多雨季节为流行高峰期。本病常呈散发或地方性流行。

3. 临床症状

在临诊上，猪钩端螺旋体病可分为急性型、亚急性型和慢性型。

（1）急性型　多见于仔猪，特别是哺乳仔猪和保育猪，呈暴发或散发流行。潜伏期 1~2 周。临诊症状表现为突然发病，体温升高至 40~41℃，稽留 3~5 天，病猪精神沉郁，厌食，腹泻，皮肤干燥，全身皮肤和黏膜黄疸，后肢出现神经性无力，震颤；有的病例出现血红蛋白尿，尿液色如浓茶；粪便呈绿色，有恶臭味，病程长可见血粪。死亡率可达 50% 以上。

（2）亚急性和慢性型　主要以损害生殖系统为特征。病初体温有不同程度升高，眼结膜潮红、浮肿，有的泛黄，有的下颌、头部、颈部和全身水肿。母猪一般无明显的临诊症状，有时可表现出发热、无乳。但妊娠不足 4~5 周的母猪，受到钩端螺旋体感染后 4~7 天可发生流产和死产，流产率可达 20%~70%。怀孕后期的母猪感染后可产弱仔，仔猪不能站立，不会吸乳，1~2 天死亡。

4. 病理变化

（1）急性型　此型以败血症、全身性黄疸和各器官、组织广泛性出血以及坏死为主要特征。皮肤、皮下组织、浆膜和可视黏膜、肝脏、肾脏以及膀胱等组织黄染和不同程度的出血。皮肤干燥和坏死。胸腔及心包内有浑浊的黄色积液。脾脏肿大、瘀血，有时可见出血性梗死。肝脏肿大，呈土黄色或棕色，质脆，胆囊充盈、瘀血，被膜下可见出血灶。肾脏肿大、瘀血、出血。肺瘀血、水肿，表面有出血点。膀胱积有红色或深黄色尿液。肠及肠系膜充血，肠系膜淋巴结、腹股沟淋巴结、颌下淋巴结肿大，呈灰白色。

（2）亚急性和慢性型　表现为身体各部位组织水肿，以头颈部、腹部、胸壁、四肢最明显。肾脏、肺脏、肝脏、心外膜出血明显。浆膜腔内常可见有过量的黄色液体与纤维蛋白。肝脏、脾脏、肾脏肿大。成年猪的慢性病例以肾脏病变最明显。

5. 实验室诊断

（1）微生物学诊断　病畜死前可采集血液、尿液。死后检查要在 1 小时内进行，最迟不得超过 3 小时，否则组织中的菌体大部分会发生溶解。可以采集病死猪的肝、肾、脾和脑等组织，病料应立即处理，在暗视野显微镜下直接进行镜检或用免疫荧光抗体法检查。病理组织中的菌体可用姬姆萨氏染色或镀银染色后检查。病料可用作病原体的分离培养。

（2）血清学诊断　主要有凝集溶解试验、微量补体结合试验、酶联免疫吸附试验、炭凝集试验、间接血凝试验、间接荧光抗体法以及乳胶凝集试验。

（3）动物试验　可将病料（血液、尿液、组织悬液）经腹腔或皮下接种幼龄豚鼠，如果钩端螺旋体毒力强，接种后动物于 3~5 天可出现发热、黄疸、不吃、消瘦等典型症状，最后发生死亡。可在体温升高时取心血作培养检测病原体。

（4）分子生物学诊断技术　可用 DNA 探针技术、PCR 技术检测病料中的病原体。

（二）治疗

处方 1：①青霉素 240 万单位，链霉素 100 万单位，30% 安乃近注射液 10 毫升。

用法：一次肌内注射，2 次 / 天，连用 3 天。

② 10% 葡萄糖注射液 100 毫升，10% 维生素 C 注射液 5 毫升，肌苷注射液 4 毫升，安钠咖注射液 2 毫升。

用法：一次静脉注射，1 次 / 天，连用 1~2 次。

处方 2：金银花 12 克，连翘 12 克，黄芩 12 克，薏苡仁 12 克，赤芍 16 克，玄参 9 克，蒲公英 16 克，茵陈 19 克，黄柏 9 克。

用法：研末一次喂服，1 剂 / 天，连用 2~3 天。

处方 3：茵陈 19 克，黄连 6 克，大黄 6 克，黄芩 6 克，黄柏 9 克，栀子 9 克。

用法：研末一次喂服，1 剂 / 天，连用 3 剂以上。

二十四、仔猪渗出性皮炎

渗出性皮炎是以葡萄球菌感染为主的一种破坏哺乳仔猪、断奶仔猪真皮层的疾病，本病无季节差异性，也叫油皮病，常常发生在 5~30 日龄较小的猪群中。卫生消毒不完善、饲养管理较差的猪场极易诱发本病，疾病发生后，猪群的生长速度几乎停滞并且常常继发绿脓杆菌、链球菌等疾病，给猪群的治疗大大提高了难度。

（一）诊断要点

1. 病原

猪葡萄球菌为革兰氏阳性球菌，无鞭毛，不形成芽孢和荚膜。常呈不规则成堆排列，形似葡萄串状。对生长条件要求不高，可以在普通的琼脂板上生长，也可以在选择性指示培养基上生长。

不同的血清型毒株，毒力和致病力存在差异，但其生化和培养特性基本一致。强毒株常能引起仔猪皮肤油脂样渗出、形成皮痂并脱落，严重时导致脱水和死亡等临床症状。

葡萄球菌对环境的抵抗力较强，在干燥的脓汁或血液中可以存活 2~3 月，80℃条件下 30 分钟才能杀灭，但煮沸可迅速使其死亡。葡萄球菌对消毒剂的抵抗力不强，一般的消毒剂均可杀灭。对磺胺类、青霉素、红霉素等抗菌药物较敏感，但易产生耐药性。

2. 临床症状

病猪初期体表发红，随后一段时间开始分泌出油脂样黏液，呈现黄脂色或棕红色，尤其以腋下、肋部、脸颊较为严重，3~5 天后蔓延到全身的各个部位，患猪背毛粗乱、精神沉郁、堆压在一起，发病严重或者继发某些其他疾病的仔猪，表现脱水、败血症常常在短时间内死去，轻度感染的仔猪，皮肤分泌物与空气的粉尘和表皮脱落的坏死组织形成了黑色的结痂，覆盖在患猪的口、鼻梁、脸颊、腋下、后背、四肢等全身各个部位，个别猪只出现四肢关节肿大、跛行、中枢神经系统症状、空嚼、磨牙、口吐白沫、角弓反张等症状。

3. 病理变化

尸体消瘦、脱水、外周淋巴结水肿，有的病猪出现心包炎、胸膜炎和腹膜炎，肝脏土黄色，质地易碎，肠道空虚，脾脏和肾脏轻微肿大，个别猪只出现化脓性肾炎的病理变化，关节液混浊，带有纤维素性渗出物。

（二）治疗

处方 1：0.1% 高锰酸钾水、龙胆紫适量。

用法：浸泡发病仔猪身体 1~2 分钟，头部用药棉沾高锰酸钾水清洗病灶，然后擦干、晾干，涂上龙胆紫。

说明：对初发少数病灶直接涂上龙胆紫，效果很好。

处方 2：青霉素 5 万单位。

用法：病猪肌内注射，2 次 / 天，连用 3~5 天。

二十五、猪坏死杆菌病

坏死杆菌病是一种畜禽和野生动物共患的慢性传染病，病的特征是受到损伤的皮肤和皮下组织、口腔黏膜或胃肠黏膜发生坏死。本病多发生于收购场或猪集散临时棚圈，此病能严重的危害猪、鹿，是世界各国广泛存在的疫病。

（一）诊断要点

1. 病原

病原体是坏死杆菌，革兰氏阴性，小的成球杆状、大的呈长丝状，无鞭毛，不形成芽孢和荚膜。用复红美蓝染色着色不均匀，本菌为严格厌氧，较难培养成功。1% 福尔马林、1% 高锰酸钾、4% 醋酸都可杀死本菌。化脓放线菌、葡萄球菌等常起协同致病作用。

2. 流行病学

本病对猪、绵羊、牛、马最易感染，此病呈散发或地方流行，在多雨季节、低温地带常发本病，水灾地区常呈地方性流行感染发病，如饲养管理不当，猪舍脏污潮湿、密度大，拥挤、互相咬斗，母猪喂乳时，小猪争乳头造成创伤等情况，都会造成感染发病，如猪圈有尖锐物体也极易发病，仔猪生齿时也易感染。本病常是其他传染病的继发感染如猪瘟、口蹄疫、副伤寒等，应注意预防坏死杆菌传播发病。

3. 临床症状

（1）坏死性口炎　在唇、舌、咽和附近的组织发生坏死。或扁桃体有明显的溃疡，上有伪膜和痂块，去掉伪膜有干酪样渗出物和坏死组织，有恶臭，同时呈现食欲消失，全身衰弱、经 5~20 天死亡。

（2）坏死性鼻炎　病变部在鼻软骨、鼻骨、鼻黏膜表面出现溃疡与化脓，病变可延伸到支气管和肺。

（3）坏死性皮炎　发病以成年猪为主，但坏死病灶也可发生于哺乳仔猪身体任何部位，有时发生尾巴脱落现象。常发生在皮下脂肪较多处，如颈部、臀部、胸腹侧等，发生坏死性溃疡。病初创口较小，并附有少量脓汁，以后坏死向深处发展，并迅速扩大，形成创口小而囊腔深大的坏死灶。流出少量黄色稀薄、恶臭的液体，坏死部分无痛感，坏死区一般 4~5 处，母猪的坏死区常在乳房附近。

（4）坏死性肠炎　多发生于仔猪，刚脱奶不久的猪，若喂粗糙的饲料如粗糠等易发病，一般肠黏膜有坏死性溃疡，病猪出现腹泻，虚弱、神经症状，死亡的居多。

（二）治疗

处方 1：① 硫酸庆大霉素注射液 16 万 ~32 万单位，10% 维生素 C 注射液 2~4 毫升，维生素 B_1 注射液 2 毫升。

用法：一次肌内注射，2 次 / 天，连用 3~5 天。

② 磺胺嘧啶钠 2 克。

用法：一次喂服，2 次 / 天，连用 3~5 天。

③ 0.1%~0.2% 高锰酸钾溶液适量，5%~10% 龙胆紫适量。

用法：局部用高猛酸钾溶液清洗干净后涂擦龙胆紫。

说明：用于局部坏死治疗。

处方 2：植物油、新石灰粉适量。

用法：用滚热植物油（最好是桐油）适量趁热灌入疱内，再在患部撒上薄薄一层新石灰粉，隔 1~2 天治疗 1 次，一般处理 2~3 次即愈。

处方 3：红砒 80 份，枯矾 18 份，冰片 2 份。

用法：混合研为细粉，除去坏死组织后撒布患部。

处方4：雄黄1份，陈石灰3份。

用法：研末，加桐油调匀，塞入患部。

二十六、破伤风

破伤风是由破伤风梭菌引起人、畜的一种经创伤感染的急性、中毒性传染病，又名强直症、锁口风。本病的特征是病猪全身骨骼肌或某些肌群呈现持续的强直性痉挛和对外界刺激的兴奋性增高。本病分布于世界各地，我国各地呈零星散发。猪只发病主要是阉割时消毒不严或不消毒引起的。病死率很高，造成一定的损失。

（一）诊断要点

1. 病原

破伤风梭菌为革兰氏染色阳性，为两端钝圆、细长、正直或略弯曲的大杆菌，为（0.5~1.7）微米 ×（2.1~18）微米。大多单在、成双或偶有短链排列；无荚膜，在动物体内外能形成芽孢，其直径较菌体大，位于菌体一端，形似鼓槌状或羽毛拍状，有鞭毛，能运动。本菌为严格厌氧菌，最适生长温度为37℃，最适pH值为7.0~7.5。在普通培养基上能生长，在血液琼脂平板上，可形成狭窄的β溶血环。在厌氧肉肝汤中，呈轻度浑浊生长，有细颗粒沉淀。

破伤风梭菌在动物体内及人工培养基内均能产生痉挛毒素、溶血素和非痉挛毒素。痉挛毒素是一种作用于神经系统的神经毒，是引起动物特征性强直症状的决定因素，是仅次于肉毒梭菌毒素的第二种毒性最强的细菌毒素。以9~11克剂量的痉挛毒素，即可以致死一只豚鼠。它是一种蛋白质，对酸、碱、日光、热、蛋白分解酶等敏感，65~68℃经5分钟即可灭活；通过0.4%甲醛灭活、脱毒21~31天，可将它变成类毒素。我们用做预防注射的破伤风明矾沉降类毒素，就是根据这个原理制成的。制成的类毒素，能产生坚强的免疫力，可有效地预防破伤风发生。溶血毒素和非痉挛毒素对破伤风的发生意义不大。

破伤风繁殖体对一般理化因素的抵抗力不强，煮沸5分钟死亡。兽医上常用的消毒药液，均能在短时间内将其杀死。但芽孢型破伤风梭菌的抵抗力很强，在土壤中能存活几十年，煮沸1~3小时才能死亡；5%石炭酸经15分钟，5%煤酚皂液经5小时，0.1%升汞经30分钟，10%碘酊、10%漂白粉和30%过氧化氢经10分钟，3%福尔马林经24小时才能杀死芽孢。

2. 流行病学

本菌广泛存在于自然界，人和动物的粪便中有本菌存在，施肥的土壤、尘土、腐烂淤泥等处也存有本菌。各种家养的动物和人均有易感性。实验动物中，豚鼠、小鼠易感，家兔有抵抗力。在自然情况下，感染途径主要是通过各种创伤感染，如猪的去势、手术、断尾、脐带、口腔伤口、分娩创伤等。我国猪破伤风以去势创伤感染最为常见。

必须说明，并非一切创伤都可以引起发病，而是必须具备一定条件。由于破伤风梭菌是一种严格的厌氧菌，所以，伤口狭小而深，伤口内发生坏死，或伤口被泥土、粪污、痂皮封盖，或创伤内组织损伤严重、出血、有异物，或与需氧菌混合感染等情况时，才是本菌最适合的生长繁殖场所。临诊上多数见不到伤口，可能是潜伏期创伤已愈合，或是由子宫、胃肠道黏膜损伤感染。本病无季节性，通常是零星发生。一般来说，幼龄猪比成年猪发病多，仔猪常因阉割引起。

3. 临床症状

潜伏期最短的 1 天，最长的可达数月，一般是 1~2 周。潜伏期长短与动物种类、创伤部位有关，如创伤距头部较近，组织创伤口深而小，创伤深部损伤严重，发生坏死或创口被粪土、痂皮覆盖等，潜伏期缩短，反之则长。一般来说，幼畜感染的潜伏期较短，如脐带感染。猪常发生本病，头部肌肉痉挛，牙关紧闭，口流液体，常有“吱吱”的尖细叫声，眼神发直，瞬膜外露，两耳直立，腹部向上蜷缩，尾不摇动，僵直，腰背弓起，触摸时坚实如木板，四肢强硬，行走僵直，难于行走和站立。轻微刺激（光、声响、触摸）可使病猪兴奋性增强，痉挛加重。重者发生全身肌肉痉挛和角弓反张。死亡率高。

（二）治疗

处方 1：① 破伤风抗毒素 20 万 ~80 万单位。

用法：一次肌内或静脉注射。

② 2% 高锰酸钾溶液或 3% 双氧水适量，5% 碘酊适量。

用法：先以 2% 高锰酸钾液或 3% 双氧水反复清洗伤口，再涂擦 5% 碘酊。

③ 20% 乌洛托品注射液 10~30 毫升。

用法：一次肌内注射。

④ 青霉素 160 万 ~240 万单位，链霉素 100 万 ~200 万单位，注射用水 5 毫升。

用法：一次肌内注射，2 次 / 天，连用 3 天。

⑤ 3% 双氧水 20~25 毫升，10% 葡萄糖注射液 80~100 毫升。

用法：混匀一次肌内注射。

处方 2：雄黄 25 克，艾叶 50 克。

用法：研末冲服，2 剂 / 天，连用 2~3 天。

处方 3：全蝎 5 克，蜈蚣 5 克，蝉蜕 10 个 麻黄 50 克，桂枝 5 克，当归 50

克，细辛 2.5 克，葱 2 支，姜 10 克。

用法：水煎分 2 次喂服，隔日 1 剂，连用 2~3 天。

处方 4：天麻 35 克，炮南星 30 克，防风 30 克，荆芥穗 40 克，葱白 1 支。

用法：水煎喂服，1 剂 / 天，连用 3~4 天。

附　录

常见猪病鉴别诊断

有腹泻症状的猪病鉴别

病名	病原	流行特点	主要临床症状	特征病理变化	实验室诊断
猪瘟	猪瘟病毒	不分品种、年龄、性别，无季节性，病死率高，流行广、流行期长，易继发或混合感染	体温40~41℃，先便秘，粪便呈算盘珠样，带血和黏液，后腹泻，后腿交叉步，后躯摇摆颈部、腹下、四肢内侧发绀，皮肤出血，公猪包皮积尿，眼部有黏脓性眼眵，个别有神经症状	皮肤、黏膜、浆膜广泛出血，雀斑肾，脾梗死，回、盲肠扣状肿，淋巴结周边出血，黑紫，切面大理石状；孕猪流产、死胎、木乃伊等	分离病毒，测定抗体，接种家兔
传染性胃肠炎	冠状病毒	各种年龄猪均可发病，10日龄内仔猪发病死亡率高，大猪很少死亡。常见于寒冷季节。传播迅速，发病率高	突发，先吐后泻，稀粪黄浊、污绿或灰白色，带有凝乳快，脱水，消瘦，大猪多于1周左右康复	脱水消瘦，肠绒毛萎缩，肠壁菲薄，肠腔扩张、积液，	分离病毒，接种易感猪
流行性腹泻	冠状病毒	与传染性胃肠炎相似，但病死率低，传播速度较慢	与传染性胃肠炎相似，亦有呕吐、腹泻、脱水症状，主要是水泻	与传染性胃肠炎相似	分离病毒检测抗原
轮状病毒病	轮状病毒	仔猪多发，寒冷季节，发病率高死亡率低	与传染性胃肠炎相似，但较轻缓。多为黄白色或灰暗色水样稀粪	与传染性胃肠炎相似，但较轻	分离病毒，检测抗原
仔猪白痢	大肠杆菌	10~30日龄多见地方流行，病死率低，与环境特别是温度有关	排白色糊状稀粪，腥臭，可反复发作，发育迟滞，易继发其他病	小肠卡他性炎症，结肠充满糊状内容物	分离细菌
仔猪黄痢	大肠杆菌	3日龄以内仔猪常发，发病率和病死率均较高	发病突然，拉黄、黄白色水样粪便，带乳片，气泡，腥臭，不食，脱水，消瘦，昏迷而死	脱水，皮下及黏浆膜水肿；小肠有黄色液体气体，淋巴结出血点，肠壁变薄，胃底出血溃疡	分离细菌

续表

病名	病原	流行特点	主要临床症状	特征病理变化	实验室诊断
仔猪红痢	魏氏梭菌	3日龄内多见，由母猪乳头感染，消化道传播病死率高	血痢，带有米黄色或灰白色坏死组织碎片，消瘦、脱水、药物治疗无效，约一周死亡	小肠严重出血坏死，内容物红色、有气泡	分离细菌，接种动物
副伤寒	沙门氏菌	2~4月龄多发，地方流行性，与饲养、环境、气候等有关，流行期长，发病率高	体温41℃以上，腹痛腹泻，耳根、胸前、腹下发绀，慢性者皮肤有痂状湿疹	败血症、肝坏死性结节，脾肿大；大肠糠麸样坏死	分离细菌，涂片镜检
猪痢疾	螺旋体	2~4月龄多发，传播慢，流行期长，发病率高，病死率低	体温正常，病初可略高，粪便混有多量黏液及血液，常呈胶冻状	大肠出血性、纤维素性、坏死性肠炎	镜检细菌，测定抗体
增生性肠炎	胞内劳森菌	5周龄至6月龄多发	急性型水样出血性腹泻（葡萄酒色），体弱，共济失调。慢性型腹泻粪便从糊状至稀薄	回肠炎和/或结肠炎，黏膜增厚，有时发生坏死或溃烂。在急性型，回肠和/或结肠形成血栓，屠体苍白	粪便或肠道黏膜PCR菌检，组织病理学检查

引起未断奶猪呼吸困难和咳嗽的猪病鉴别

病因	发病年龄	主要临床症状	特征性病理变化
缺铁性贫血	1.5~2周或更大	猪苍白，体温正常，易衰竭，呼吸频率快，被毛粗	心扩张，有大量心包液，肺水肿，脾肿大
支气管败血波氏杆菌感染	3天或更大	咳嗽，虚弱，呼吸快，病猪死亡率高	全肺有肺炎病变
嗜血杆菌，巴氏杆菌，霉形体	1周或更大	呼吸困难，咳嗽	肺炎
伪狂犬病	任何年龄，较小的猪发病最严重	呼吸困难，发热，流涎呕吐，腹泻，神经症状，死亡率高	坏死性扁桃体炎，肝、脾白色坏死灶，肺水肿
弓形虫病	任何年龄	呼吸困难，发热，腹泻，神经症状	肺炎，肠溃疡，肝肿大，各器官有白色坏死灶

引起断奶到成年猪咳嗽和呼吸困难的疾病鉴别

病因	临诊症状	尸体剖检	诊断
断奶猪和生长肥育猪			
原发性病原体，猪肺炎霉形体，胸膜肺炎嗜血杆菌，猪霍乱沙门氏菌，支气管败血波氏杆菌，伪狂犬病毒	主要症状在呼吸道，呼吸困难，咳嗽，厌食，发热，腹式呼吸，感染猪群内临诊症状的严重程度不一样	病变一般分布于肺前腹部，膨胀不全组织呈红色，质坚实，有不同程度的小叶内水肿，纤维素性胸膜炎提示有霍乱	细菌培养，荧光抗体试验，伪狂犬病血清学
继发侵入者：猪鼻霉形体，多杀性巴氏杆菌，副猪嗜血杆菌，链球菌，葡萄球菌，棒状杆菌，梭菌属		沙门氏菌，鼻霉形体，多杀性巴氏杆菌，副猪嗜血杆菌等侵入	
胸膜肺炎放线杆菌	临诊经过迅速，高热，厌食，沉郁，严重呼吸困难，张口呼吸，发绀，从鼻和口中流出带血色的泡沫状液体	肺弥漫性急性出血坏死（特别是背部和膈叶），纤维素性胸膜炎，胸腔中有血染液体，气管中有带血的泡沫	细菌分离，血清学
猪蛔虫病 后圆线虫病	咳嗽，其他症状轻微	肺膨胀不全，出血，水肿，气肿，肝小叶间质及其周围出血，坏死 膈叶后腹缘肺膨胀不全区有支支气管炎和细支气管炎	检粪便中的卵（早期可能阴性），典型的剖检变化，有接触污染史（对类圆线虫绝对需要）
副猪嗜血杆菌，猪鼻霉形体，猪琏球菌	无咳，呼吸困难和发绀，发热，沉郁，厌食，不愿动，跛行，步态僵硬，关节肿，运动失调，抽搐	纤维素性到浆性纤维素胸膜炎，心包炎，关节炎，脑膜炎	细菌分离
断奶到成年猪			
猪流感	急性发作，发病率近100%，极度衰弱，完全厌食，费力的痉挛性呼吸，痛苦的阵发性咳嗽，发热	纯流感死亡少，常无剖检机会，咽、喉、气管、支气管有很多黏液，肺有下隐的深紫色区	体格检查、血清学检查，从咽部取黏液作病毒分离

续表

病因	临诊症状	尸体剖检	诊断
猪瘟、非洲猪瘟	全身性疾病症状，喷嚏，咳嗽，呼吸困难，发热，厌食，呕吐，大便先干后稀，可有震颤，运动失调，搐搦	组织水肿和淋巴结水肿，各处见出血斑点，肝、脾肿大	猪瘟－荧光抗体组织切片技术，非洲猪瘟同上；伪狂犬病－病毒分离，或扁桃体荧光抗体
伪狂犬病		少见肉眼变化，坏死性扁桃体炎，咽炎，肝有小白坏死灶	
猪应激综合征	呼吸快，痛苦状，无咳，张口呼吸，喘气，发烧，温度很高	肌肉渗出，质软，色苍白，肺充血、水肿，迅速自解	肌磷酸激酶、体格检查
心功能不全	呼吸快，腹式呼吸，非连续性湿咳，皮下水肿，腹围增大	心大，扩张，瓣膜性心膜炎，肺水肿，肝肿大	剖检

引起未断奶猪神经症状的疾病鉴别

病因	窝发病率	窝内小猪发病率	死亡率	发病年龄	病母猪临诊症状	临诊症状	剖检变化	诊断
低血糖	散发	如果产仔数多于母猪的乳头，可有1~2头发病，如母猪不泌乳，则全群发病	猪发病高达90%~100%	一般2~3日龄，但任何年龄都有	可能不吃，不泌乳，胸卧	共济失调，胸卧或侧卧，搐搦，前腿划动，喘，空嚼，心率徐缓，体温低于正常	胃内无食物，无体脂，肌肉淡棕红色	血糖含量低于2.8毫摩尔/升，剖检变化，证明缺乳
伪狂犬病	高达100%	高，未免疫母猪所产仔猪可达100%，免疫母猪达20%~40%	高达100%	开始暴发可感染所有年龄的未断奶猪	流产，呕吐，喷嚏，咳嗽，便秘，神经症状	呼吸困难，发热，多涎，呕吐，腹泻，共济失调，眼球震颤，搐搦，昏迷，年龄越小越严重	少见肉眼变化，鼻咽黏膜充血，肺水肿，坏死性扁桃体炎，肝、脾见白色小坏死灶	从冰冻的扁桃体和脑中分离病毒，用冷冻的扁桃体和脑作荧光抗体检查，血清抗体，皮试

续表

病因	窝发病率	窝内小猪发病率	死亡率	发病年龄	病母猪临诊症状	临诊症状	剖检变化	诊断
先天性震颤	高	80%或更多	低，0~25%	初生	无	出生时震颤严重，3周内逐渐消失；疾病暴发时，病猪震颤严重	无肉眼变化	组织学证明髓鞘缺乏
链球菌性脑膜炎	低达50%	高达一窝中的2/3	发病猪高	2~6周龄	无	体温升高，后躯无力，步态僵硬，伸展运动，震颤，不平衡，划动，麻痹，角弓反张，抽搐，失明，耳聋，跛行	脑、脑膜充血，化脓性脑膜炎，多发性关节炎，脑脊液多而混浊	从化脓性脑膜炎的病灶内分离α和β溶血性链球菌，兰氏群D，I和I
有机磷中毒	可能高，取决于治疗猪数	高，达100%	高	初生	常无	流涎，呕吐，僵直，木马式站立，腹泻绞痛，流泪出汗	肺水肿	母猪有产前治疗史
母猪维生素A缺乏	高	高	高	初生	无	平衡失调，头倾斜，后肥胖麻痹，划动，眼损害	肝灰黄，肾病变，体腔积液	有使用缺乏维生素A的日粮饲喂史
先天性畸形	散发	低	高	初生	无	不一，脑积水，猪眼畸形，“脑疝”，无眼，后腿麻痹，肌痉挛，小脑发育不全	神经和其他系统无异常	临诊症状表现阴阳猪、锁肛、疝气、隐睾、先天性震颤、畸形和八字腿者可能是遗传

断奶猪和较大猪神经性疾病鉴别

病因	发病年龄	病猪分布	临诊症状	死亡率	剖检	诊断
伪狂犬病	所有年龄，较年轻的猪神经症状多而重	整群感染	年轻到成年猪:喷嚏，咳，便秘，流涎，呕吐，肌痉挛，共济失调，抽搐，划动，昏迷;怀孕猪：胎儿吸收，木乃尹胎，死胎	高，特别是较年轻的猪	少见肉眼变化，鼻咽黏膜充血，肺水肿，坏死性扁桃体炎，肝、脾小坏死灶	冰冻扁桃体和脑病毒分离。放冷的扁桃体和脑荧光抗体，血清抗体
水肿病	断奶后1~2周	哺乳猪中达15%	有些猪突然死亡，不平衡，步态摇摆，共济失调，震颤，划动，麻痹，眼结膜水肿	高，50%~90%	腹部皮肤红，皮下胃水肿	症状，流行病学，从小肠和结肠中分离溶血性大肠杆菌，纯培养物
食盐中毒（水缺乏）	任何年龄	整圈发生	失明，肌肉无力与自发性收缩，迟钝，厌食，呕吐，腹泻，发作时头震颤，角弓反张，弓背，摔倒，划动，空嚼，血浓稠，嗜酸性白细胞减少，钠>160毫摩尔/升	高	胃炎，胃溃疡，肠炎，便秘	脑，特别是小脑有诊断意义的嗜酸必白细胞管套
脑干软化	哺乳猪或偶见于肥育猪	散发	迟钝，轻度不平衡，生长不良，不生长	低	无	组织学证明脑干软化
链球菌（沙门氏杆菌）引起的脑膜炎	常见于哺乳猪，偶见于肥育猪	几周内少数猪感染，偶然大暴发	体温高，前躯虚弱，步态僵硬，伸展运动，震颤，不平衡，划动，麻痹，角弓反张，抽搐失明，耳聋，跛行	高	脑和脑膜充血，化脓性脑膜炎，脑脊液多，混浊，化脓性关节炎	从化脓性脑膜炎中分离α和β溶血性链球菌，兰氏群D，I和II(分离猪霍乱沙门氏菌）
中耳感染	任何年龄	散发	头姿势异常，往往转圈	低	中耳炎或化脓	临诊症状和剖检变化
副猪嗜血杆菌脑膜脑炎	常见于5~8日龄吮乳猪	猪群的10%~50%，特别是新混群猪	发热，肌震颤，后腿不稳，卧倒划动	中等，20%~50%	纤维素性脑膜炎，心包炎，腹膜炎和关节炎	细菌分离
捷申病	任何年龄	可整群感染	发热，厌食，共济失调，发展到抽搐，麻痹，角弓反张和昏迷	高	无肉眼可见病变，中枢神经系统组织学变化	病毒分离，荧光抗体，血清学

续表

病因	发病年龄	病猪分布	临诊症状	死亡率	剖检	诊断
有机磷中毒	任何年龄，治猪痢疾的肥育猪，治附红细胞体病的母猪	几头到很多猪发病	共济失调，后躯不全麻痹，鹅步，失明，麻痹	低	无	坐骨神经脱髓鞘，肾肝砷水平 >2×10^{-6}(1ppm=10^{-6})
脑脊髓损伤(创伤、头盖和脊椎骨折、脓肿，寄生虫移行，有齿冠尾线虫)	任何年龄	散发	往往是局灶性神经功能缺失	低	脑、脊髓局灶性损伤	剖检变化
破伤风	任何年龄，最常见于新去势的猪	散发	步态僵硬，耳尾直立，瞬膜突出，发展到侧卧，角弓反张，肌肉僵硬，强直性腿痉挛	高	无肉眼变化	感染部位有顶端带芽孢的革兰氏阳性菌
狂犬病	常大于2月龄	散发	偏执，鼻扭动，虚弱，空嚼，流涎，全身阵发性肌痉挛	高，100%	无肉眼变化	新鲜脑做动物接种，组织病理学见尼氏小体，荧光抗体试验
李氏杆菌病	任何年龄，年轻猪严重	散发	发热，震颤，不平衡，前腿僵直，后腿拖拉，应激性增高	年轻猪高，100%大猪可恢复	脑膜炎，局灶性肝坏死	从脑、脊髓、肝脾分离细菌
中毒				见表“中毒引起的神经性疾病鉴别”		

续表

病因	发病年龄	病猪分布	临诊症状	死亡率	剖检	诊断
营养缺乏				见表《营养不平衡引起的神经性疾病鉴别》		

中毒引起的神经性疾病鉴别

中毒因子	主要临诊症状	其他临诊症状	神经症状	来源
无机砷	临诊症状主要在胃肠道	呕吐、腹泻	搐搦	除草剂，杀虫剂，棉花脱叶剂
铅（罕见）		呕吐，腹泻，流涎，厌食	肌震颤，共济失调，阵挛发作，失明	机油，涂料，油脂，电池
氯化烃类杀虫剂	常有强烈的活动为特征		感染过敏，肌震颤，肌痉挛性发作	杀虫剂
士的宁			强直发作	灭鼠剂
氟乙酸钠			抽搐，发作时跑	灭鼠剂
水中毒		厌食，腹泻	沉郁，失明，肌震颤，感觉过敏，共济失调，抽搐，昏迷	缺水后无限制喝水
敌敌畏 有机磷 氨基甲酸酯	胆碱脂酶抑制剂的症状	流泪，瞳孔缩小，发绀，皮肤红，流涎，呕吐，腹泻	肌僵硬，震颤，麻痹，沉郁	驱虫剂 杀虫剂
呋喃类药	全身性的中枢神经系统症状		应激性增高，震颤，虚弱，抽搐	用于治疗猪肠病的抗菌药
胺盐			沉郁，强直，阵挛性发作	牛饲料
汞		呕吐，腹泻	共济失调，麻痹昏迷	用汞作杀菌剂，处理谷物，油脂
五氯酚		呕吐	沉郁，肌无力，后躯麻痹	木材防腐剂
苯氧基除草剂		厌食	沉郁，肌无力，共济失调	除草剂

续表

中毒因子	主要临诊症状	其他临诊症状	神经症状	来源
藜	到过草场的猪		肌无力，震颤共济失调，后躯麻痹，昏迷	草场
苍耳属		呕吐	沉郁，肌无力，共济失调，肌肉震颤	草场
茄属		厌食，呕吐，便秘	沉郁，共济失调，肌震颤，抽搐，昏迷	草场
硝酸盐，亚硝酸盐		流涎，多尿，瞳孔缩小	肌虚弱，共济失调，抽搐	西蒙莠草，藜，加拿大蓟，甜三叶草
潮霉素	耳聋		耳聋	驱虫剂
链霉素			耳聋	抗生素

营养不平衡引起的神经性疾病鉴别

营养不平衡	临诊症状
钙磷缺乏	步态僵硬，感觉过敏，后肢麻痹
镁过多	全身痛感消失，完全性肌松弛
镁缺乏	跛行，罗圈腿，应激性增高，强直
食盐中毒	见表“断奶猪和较大猪神经性疾病鉴别”
铁中毒	见表“引起未断奶猪神经症状的疾病鉴别”
铜缺乏	可导致神经脱髓鞘，贫血，心肥大，比较突出的症状是后腿弯曲
维生素 A 缺乏	架子猪：头歪斜，不平衡，步态僵硬，脊椎前凸，应激性增高，肌痉挛，夜盲，麻痹。妊娠母猪：见表“引起未断奶猪神经症状的疾病”
尼克酸或核黄素缺乏	可导致神经脱髓鞘，跛行，皮肤病变，白内障，比较突出的症状是生长缓慢
泛酸缺乏	鹅步，不平衡，腹泻，咳，脱毛，生长差
维生素 B_6 缺乏	生长差，腹泻，贫血，应激性增高，共济失调，癫痫性抽搐

引起未断奶猪跛行的疾病鉴别

原因	发病年龄	临诊症状	有关因素	诊断
传染性多发性关节炎；链球菌，葡萄球菌，大肠杆菌	1~3 周龄	被毛粗，疲倦，跛，关节肿，热	低产猪较常见，不卫生的牙齿和断尾	通过剖检和关节液的细菌学检查，关节液中细菌的革兰氏或姬姆萨染色
创伤	任何年龄，特别是在头 36~40 小时	不一	漏缝地板设计不良，母猪有无乳症，保温差，不利于分娩	基于保温差和产箱设计作出初步诊断
八字腿	初生或几小时之内，每窝 1~4 头猪，偶然全窝	后肢，有时也见前肢外展，猪不能站立或走动困难	病猪的初生重低于平均数，地板滑	肌肉组织学一半腱肌和三头肌肌原纤维发育不全
关节弯曲	初生窝的 40%~50% 畸形	四肢或脊柱不同程度的弯曲，伸展，关节固定	母体中毒，烟草梗，曼陀罗，毒药，毒芹，野黑樱桃，维生素 A 缺乏或缺锰，遗传	仔猪的临诊症状，母猪有放牧史饲料分析
注射	注射后任何时间	往往拖着一条后腿		有注射史
遗传：并趾，多趾，巨腿症	初生时	并趾：只有一趾；多趾：额外趾；巨腿症：特别是前腿	先天性	临诊症状
产气荚膜梭菌气肿疽	1~5 天	后腿明显肿胀，肿部皮肤暗红棕色	24 小时内注射过污染的铁	剖检和细菌分离

引起断奶猪到成年猪跛行的疾病鉴别

临诊症状	病因	诊断
肌肉或软组织眼观肿胀	创伤	体格检查
	败血梭菌感染	剖检，细菌，鉴定
	背肌坏死	肌酸磷酸激酶，剖检
	非对称性后躯综合征	剖检
全身僵硬，不愿走动，步态改变，发热，常伴有其他败血症状	急性鼻霉形体感染，急性副猪嗜血杆菌感染，急性丹毒，猪链球菌	从肝、心、脾病变中培养细菌
	感染破伤风	鉴定细菌

续表

临诊症状	病因	诊断
关节肿胀	慢性鼻霉形体感染，慢性副猪嗜血杆菌感染，慢性丹毒，类马沙门氏菌感染，猪滑液霉形体感染，葡萄球菌，链球菌，棒状菌化脓性关节炎	从关节培养细菌
	佝偻病	剖检，骨灰确定，日粮分析
后肢不全麻痹或麻痹	布氏杆菌病	剖检，血清学
	佝偻病，骨软症	剖检，骨灰确定，日粮分析
	坐骨结节骨突溶解，股骨近端骺溶解，创伤，脊柱、腰荐或盆骨骨折，椎关节病	剖检
尾部咬伤	脊柱脓肿	剖检，培养
无外部异常	猪滑液霉形体感染	培养
	骨关节病，股骨近端骺溶解，变性性关节病，骨关节软骨病，创伤，坐骨结节骨突溶解	剖检
无外部常	腿虚弱综合征	体格检查
	骨软症和骨折	剖检，骨灰确定，日粮分析
	蹄异常	
蹄壁 1/4 裂缝，疼、热、肿	腐蹄病（棒状杆菌）	体格检查、培养
无外部畸形，疼、热、肿	蹄叶炎	体格检查，产后有发热史
蹄异常	蹄过度生长，蹄变形，蹄裂缝，蹄踵分离，创伤	体格检查
蹄壁裂、糜烂、蹄踵挫伤	生物素缺乏	日粮分析
水疱	口蹄疫，水疱病	水疱液

引起母猪流产、死胎和木乃伊胎的疾病鉴别

病因	病母猪临诊症状	胎儿年龄	胎儿和胎盘病变	诊断
细菌				
钩端螺旋体病	有症状的动物不多，轻度厌食，发热，腹泻，流产	所有小猪几乎都是一个年龄，常在妊娠中到晚期	死胎或弱猪，偶见流产，弥漫性胎盘炎	暗视野检查胎儿中的菌体，培养物动物接种，母猪双份血清或一次滴度大于 1∶800

续表

病因	病母猪临诊症状	胎儿年龄	胎儿和胎盘病变	诊断
布氏杆菌病	少见症状，妊娠的任何时候流产	所有仔猪为相同年龄，也可任何年龄	可能自溶或外观较正常，皮下水肿，腹泻积液或出血，化脓性胎盘炎	从胎儿培养细菌、群血清检查阳性、母猪双份血清
其他细菌大肠杆菌、化脓棒状杆菌、金黄色葡萄球菌、巴氏杆菌、类马链球菌、假单孢菌、李氏杆菌、沙门氏杆菌等	一般无临诊症状		可近乎正常，或稍自溶，有水肿，化脓性胎盘炎	从胎儿培养
病毒				
猪细小病毒	无	胎儿常死在不同的发育阶段	重吸收（窝的头数少），木乃伊胎常见，死胎或弱猪，分解的叶盘紧裹着胎儿	病毒分离
日本乙型脑炎			与细小病毒相似，有脑积水，皮下水肿，胸腔积液小点出血，腹水，肝脾坏死灶	胎儿荧光抗体试验
伪狂犬病	轻到严重，喷嚏，咳，厌食，便秘，流涎，呕吐，中枢神经系统症状		肝局灶坏死，木乃伊，死胎，再吸收（窝的头数少）坏死性胎盘少	从母猪采集双份血清样品
猪流感	极度衰弱，嗜眠，呼吸用力，咳嗽		重吸收（窝的头数少）木乃伊胎，死胎，出生仔猪虚弱	
肠病毒、腺病毒、呼肠孤病毒、巨细胞病毒	常无			
猪瘟	嗜眠，厌食，发热，结膜炎，呕吐，呼吸困难，红斑，发绀，腹泻，共济失调，抽搐		木乃伊胎，死胎，水肿，腹水，头和肢畸形，肺小点出血和小脑发育不全，肝坏死	胎儿组织切片荧光抗体法，取扁桃体组织

续表

病因	病母猪临诊症状	胎儿年龄	胎儿和胎盘病变	诊断
非洲猪瘟	嗜睡，厌食，发热，瘀血，呼吸困难，呕吐，腹泻	相同年龄，任何年龄	斑点状出血	胎儿组织荧光抗体试验
水疱性疾病：口蹄疫、水疱疹、口炎、猪水疱病	鼻、口、蹄有水疱		无肉眼变化	水瘊液，荧光抗体或病毒中和试验
寄生虫				
刚地弓形虫	无	任何年龄	流产，死胎，新生儿虚弱，木乃伊胎少见	组织病理学
霉菌				
紫花麦角甙	可能四肢末端和尾干性坏疽	一般为同一年龄	流产，死胎，弱猪无肉眼病变	饲料分析
右环十四酮酚	阴唇水肿和肿胀，偶见初产母猪乳房发育	一般为同一年龄	流产，死胎，弱猪无肉眼病变	饲料分析
营养				
过食	无	母猪配种后过量喂饲可造成胚胎死亡	无	病史，饲料水平
饲料不足	极瘦，可能多尿，剧渴	同一年龄，任何年龄		病史，母猪情况，争食
发热				
任何全身性感染丹毒，传染性胃肠炎，附红细胞体病，胸膜肺炎放线杆菌等	发热疾病的其他症状，因特定的病原而不同	同一年龄，任何年龄	常无	病史和临诊症状
有害的环境				
一氧化碳	母猪无症状，往往发生在最冷的季节	通常足月死胎	组织鲜红，大量浆性血性胸膜渗出物	临诊症状和病史，清扫或更换矿物燃料加热器后改善
二氧化碳			皮肤和呼吸道里有胎粪	
高温环境	配种时高温	流产或重吸收	无	临诊症状和病史
	产仔时高温，母喘，充血	死胎足月		

续表

病因	病母猪临诊症状	胎儿年龄	胎儿和胎盘病变	诊断
物理性创伤	不同大小的母猪养在一起，皮肤擦伤	同一年龄，任何年龄		
低温环境	母猪瘦，可能多尿			
毒素				
有机磷中毒	流涎，排粪，呕吐，肌震颤，麻痹	同年龄，任何年龄	无	临诊症状，病史，全血胆碱脂酶活性
氯化烃类中毒	应激性增高，肌痉挛发作			临诊症状，病史，肝，肾，脑氯化烃类水平
五氯酚中毒	沉郁，呕吐，肌虚弱，后肢麻痹	常足月死胎		接触五氯酚处理的木材，血中五氯酚水平
致畸原				
维生素 A 缺乏	无	年龄可能不同，都为同一年龄	死胎或生下虚弱，无眼畸形，颚裂，小眼畸形，失明全身水肿	病史，证明眼异常
甲烯丙双硫脲，敌百虫，碘缺乏，烟草梗			木乃伊胎，死胎，出生重低，畸形猪	病史和临诊症状

皮肤病的鉴别诊断

病名	病因学	发病年龄	病变	部位	发病率 / 死亡率	鉴别诊断	治疗	防制
渗出性表皮炎	葡萄球菌 + 其他因子，皮肤擦伤	1~4 周龄为急性，4~12 周龄为灶性	皮肤渗出，油脂皮，红斑	小猪广泛分布，大猪呈局限性	通常低，偶尔流行达 90%/ 低	疥癣，角化不全，面部坏死，脓疱性皮炎	抗生素，青霉素，刮去病变效果好	改善卫生状况，减少擦伤
脓疱性皮炎	葡萄球菌、链球菌	哺乳仔猪	脓疱，红斑瘀点，脓肿	耳、眼、背、尾部、大腿	通常低	疥癣，痘，渗出性皮炎	抗生素	改善卫生，自家菌苗

续表

病名	病因学	发病年龄	病变	部位	发病率 / 死亡率	鉴别诊断	治疗	防制
坏死杆菌病	创伤 + 坏死杆菌 + 继发细菌	从出生至 3 周龄	浅表溃疡褐色硬痂	面部、颊部、眼、齿龈	高达 100%/ 低	渗出性表皮炎	抗生素	出生时修剪牙齿，但要注意工具卫生
溃疡性肉芽肿	猪疏螺旋体 + 坏死杆菌	小猪，但也可见各种年龄的猪	肉芽肿性病变，耳部有结痂	任何部位的感染伤口	低 / 低	啄食癖，脓肿，压迫性坏死，血肿	外科手术抗生素	预防外伤
猪丹毒	猪丹毒杆菌	各种年龄，哺乳仔猪不常发	红斑，隆起长方形肿块，坏死，败血症	分布广，肩部、背部、腹部多见	高达 100%/ 低	败血症，脓疱性皮炎，玫瑰糠疹	青霉素	菌苗接种，血清学免疫
猪痘	牛痘病毒、猪痘病毒	哺乳猪和断乳猪，也可达 4 月龄	水疱、丘疹，达 6 毫米的脓疱	分布广，主要在腹部	不一致 / 很低	脓疱性皮炎	控制继发细菌感染	控制猪虱
疥癣	猪疥螨感染 + 超敏反应	各种年龄特别断奶乳猪、架子猪	丘斑，黑斑，红斑，过度角化	耳、眼、颈、四肢、躯干	100%/ 很低	猪痘，过度角化，渗出性皮炎，脓疱性皮炎，角化不全	杀寄生虫药喷洒或药浴，隔 10~14 天重复 1 次	母猪进产房前常规敷药，公猪也一样
皮肤坏死	外伤	出生至 3 周龄	坏死，溃疡	膝、跗关节、尾部、乳头、阴门等处	高达 100%/ 很低		局部涂软膏，抗生素	减少外伤，垫草覆盖
玫瑰糠疹	不定遗传性，常见兰德瑞斯猪，病毒感染	2~12 周龄，偶发于 12 周龄以上	大的融合性环、边缘隆起	主要于腹部、大腿、偶见全身	低 / 无	癣，猪丹毒	不需治疗	育种

续表

病名	病因学	发病年龄	病变	部位	发病率 / 死亡率	鉴别诊断	治疗	防制
过度角化症	环境，脂肪酸	种猪	皮屑过多，黑褐色素沉着	颈部、肩部、臀部、背部	10%~80%/ 无	疥癣，渗出性皮炎、角化不全	鱼肝油、脂肪酸	日粮中增加脂肪酸（鱼肝油）
角化不全	锌缺乏，钙过量（干饲）	各种年龄，特别是架子猪	隆起的红斑，薄痂，角化	四肢、面部、臀部、颈部	不一致 / 无	疥癣，渗出性皮炎、过度角化	调整日粮	0.18 千克碳酸锌 / 吨
真菌	矮小孢子菌，毛癣菌	各种年龄	小点致大圆形病变，褐色结痂，形成痂性边缘	广泛分布，常见于耳后	低 / 无	玫瑰糠疹，渗出性皮炎，疥癣	灰霉菌素 制霉菌素	改善环境及皮肤卫生
水疱性症状：口蹄疫、水疱性疹、水疱性口炎、猪水疱病	病毒	各种年龄	水疱	蹄冠、鼻、舌	高达 100%/ 很低		无	接种疫苗，屠宰

参考文献

[1] 韩一超. 猪场兽医师手册[M]. 北京：金盾出版社，2009.
[2] 王志远，羊建平. 猪病防治（第二版）[M]. 北京：中国农业出版社， 2014.
[3] 李连任. 现代高效规模养猪实战技术问答[M]. 北京：化学工业出版社，2015.